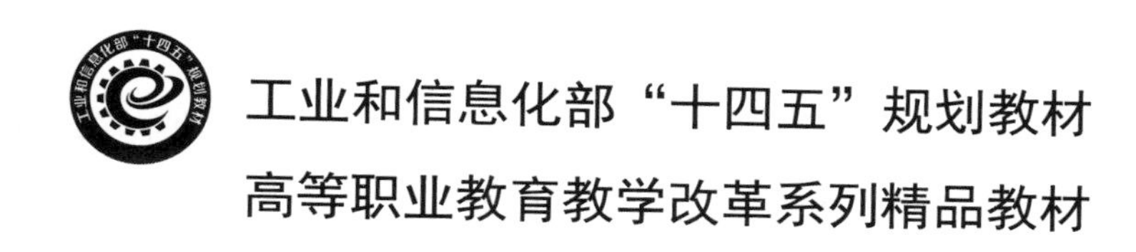

工业和信息化部"十四五"规划教材

高等职业教育教学改革系列精品教材

工业机器人集成应用

周 宇 范 俐 王桂锋 主 编

刘 星 胡 鑫 金 鑫 耿远程 副主编

刘 杰 主 审

電子工業出版社

Publishing House of Electronics Industry

北京 • BEIJING

内容简介

本书以工业机器人集成应用为核心，对智能制造系统中常见的伺服、仓储、分拣、打磨、视觉检测等工程模块的图纸方案、仿真测试、参数配置、程序编写及数据交互的集成调试流程进行了详细的阐述。本书全面对接“工业机器人集成应用”1+X职业技能等级证书（中级）标准，实训载体为北京华航唯实机器人科技股份有限公司的CHL-KH11型职业技能等级证书认证考核平台（ABB版）。本书共5个项目，每个项目中均包含基本任务和拓展任务。基本任务适用于“工业机器人集成应用”课程的教学及中级证书培训，拓展任务对接全国职业院校技能大赛“工业机器人集成应用”赛项标准，适应多样化的分层教学需求。

本书既可以作为高等职业院校工业机器人技术、机电一体化技术、智能控制技术等专业的课证融通培训教材，也可作为机电类专业的理实一体化课程教材，还可供机器人集成应用岗位现场调试人员作为自学参考。

图书在版编目（CIP）数据

工业机器人集成应用 / 周宇，范俐，王桂锋主编. —北京：电子工业出版社，2023.9
ISBN 978-7-121-46427-0

Ⅰ. ①工… Ⅱ. ①周… ②范… ③王… Ⅲ. ①工业机器人－系统集成技术－高等学校－教材 Ⅳ. ①TP242.2

中国国家版本馆CIP数据核字（2023）第183420号

责任编辑：王艳萍
印　　刷：河北鑫兆源印刷有限公司
装　　订：河北鑫兆源印刷有限公司
出版发行：电子工业出版社
　　　　　北京市海淀区万寿路173信箱　邮编 100036
开　　本：787×1 092　1/16　印张：17.25　字数：441.6千字
版　　次：2023年9月第1版
印　　次：2024年9月第2次印刷
定　　价：59.00元

凡所购买电子工业出版社图书有缺损问题，请向购买书店调换。若书店售缺，请与本社发行部联系，联系及邮购电话：（010）88254888，88258888。

质量投诉请发邮件至zlts@phei.com.cn，盗版侵权举报请发邮件至dbqq@phei.com.cn。

本书咨询联系方式：（010）88254574，wangyp@phei.com.cn。

党的二十大报告指出，要实施产业基础再造工程和重大技术装备攻关工程，支持专精特新企业发展，推动制造业高端化、智能化、绿色化发展。巩固优势产业领先地位，在关系安全发展的领域加快补齐短板，提升战略性资源供应保障能力。推动战略性新兴产业融合集群发展，构建新一代信息技术、人工智能、生物技术、新能源、新材料、高端装备、绿色环保等一批新的增长引擎。

由工业机器人、数控机床、智能物流、智能传感、智能检测、智能控制与制造执行系统等高端装备与技术相融合的智能制造单元和产线在某种程度上代表着一个国家制造业的水平。发展高端制造业是我国成为制造强国的必经之路，而培养该领域的复合型技术技能人才是关键抓手。智能制造所涉及的工艺流程繁杂，工艺设备与技术门类众多，集成应用岗位的知识、技能需求已经不再局限于单一学科单一专业，从业者需要具备跨专业甚至跨行业的信息技术与操作技术相融合的集成应用能力。在此背景下，行、企、校三方深度合作，秉持“以学生为中心，提升理实一体化教学效果并满足学生在智能制造领域的能力迁移需求”的理念，借鉴德国职业教育的精髓——行动导向法，共同编写了本书。

本书共 5 个项目，内容涵盖了机器人工作站直线行走系统、快换工具系统、仓储系统、视觉系统、打磨分拣及综合系统的集成与调试。本书可作为“工业机器人集成应用”1+X 职业技能等级证书（中级）的课证融通培训教材，也可作为“工业机器人集成应用”课程的教材。

本书在内容的组织与安排上具有以下特点。

1.“岗课赛证”融通，适应复合型技术技能人才培养需求

本书以机器人自动化设备的方案集成、现场调试岗位能力要求为核心，基于“工业机器人集成应用”1+X 职业技能等级证书（中级）标准开发了 5 个项目，将证书标准中所涉及的图纸方案、设备参数、程序调试、操作规范等知识与能力要求，按照“了解—实施—分析—补充—优化”的能力递增规律进行了解构并重组、分配到各项目之中。每个项目中均包含基本任务与拓展任务，任务难度层层递增，基本任务对接技能等级证书标准，满足职业岗位能力培养需求；拓展任务对接全国职业院校技能大赛“工业机器人集成应用”赛项标准，强化高端技术技能培养，满足多样化的分层教学需求。

2. 基于行动导向法的“工作页+信息页”体例结构，提升可迁移能力

实践证明，“工作任务清单+手册”的教材体例结构，能够提升理实一体化教学效果并培养学生解决问题的能力及可迁移能力。本书创新性地设计了“工作页+信息页”的体例结构，以行动导向法为指导，按照“信息收集、方案制定、方案决策、方案实施、验收与评价、复盘与思考”的工作过程设计了各项目的工作任务。引导学生在工作任务的驱动下，有目的地查找信息页材料从而获取关键知识，支撑工作过程的顺利开展，探索以“学生为中心”的改革实践，彰显职教特色。

3．全面客观的成绩评价体系，对接职业技能等级证书标准

本书按照真实的机器人集成项目验收流程，设计了对应的考核要求和评分标准，强化过程化、多元化考核，对各项任务的验收标准进行了量化。基于项目执行过程中的记录，设计了方案汇报、分析与改善、遵守规范等过程化考核项目及自评、互评、教师评分的量化评价体系，评价标准与“工业机器人集成应用”1+X 职业技能等级证书（中级）标准全面对接。

4．立体化的综合教学资源，满足多样化的教学需求

本书配有丰富的教学资源，包括电子教学课件、微视频、在线开放课程（登录学银在线网站，搜索“自动化生产系统集成”课程），以及与书中内容紧密结合、育人于无声处的思政故事。学生扫描书中二维码或登录课程网站即可获取相关资源，满足线上、线下混合式教学需求，体现了新形态立体化教材的特色。

本书由周宇、范俐和王桂锋担任主编，刘星、胡鑫、金鑫、耿远程担任副主编，刘杰担任主审。其中，武汉船舶职业技术学院周宇编写项目一和项目四的 4.5、4.6，武汉船舶职业技术学院范俐编写项目二和项目五，金华职业技术学院王桂锋编写项目四的 4.1～4.4，武汉船舶职业技术学院刘星编写项目三。证书考核评价组织：北京华航唯实机器人科技股份有限公司胡鑫承担了证书标准解析、考核体系架构和图纸资料准备工作；武汉金石兴机器人自动化工程有限公司刘杰提供了工程案例支撑及机器人集成应用岗位能力需求分析，对项目的架构提出了改进建议并参与了电子教学课件和视频资源的开发、建设工作；黄冈职业技术学院金鑫、福建信息职业技术学院耿远程也参与了编写工作。在本书的编写过程中，还得到了武汉良古智能科技有限公司王涛、龙森林的支持与帮助，在此一并表示感谢。

本书配有免费的电子教学资源，请登录华信教育资源网（www.hxedu.com.cn），免费注册后进行下载。

由于编者水平有限，书中不妥之处在所难免，敬请各位读者批评指正。

编　者

项目一 机器人工作站直线行走系统集成与调试 ………… (1)
1.1 任务情境描述 ………… (2)
1.2 工程案例分析 ………… (3)
1.3 汽车轮毂项目工作过程实践 ………… (4)
1.3.1 任务 1：滚珠丝杠式伺服直线行走系统调试 ………… (4)
1.3.2 任务 2：机器人、PLC 主从控制程序调试 ………… (10)
1.3.3 任务 3：执行单元维护手册编写 ………… (17)
1.4 项目总结 ………… (18)
1.5 学习情境相关知识点 ………… (18)
1.5.1 自动化生产系统中的物料转运方案 ………… (18)
1.5.2 汽车轮毂项目直线行走系统方案 ………… (21)
1.5.3 执行单元的功能调试 ………… (26)
1.6 思政养成：工业控制领域的中国品牌——汇川 ………… (48)
项目二 机器人工作站快换工具系统集成与调试 ………… (50)
2.1 任务情境描述 ………… (51)
2.2 工程案例分析 ………… (54)
2.3 汽车轮毂项目工作过程实践 ………… (55)
2.3.1 任务 1：仿真工作站搭建与快换装置的机械安装 ………… (55)
2.3.2 任务 2：快换工具单元基本功能的实现 ………… (62)
2.3.3 任务 3：机器人控制下快换工具功能的实现 ………… (69)
2.3.4 任务 4：快换工具单元拓展功能的实现 ………… (75)
2.4 项目总结 ………… (81)
2.5 学习情境相关知识点 ………… (82)
2.5.1 机器人末端执行器的应用 ………… (82)
2.5.2 气动系统的应用 ………… (88)
2.5.3 电、气动原理图的识读 ………… (92)
2.5.4 机器人运动程序编程思路 ………… (95)
2.5.5 机器人编程知识拓展 ………… (98)
2.6 思政养成：中国空间站机械臂实现“多项全能” ………… (101)

项目三　机器人仓储工作站集成与调试……（102）
3.1　任务情境描述……（103）
3.2　工程案例分析……（105）
3.3　汽车轮毂项目工作过程实践……（106）
3.3.1　任务1：仿真工作站工艺流程模拟仿真……（106）
3.3.2　任务2：电气元件的安装、调试与设备组态……（110）
3.3.3　任务3：仓储单元基本功能程序编写与调试……（116）
3.3.4　任务4：仓储单元自动运行功能程序编写与调试……（122）
3.3.5　任务5：仓储单元拓展功能的程序编写与调试……（131）
3.4　项目总结……（139）
3.5　学习情境相关知识点……（140）
3.5.1　自动化立体仓储介绍……（140）
3.5.2　电气设计方案……（143）
3.5.3　网络通信设计方案……（150）
3.5.4　立体仓储工作站编程思路……（154）
3.6　思政养成：自动化仓储技术的过去与未来……（166）
项目四　机器人视觉检测工作站集成与调试……（167）
4.1　任务情境描述……（168）
4.2　工程案例分析……（169）
4.3　汽车轮毂项目工作过程实践……（169）
4.3.1　任务1：项目任务分析与仿真工作站搭建……（170）
4.3.2　任务2：视觉系统的安装与组态……（173）
4.3.3　任务3：视觉检测工作站颜色检测……（178）
4.3.4　任务4：视觉检测工作站二维码检测……（184）
4.3.5　任务5：视觉检测工作站拓展功能的编程与调试……（189）
4.4　项目总结……（195）
4.5　学习情境相关知识点……（195）
4.5.1　视觉检测单元介绍……（195）
4.5.2　视觉系统操作界面介绍……（198）
4.5.3　视觉系统与机器人的通信……（199）
4.5.4　视觉系统颜色特征与二维码的识别方法……（202）
4.5.5　机器人的网络组态与通信程序的应用……（210）
4.6　思政养成：中科新松开启“机器人+视觉”智能制造新时代……（214）
项目五　机器人工作站综合集成与调试……（215）
5.1　任务情境描述……（216）
5.2　汽车轮毂项目工作过程实践……（221）
5.2.1　任务1：分拣单元任务的编程与调试……（221）
5.2.2　任务2：打磨单元任务的编程与调试……（226）
5.2.3　任务3：轮毂订单检测任务的编程与调试……（232）

5.2.4 任务 4：轮毂定制加工订单任务的编程与调试 ………………………………（239）
5.3 项目总结 ………………………………………………………………………（245）
5.4 学习情境相关知识点 ……………………………………………………………（246）
5.4.1 分拣单元调试 …………………………………………………………………（246）
5.4.2 打磨单元调试 …………………………………………………………………（248）
5.4.3 主控单元补充功能 ……………………………………………………………（250）
5.4.4 设备网络组态 …………………………………………………………………（250）
5.4.5 PLC 程序的编写思路 …………………………………………………………（251）
5.4.6 以仓储单元模块为例的程序编写 ……………………………………………（252）
5.4.7 机器人编程知识拓展 …………………………………………………………（259）
5.5 思政养成：智能制造领域的工匠精神 ……………………………………………（261）
附录 A 气路连接图 ………………………………………………………………（263）
附录 B 电气原理图 ………………………………………………………………（264）
附录 C 机器人集成应用工作站 I/O 分配表 ……………………………………（265）

项目一　机器人工作站直线行走系统集成与调试

1. 知识目标

（1）了解自动化生产系统中物料转运设备的类型、功能与特点

（2）掌握直线行走系统的机械、电气、气动、网络架构和调试方法等

2. 技能目标

（1）能阅读简单的电气、气动原理图，使用工具完成电气、气动功能检测

（2）能查找伺服驱动器说明书，完成伺服参数调试

（3）能阅读 I/O 分配表，完成 PLC 信号定义

（4）能配置 DeviceNet 远程 I/O 模块上的信号

（5）能阅读并调试机器人、PLC 控制程序，进行局部程序段落的修改和优化

3. 素质目标

（1）培养学生查阅资料的能力

（2）培养学生系统性解决问题的方法、能力

（3）培养学生团队协作的能力

（4）培养学生的职业认同感

4. 工作任务导图

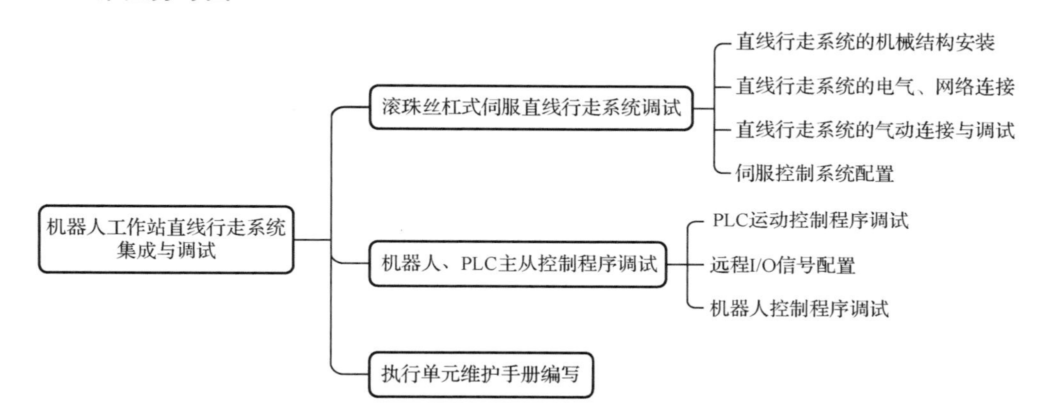

基本任务要求

1.1 任务情境描述

在次大陆公司的汽车定制轮毂生产线集成项目（简称汽车轮毂项目）中，技术方案要求在 ABB 120 型工业机器人（本书中简称机器人）的下方安装第七轴直线导轨，从而扩展机器人的可达范围，以便汽车轮毂在不同生产模块之间转运。项目目前已经完成工作站底座直线行走系统的机械结构设计和电气图纸设计，我公司机电工程部技术人员需要完成机械、电气、网络、气动设备的安装调试，伺服控制系统的参数配置及 PLC 和机器人的程序调试，从而实现机器人直线行走系统的位置控制与速度控制功能。本项目的技术参数见表 1-1。

表 1-1 技术参数

模块	型号	技术参数	
机器人模块	ABB 120 型机器人	可达工作范围	580mm
		额定负载	3kg
		一轴旋转盲区	30°
第七轴直线模块	装配集成	传动形式	滚珠丝杠
		丝杠导程	5mm
		丝杠有效行程	760mm
		电机-丝杠连接形式	减速器+同步带
		减速器传动比	3∶1
		同步带传动比	1.5∶1
伺服控制模块	三菱 MR-JE-40A 伺服驱动器	输入电压	单相 AC 220V
		输出电压	三相 AC 220V
		控制模式	位置控制
		控制方式	PTO 脉冲
		电子齿轮比	900∶1
	三菱 HG-KN43J-S100 伺服电机	额定功率	0.4kW
		额定转速	3000r/min
		最大转速	5000r/min
		编码器分辨率	131072 脉冲/转

1. 基本任务要求

任务 1：滚珠丝杠式伺服直线行走系统调试

完成机器人直线行走系统的安装与布置；完成总控单元与执行单元之间的机械、电气、气动、网络连接；完成伺服控制系统的参数设置，伺服驱动器无报警；实现 PLC 在手动模式下的伺服轴正/反转点动运行。

任务 2：机器人、PLC 主从控制程序调试

完成机器人、PLC 的主从控制程序调试；机器人端能够实现伺服轴的自动/手动模式切换，能够设定伺服轴的运动位置和运动速度；伺服轴能够在机器人、PLC 的程序控制下实现任意

点位的精确定位。

2. 拓展任务要求

任务 3：执行单元维护手册编写

在任务 1、2 的基础上，要求伺服轴具有软/硬限位功能，自动/手动模式下都不会出现硬件超程故障。机器人、PLC 程序中具有较为完整的安全功能，机器人示教器端能够实现伺服轴运行过程中的暂停/停止功能。对本项目伺服控制系统的操作方法、常见故障与排查方法等进行整理，编写执行单元维护手册。

1.2　工程案例分析

（1）请分别查询汽车铝合金轮毂、汽车发动机缸体、汽车整车的制造过程视频资料，分析并整理以上产品的制造工艺流程。

____

____

____

____

（2）为了实现物料在不同工艺设备之间的自动化流转，可以采用的机械架构方案有哪些？各种方案在采购成本、技术实现难度、适用场合、可扩展性等方面有什么区别？

____

____

____

____

____

（3）使用“工业视觉系统+机器人”的物料动态抓取方案，可能有哪些技术性难点？影响抓取精度的影响因素有哪些？

____

____

____

____

____

1.3 汽车轮毂项目工作过程实践

1.3.1 任务1：滚珠丝杠式伺服直线行走系统调试

本任务在完成项目总体方案分析的基础上，针对项目所涉及的滚珠丝杠式伺服直线行走系统的组成、功能、图纸等技术环节进行信息收集和整理分析，完成该系统的机械结构安装，电气、网络、气动连接与调试及伺服参数设置，实现手动控制下伺服轴直线运动的任务要求。

1. 信息收集

（1）机械结构功能分析。

请分析工作站上滚珠丝杠式伺服直线行走系统的机械结构，在下表中填写机械零部件的组成及其功能。

滚珠丝杠式伺服直线行走系统零部件组成	功能描述

（2）项目平台上布置了上/下两层线槽，对于强电电缆、弱电电缆、网络电缆、气动管线，应该如何区分处理？

____

____

____

____

（3）直线行走系统中为了防止机械运动超出正/负限位，采用了什么型号的传感器？该传感器的工作方式是什么？请查找该传感器使用说明书与电气图纸后，填写下面表格。

传感器型号	
电源电压	
检测方式	

续表

检测距离	
接线方式	

（4）以 PTO 高速脉冲的形式对伺服控制系统进行位置控制，脉冲的频率将控制机械设备的（　　　　　　），脉冲的总数量将控制机械设备的（　　　　　　　　）。

（5）除了高速脉冲，上位控制器还能以什么形式对伺服驱动器进行控制？这些控制方法，在设备采购、现场调试、可控制轴数等方面各有什么特点？

____

____

____

____

____

（6）请以简图加上文字的形式，描述伺服电机上配置的 17 位增量式旋转脉冲编码器，是如何将伺服轴的 1 圈旋转转变为 131072 个电脉冲的？

（7）伺服驱动器完成一次基本的定位运动，涉及什么输入/输出信号？请画出一次完整的定位运动中，各信号的时序图。

2. 方案制定

（1）工作站机械装配方案。

执行单元、总控单元、工具单元已到达施工现场，请根据工作站基本任务要求在 A4 纸上画出各单元的机械布置简图并编写机械设备的安装步骤。

安装步骤	所需工具、物料、劳保用品	安全风险预判	质量目标与检测方法

（2）请根据工作站基本任务要求编写执行单元的电气、气动、网络系统的安装步骤。

安装步骤	所需工具、物料、劳保用品	安全风险预判	质量目标与检测方法

（3）伺服驱动器参数调试方案。

请列出伺服驱动器上需要设置或检查的参数号，并在查阅伺服驱动器操作手册后，编写伺服驱动器参数的调试步骤、方法。

需要调试的参数号	参数值	调试/查看参数的步骤、方法

（4）PLC 轴运动工艺配置方案。

请按照 PLC 轴工艺组态参数组的分类，列出 PLC 轴运动工艺参数的配置方案。

需要配置的参数组	配置参数项目与参数值

3. 方案决策

各小组汇报本小组的机械、电气、网络、气动、伺服驱动器、PLC 轴运动工艺参数的配置方案，其他小组针对其汇报的方案提出自己的看法。将本小组方案中存在的问题或有待完善的地方记录下来，并在教师点评及小组讨论后得到一个完善的方案。

4. 方案实施

（1）根据制定的机械装配方案，领取工具、物料和劳保用品后，分工协作完成机械装配工作并计时。对于工作过程中出现的问题和解决方法在下表中进行记录。

步骤	完成人员	步骤用时	出现问题及解决方法

（2）根据制定的电气、网络、气动调试方案，领取工具、物料和劳保用品后，分工协作完成连接、调试工作。对于工作过程中出现的问题和解决方法在下表中进行记录。

步骤	完成人员	步骤用时	出现问题及解决方法

（3）根据制定的伺服驱动器参数和 PLC 轴运动工艺参数配置方案，分工协作完成各参数的配置工作，并正确完成手动模式下的伺服轴运行测试。对于工作过程中出现的问题和解决方法在下表中进行记录。

参数/参数组	完成人员	步骤用时	问题及解决方法

5. 验收与评价

（1）验收与考核评分表。

任务	项目要求		配分	学生自评	学生互评	教师评分
执行单元系统集成基础验收（60分）	系统集成与调试（50分）	对于系统总体方案的分析准确	10			
		执行单元与其他单元的机械装配正确，设备间无干涉，设备连接牢固。每漏装1个连接固定件扣1分，设备松动扣10分	10			
		设备电气、网络回路连接正确，操作过程标准、走线符合规范。执行单元能够正常上电，编程计算机能够访问PLC。每漏标1个设备编号扣1分，带电状态下操作电路或发生漏电、短路事故，扣10分	10			
		设备气动回路连接正确，压力值设置正确，各手动阀门状态正确，执行单元气动回路手动模试功能正常。通气状态下插拔气管每次扣2分	10			
		伺服驱动器和PLC轴运动工艺参数配置正确	10			
	手动模试功能展示（10分）	在手动模试下，成功展示伺服轴回原点、定位运动、点动运动功能。每1个功能展示不成功扣3分	10			
展示与汇报（10分）	方案制作展示（5分）	能将方案进行有效、清晰的展示	5			
	小组汇报（5分）	积极参加汇报，能做好在小组汇报中分配的工作，汇报质量较好	5			
职业素养（20分）	安全与文明生产（10分）	1．未遵守教学场所规章制度扣3分 2．出现人为设备损坏扣5分 3．未遵守实训室5S管理规定扣3分	10			
	综合素质（10分）	1．沟通、表达能力较强，能与组员有效交流 2．有较强的学习能力与解决问题的能力 3．有较强的责任心	10			
附加（10分）	创新能力（5分）	方案设计或调试流程有独创性	5			
	其他加分（5分）	在教学中由教师自定，如学生课堂表现情况、进步情况等	5			
总分			100			
综合得分 分数加权建议： 自评分数×10%+互评分数×10%+教师评分×80%						

（2）验收情况记录。

验收问题记录	原因分析	整改措施

6. 复盘与思考

（1）经验反思。

有效的经验与做法	
总结反思	

（2）在调试过程中，若机械设备的实际运行方向与预设方向相反，可能是什么原因造成的？如何在不修改电气线路的情况下，将机械设备的运行方向调整为预设方向？

1.3.2 任务 2：机器人、PLC 主从控制程序调试

1. 信息收集

（1）在执行单元的机器人、PLC 双控制系统架构中，哪些因素决定了由机器人作为上位控制器而不是 PLC？

（2）执行单元 PLC 由 1 个 1212C 型 CPU 模块和 1 个 SM1221 型数字量输入模块构成，SM1221 模块起到了什么作用？

（3）请在图中标出 DeviceNet 远程 I/O 模块的适配器单元、电源单元、输入/输出功能单元。

（4）PLC 程序的 FB 块中，Input、Output、Static 变量的主要作用是什么？

____

____

____

____

（5）PLC 运动控制指令中，MC_Power、MC_Home、MC_MoveAbsolute、MC_MoveJog，这 4 个指令的作用是什么？

____

____

____

____

（6）机器人人机交互指令中，TPErase、TPWrite、TPReadNum 这 3 个指令的作用是什么？

____

____

____

____

2. 方案制定

（1）如何使用 1 个字节的存储空间，在机器人与 PLC 之间传递 1 个值为 690 的数据？

机器人侧	PLC 侧

（2）请根据设备电气线路图，为执行单元 PLC 制定 I/O 分配方案。

序号	信号功能	信号名称	信号类型	I/O 模块	地址

（3）请根据设备电气线路图，为机器人制定 I/O 分配方案。

序号	信号功能	信号名称	信号类型	I/O 模块	地址

续表

序号	信号功能	信号名称	信号类型	I/O 模块	地址

（4）在 PLC 编程的过程中，如何编写程序来进行如下公式的计算。

$$\text{伺服轴实际速度}=\frac{\text{伺服轴速度上限}}{27648}\times\text{伺服轴输入速度}$$

（5）请根据 I/O 分配表与程序，编制 PLC 程序指令的运行测试方案。

序号	待测试指令	测试方案	验收标准
1	MC_Power		
2	MC_Home		
3	MC_MoveAbsolute		

续表

序号	待测试指令	测试方案	验收标准
4	MC_MoveJog		

（6）请根据 I/O 分配表，编写机器人信号的测试方案。

序号	待测试信号	测试方案	验收标准

（7）请画出本项目的机器人程序流程图。

3. 方案决策

各小组汇报本小组的机器人、PLC 主从控制程序的编写、调试方案，其他小组针对其汇报的方案提出自己的看法。将本小组方案中存在的问题或有待完善的地方记录下来，并在教师点评及小组讨论后得到一个完善的方案。

4. 方案实施

（1）根据制定的 PLC 程序配置调试方案，分工协作完成 PLC 程序的调试工作。对于工作过程中出现的问题和解决方法在下表中进行记录。

步骤	完成人员	步骤用时	出现问题及解决方法

（2）根据制定的机器人程序配置调试方案，分工协作完成机器人程序的调试工作。对于工作过程中出现的问题和解决方法在下表中进行记录。

步骤	完成人员	步骤用时	出现问题及解决方法

5. 验收与评价

（1）验收与考核评分表。

<table>
<tr><th>任务</th><th colspan="2">项目要求</th><th>配分</th><th>学生自评</th><th>学生互评</th><th>教师评分</th></tr>
<tr><td rowspan="4">执行单元系统集成程序调试验收（60 分）</td><td rowspan="3">机器人、PLC 主从程序调试（50 分）</td><td>对于控制系统的主从关系认识明确</td><td>10</td><td></td><td></td><td></td></tr>
<tr><td>执行单元 PLC 的 I/O 分配正确，程序指令编写恰当，设备功能测试正常。每漏分配 1 个 I/O 扣 1 分，设备回原点、定位、点动功能每缺失 1 个扣 3 分</td><td>20</td><td></td><td></td><td></td></tr>
<tr><td>执行单元机器人的 I/O 分配与信号定义正确，程序指令编写恰当，设备功能测试正常。每漏分 1 个 I/O 扣 3 分，每漏分 1 个信号扣 1 分，设备回原点、定位、手动/自动运行功能每缺失 1 个扣 3 分</td><td>20</td><td></td><td></td><td></td></tr>
<tr><td>自动模试功能展示（10 分）</td><td>在自动模式下，成功展示伺服轴回原点、定位运动。每 1 个功能展示不成功扣 5 分</td><td>10</td><td></td><td></td><td></td></tr>
</table>

续表

任务	项目要求		配分	学生自评	学生互评	教师评分
展示与汇报（10分）	方案制作展示（5分）	能将方案进行有效、清晰的展示	5			
	小组汇报（5分）	积极参加汇报，能做好在小组汇报中分配的工作，汇报质量较好	5			
职业素养（20分）	安全与文明生产（10分）	1. 未遵守教学场所规章制度扣3分 2. 出现人为设备损坏扣5分 3. 未遵守实训室5S管理规定扣3分	10			
	综合素质（10分）	1. 沟通、表达能力较强，能与组员有效交流 2. 有较强学习能力与解决问题的能力 3. 有较强的责任心	10			
附加（10分）	创新能力（5分）	方案设计或调试流程有独创性	5			
	其他加分（5分）	在教学中由教师自定，如学生课堂表现情况、进步情况等	5			
总分			100			
综合得分 分数加权建议： 自评分数×10%+互评分数×10%+教师评分×80%						

（2）验收情况记录。

验收问题记录	原因分析	整改措施

6. 复盘与思考

（1）经验反思。

有效的经验与做法	
总结反思	

（2）请为本系统添加两个新功能：一是置位机器人侧的“停止”信号，实现运动中的伺服轴停止；二是置位机器人侧的“暂停”信号，实现运动中的伺服轴暂停，信号复位后，伺

服轴继续运行。

1.3.3　任务 3：执行单元维护手册编写

执行单元维护手册编写

请综合整理任务 1 和任务 2 的机电结构、编程调试过程中的故障点及程序特点，编写执行单元的维护手册。

（1）设备操作方法。

设备功能	操作方法
设备开机	
设备关机	
任意点位定位	

（2）设备常见故障与排查方法。

故障现象	排查方法

续表

故障现象	排查方法

1.4 项目总结

1. 项目得分汇总

任务 1	任务 2	任务 3	平均分

2. 关键技术技能学习认知与反思

本项目重点知识包括机器人执行单元机械、电气、气动、网络的搭建，伺服控制系统的调试及机器人、PLC 主从程序的编写与调试，需要重点掌握的技能包括伺服参数配置，主从程序的架构、编写与调试。通过本项目的学习，你在技能知识方面有哪些收获与不足？请在下方列出。

____

____

____

____

____

1.5 学习情境相关知识点

物料转运方案

1.5.1 自动化生产系统中的物料转运方案

在各种类型的机器人工作站或者柔性/智能制造系统中，原材料（毛坯）通常要经过多种工艺处理才能形成最终的产品，而每种工艺都需要专用设备的支持。以一个整体式低压铸造汽车轮毂为例，其需要经过铸造、检测、数控加工、打磨、涂装等十几道工艺流程，才能形成一个完整的产品。如图 1-1 所示为铝合金汽车轮毂及其制造流程。

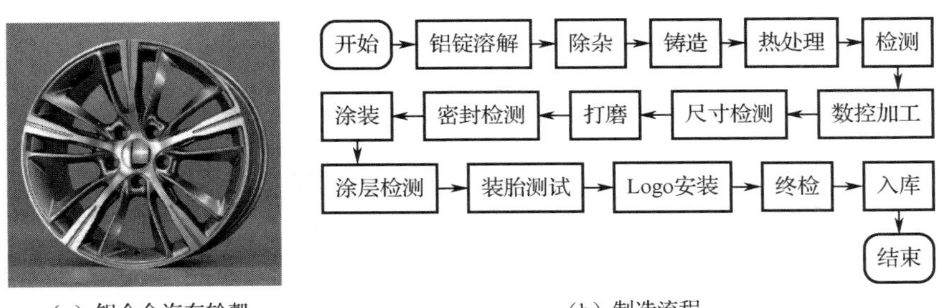

（a）铝合金汽车轮毂　　（b）制造流程

图 1-1　铝合金汽车轮毂及其制造流程

在上下级工艺设备之间实现物料的自动化转运，是智能制造系统能够实现连续生产的关键技术问题。在目前的工程实践中，主要有以下 3 种解决方案。

（1）自动化输送机+上/下料专用设备

该方案以皮带式/链条式/滚筒式输送机作为物料转运设备，在各级工艺设备之间布置所需长度的输送机即可实现整个流程上的物料自动转运，如图 1-2 所示。

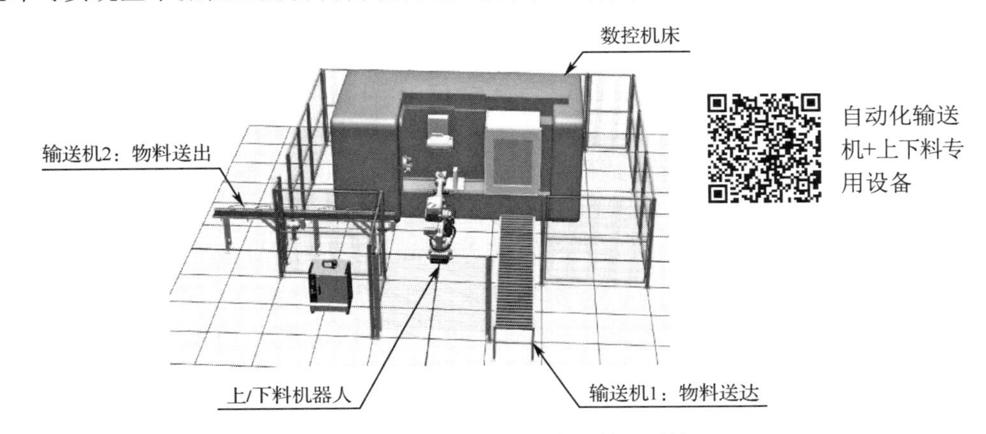

图 1-2　由输送机与上/下料机器人构成的自动转运系统

与其他物料转运方案相比，输送机的单位长度采购价格较低且运行速度、外形尺寸的可调整性较高，使得该方案具有技术实现难度低、采购成本低、转运效率高的优点，常用于以高速生产为特点的食品工业、电子工业、初级机械产品的制造环节，也可作为组成部分部署在混合式物料转运系统之中。由于输送机仅能转运物品，不具有上/下料功能，该方案需要为每台工艺设备额外配置一部上/下料专用设备（上/下料机器人或其他上/下料设备），当产品的制造工艺流程较长时，该方案的成本较高。为了使上/下料设备能够在输送机上准确地抓取物料，物料运送到达后，需要暂停输送机的运行以便夹具系统对物料进行精确定位，待物料被机器人抓取以后，输送机才能再次启动。这种“运行—暂停”反复切换的工作模式在一定程度上降低了该方案的转运效率。为了解决这一问题，机器视觉识别配合机器人动态抓取的“不停机”方案在工程上的应用越来越多，但是额外采购的视觉相机及相关软件也造成了成本的进一步上升。视觉相机中识别的物料信息如图 1-3 所示。

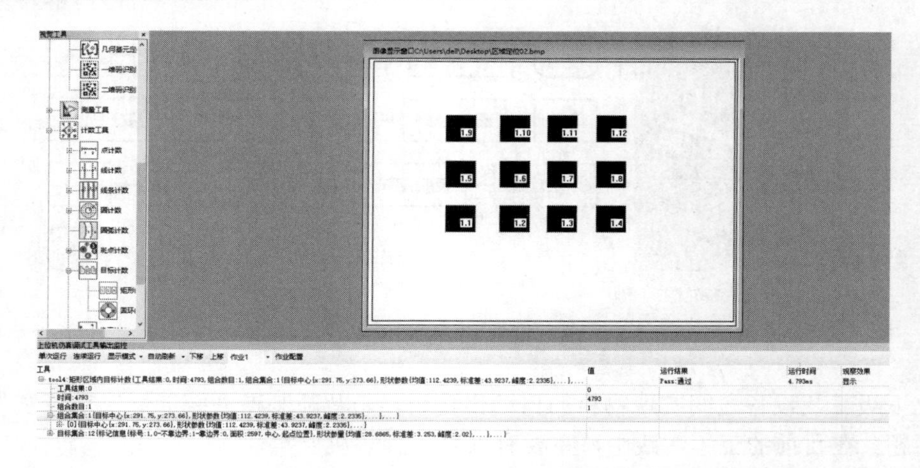

图 1-3　视觉相机中识别的物料信息

（2）机器人+直线轴

该方案是在机器人的底座下方安装一个能够直线移动的行走系统，从而扩展机器人的可达范围，由机器人实现物料的转运与上/下料功能的。常用的直线行走系统有两种结构：滚珠丝杠式和齿轮/齿条式，其结构如图 1-4 所示。滚珠丝杠式直线行走系统由伺服电机减速后驱动丝杠旋转，丝杠螺母与机器人底座安装板固连后形成直线运动。滚珠丝杠机构具有较高的定位精度，但是由于受丝杠结构刚性的限制，其最大轴向推力、最大轴向行程及最大运行速度都弱于齿轮/齿条机构，因此滚珠丝杠结构的行走系统通常用于 ABB 120 型、FANUC Mate200 型等小型/桌面型机器人系统在 2000mm 以下行程的轻载低速高精度直线运动，其定位精度能够达到 10μm。齿轮/齿条式直线行走系统的齿条与底座固定安装，伺服电机减速后驱动齿轮旋转，齿轮/齿条啮合后，形成机器人的直线运动。齿轮/齿条式直线行走系统能够与各种型号的机器人相配合，通过多段齿条拼接的方法，可以达到数十米的行程范围。齿条的精度等级较低（1000mm 长度的研磨齿条的节线误差为 0.02～0.025mm），在多段齿条拼接时还会出现累积误差及环境温度误差，其定位精度要弱于滚珠丝杠机构。当结构自身的定位精度无法满足产品生产要求时，该方案也可与机器视觉系统相结合，通过视觉相机识别出物料、工艺设备的当前坐标值，并利用程序修正当前坐标与理论坐标（编程坐标）之间的误差。

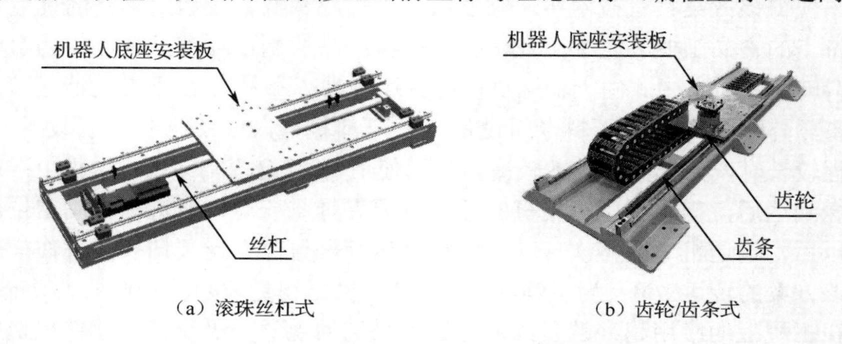

（a）滚珠丝杠式　　（b）齿轮/齿条式

图 1-4　机器人常用直线行走系统结构

直线行走系统有两种采购方案：机器人本体厂商所生产的行走系统或第三方厂家所生产的行走系统。机器人本体厂商的行走系统以 ABB 公司的 IRBT 系列行走系统为代表，该系列

行走系统能够与多种型号的机器人匹配，提供多种基座安装高度并支持水平/垂直两种安装形式，最大直线行程达 20m。IRBT 系列行走系统由伺服电机驱动，伺服的控制与驱动功能直接与机器人本体共用一个 IRC5 控制柜，除了能够实现一般的直线运动功能，还能够作为附加轴直接参与机器人的空间插补运动。第三方厂家生产的行走系统采用伺服或者步进电机驱动实现直线运动，该类型的行走系统通常具有较高的性价比，但是无法作为额外的伺服轴参与机器人的空间插补运动。

（3）机器人+AGV

输送机或直线轴的方案都需要沿着物料转运的方向连续布置转运设备，其成本会随着物料转运距离的上升而提高。各大汽车制造厂率先使用 AGV（Automated Guided Vehicle）系统，来解决汽车制造过程中的冲压产线—焊装产线、涂装车间—总装车间等产线级/车间级的长距离物料转运问题，随后 AGV 系统在制造、物流等各种行业中都得到了广泛的应用。AGV 是一种能够在程序的控制下沿规定的导航路径运行并提供物品载运功能的运输车，其典型的导航方式有磁条式和激光式两种。早期的 AGV 系统存在充电间隔时间短、导航定位精度（毫米级）不足等缺陷，只能用于较低精度的物料转运。近年来随着大容量锂电池技术及机器视觉技术的发展，将视觉相机、机器人与 AGV 组合构成兼具物料转运和精确上/下料功能的移动化平台进入工程实用阶段，其典型结构如图 1-5 所示。该平台由车载锂电池对 AGV、机器人、视觉相机等设备统一供电并进行智能化电池容量管理，能够长时间连续工作并全自动充电。系统工作时，由 AGV 将机器人载运到物料附近（一次定位），机器人引导视觉相机对固定位置的标靶坐标进行识别，逆向求解出一次定位的误差，并利用机器人运动程序修正误差（二次定位），从而进行精准的上/下料。

图 1-5　搭载了视觉相机和机器人的 AGV 平台的典型结构

1.5.2　汽车轮毂项目直线行走系统方案

直线行走系统方案

1. 机械结构

在汽车轮毂项目中，铝合金轮毂零件特征如图 1-6 所示。轮毂直径为 114mm、厚度为 45mm，单个质量小于 1.5kg。轮毂上/下表面（正/背面）各有一个凹槽作为圆形端面的定位基准，另有 4 个视觉检测区，上表面中心的圆形沉孔用于安装不同品牌汽车的 Logo 图标。

直线行走系统采用滚珠丝杠结构，伺服电机的旋转运动经过减速器和同步带两级减速后驱动滚珠丝杠机构，减速器与同步带的传动比分别为 3∶1 和 1.5∶1，丝杠导程为 5mm、有效行程为 760mm。直线行走系统的结构如图 1-7 所示。

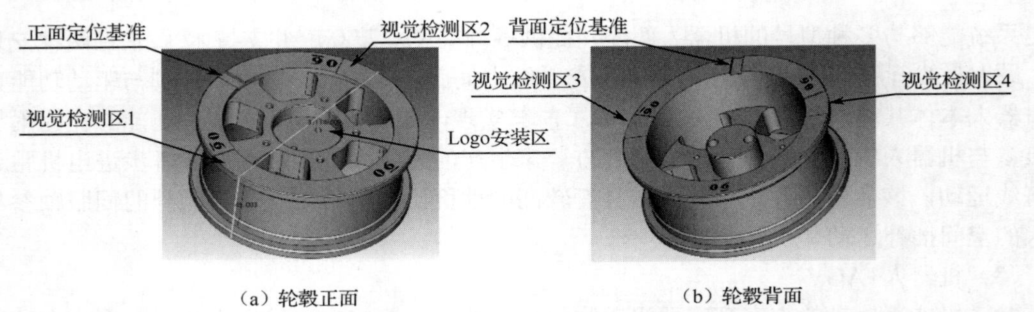

（a）轮毂正面　　（b）轮毂背面

图 1-6　铝合金轮毂零件特征

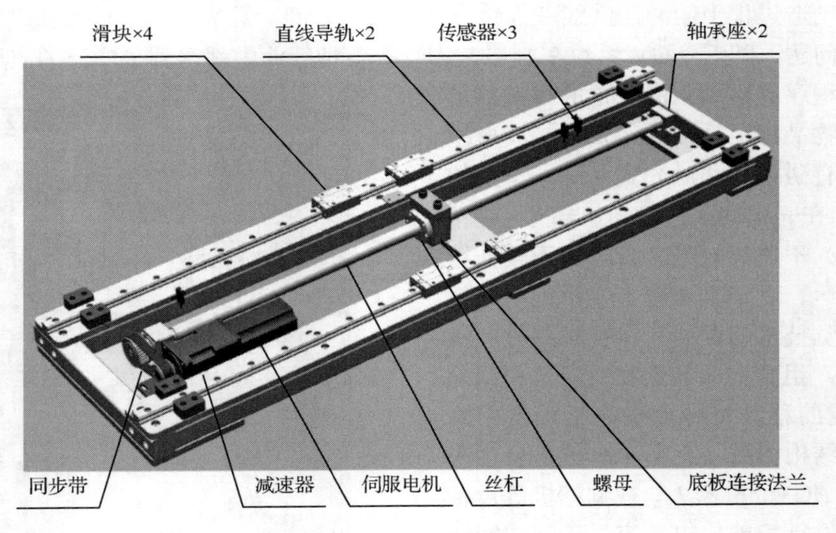

图 1-7　直线行走系统的结构

ABB 120 型六轴机器人最大额定负载为 3kg、重复定位精度为 0.01mm，工作可达范围为 580mm、一轴旋转盲区为 30°，技术参数满足轮毂制造过程中的转运与上/下料功能要求。ABB 120 型机器人底座转接板与直线行走系统的底座连接板固定连接，底座连接板与底板连接法兰固定连接后传递丝杠螺母的轴向推力，左右两条直线导轨/滑块机构保证直线运动的精度。为了避免工作环境中的灰尘与飞屑黏附到滚珠丝杠、直线导轨等精密零件中影响工作精度与使用寿命，采用门式可伸缩防尘罩覆盖整个直线行走系统。将机器人与直线行走系统安装于移动式工作台的上表面，构成轮毂系统的一个重要组成部分——执行单元。工作台有上/下两层金属线槽，可实现强/弱电路的分开走线，避免信号干扰；工作台底部有 4 个带有伸缩地脚的滚轮，放下地脚即可固定位置。工作台四周的防护板拆除后，可对内部安装的电气控制板和机器人控制柜 IRC5 COMPACT 进行操作。为了操作方便，柜内的编程、通信、电机上电、机器人模式切换等常规功能按钮/接口已经转接至工作台上表面快速接口板。机器人执行单元的结构如图 1-8 所示。

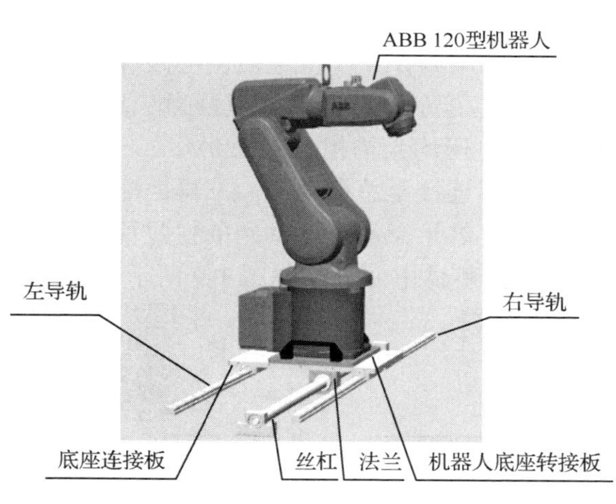

（a）机器人与滚珠丝杠的连接结构

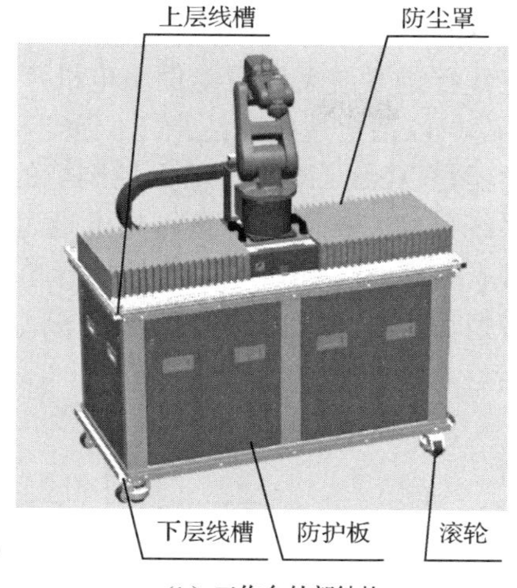

（b）工作台外部结构

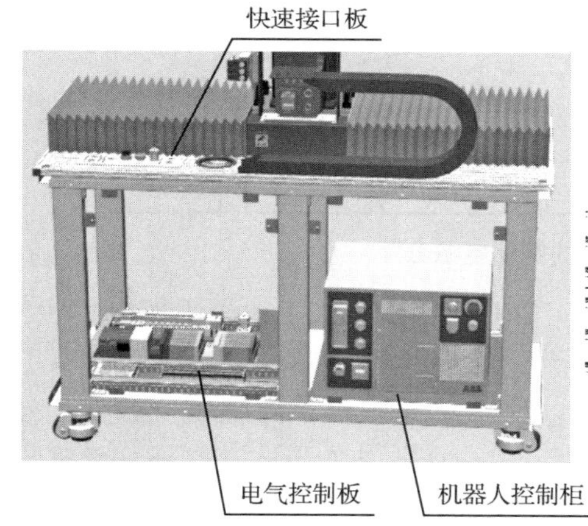

（c）工作台内部结构

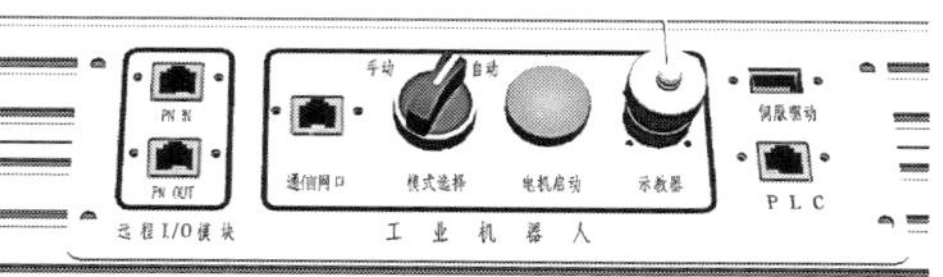

（d）快速接口板的布置细节

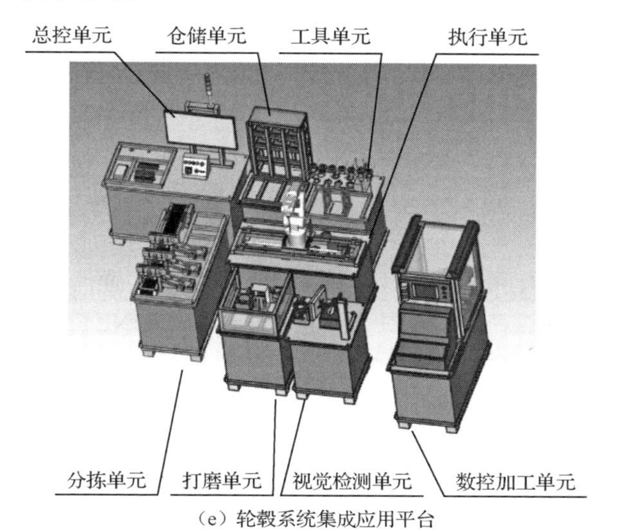

（e）轮毂系统集成应用平台

图 1-8　机器人执行单元的结构

2. 电气控制与网络系统架构

直线行走系统采用三菱伺服电机（三菱 HG-KN43J-S100）减速后驱动滚珠丝杠机构及机器人本体，以指定速度到达指定位置。与伺服电机匹配的伺服驱动器型号为三菱 MR-JE-40A，该驱动器与 ABB 120 型机器人控制柜的额定输入电压均为单相交流 220V。

系统外部三相交流 380V 电源通过重载连接器连接至总控单元后，再由配电模块通过航插（带有航空接头的电缆）连接执行单元等各个子单元。各个子单元单独配置开关电源完成交直转换后为本单元内部的直流设备供电，系统的整体电源分配如图 1-9 所示。

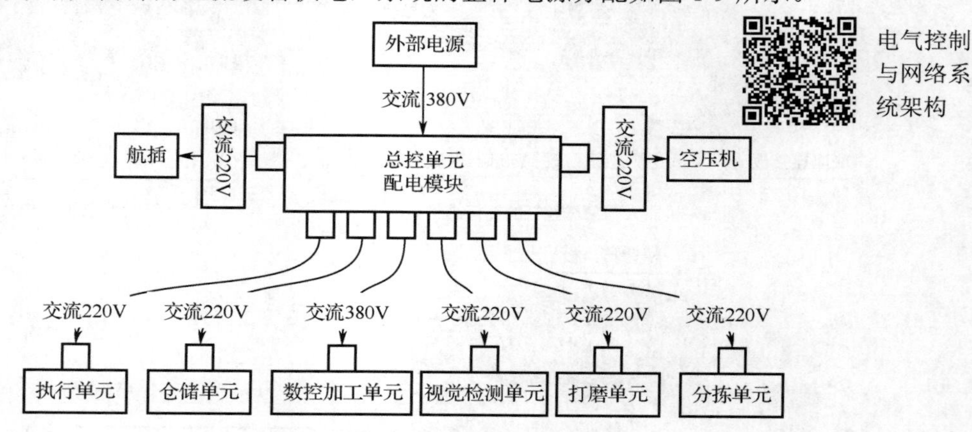

图 1-9　系统的整体电源分配

IRC5 COMPACT 机器人控制柜上标配的 652 板卡无法提供伺服驱动器所需要的 PTO 高速脉冲，执行单元中单独配置了一台西门子 S7-1200 PLC，以高速脉冲的形式控制滚珠丝杠机构的直线运动。ABB 机器人与西门子 PLC 之间通过点对点 I/O 通信的形式，进行数据的交互。除了点对点 I/O 通信，在执行单元中还包括了 3 类通信网口。

（1）执行单元与总控单元通信：PROFINET 网口

执行单元工作台内部布置的远程 I/O 模块（SmartLink 远程 I/O：适配器 FR8210）作为总控单元 PLC 的“触角”，承担总控单元与执行单元之间通信交互的功能，如图 1-10 所示。远程 I/O 模块以点对点 I/O 通信的形式，与机器人进行信息交互；通过 PROFINET 接口与总控单元的西门子 PLC 进行数据交互。

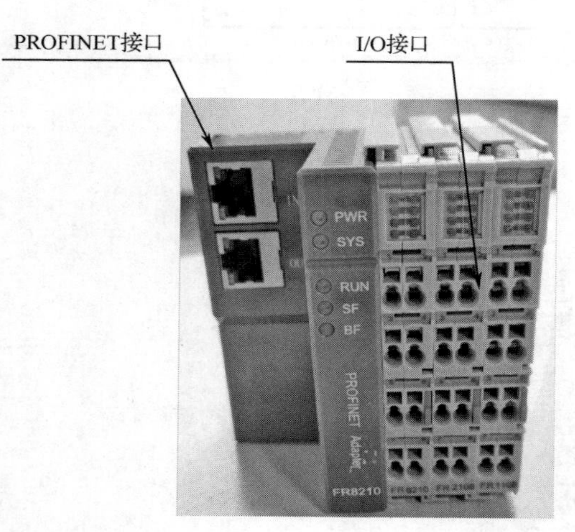

图 1-10　PROFINET 远程 I/O 模块

（2）机器人与扩展 I/O 模块通信：DeviceNet 通信接口

采用支持 DeviceNet 协议的 I/O 模块（SmartLink 远程 I/O：适配器 FR8030），以扩展 ABB 机器人的输入/输出点位，如图 1-11 所示。该模块通过 FR8030 适配器与机器人控制柜 XS17 总线接口连接，通过 DeviceNet 协议进行数据交互；模块与直线运动控制 PLC 之间通过点对点 I/O 交互，实现机器人与扩展 I/O 及直线运动控制 PLC 之间的通信。

（3）机器人与视觉检测单元通信：TCP/IP 通信接口

视觉检测单元中配置的 OMRON FH-L550 视觉系统与 ABB 机器人之间通过 TCP/IP 通信的形式，完成检测触发、检测结果等数据的交互。将图 1-12 中所示的通信接口与视觉检测单元连接后，ABB 机器人即可使用 SOCKET 通信指令完成 TCP/IP 协议的传输控制，视觉检测的相关内容将在本书后续项目中详细介绍。执行单元的网络结构如图 1-13 所示。

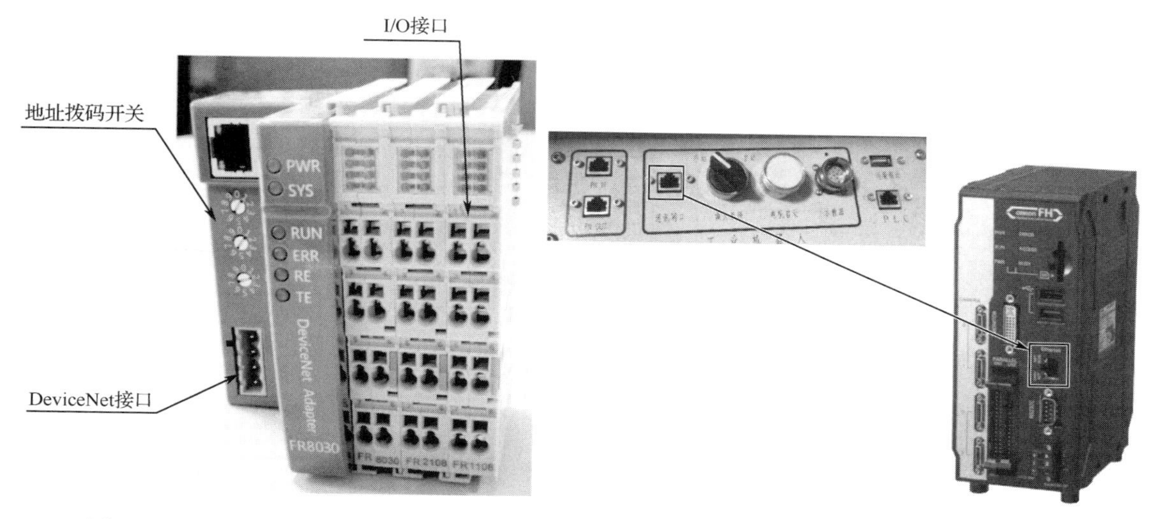

图 1-11　DeviceNet 通信接口模块

图 1-12　TCP/IP 通信接口连接

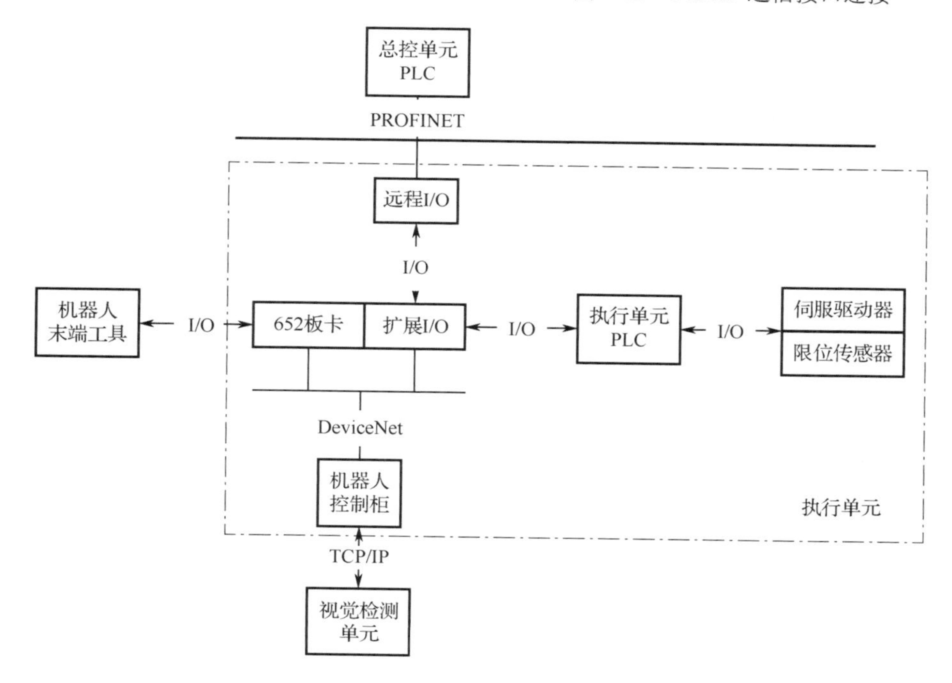

图 1-13　执行单元的网络结构

3. 气动系统架构

直线行走系统的总气源由一台空压机提供，空压机产生的压缩空气经过总控单元工作台上的手控阀与三联件后，由 8 位 10 口的气路分配器将高压气体分别输送至各个单元，气路分配器的每一路出口都装有手动球阀，可以单独控制各个单元的气路通断。各个单元上单独配置阀岛式电磁换向阀，在程序的控制下满足气动缸、气动手爪、真空吸盘等的用气需求。系统供气架构如图 1-14 所示。

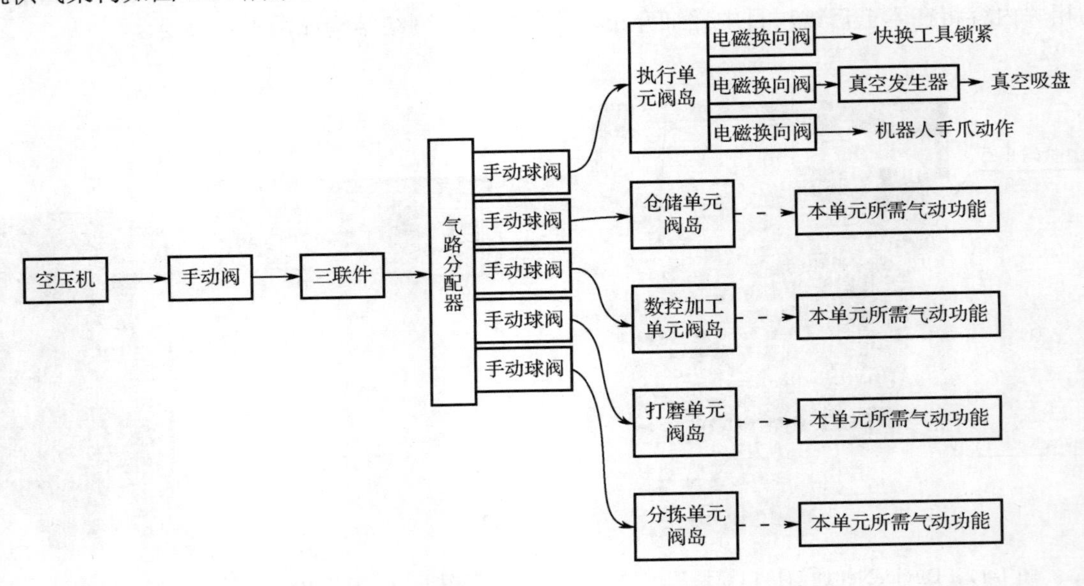

图 1-14　系统供气架构

1.5.3　执行单元的功能调试

机–电–气
系统调试

1. 机—电—气系统调试

（1）机械连接与固定

直线行走系统的各个工艺单元，可以依据具体工艺流程的区别而采用不同的组合形式及布置方案。本项目聚焦执行单元的功能调试，选择与其功能相关的总控单元、快换工具单元共同参与调试。在对上述 3 个单元进行布局时，需要综合考虑单元尺寸、机器人本体一轴旋转盲区、直线导轨有效行程等因素。由于总控单元与执行单元之间没有直接的工艺对象（快换工具、轮毂）交互，可以将总控单元布置在执行单元的有效工作区域之外——丝杠处于左/右极限位置时机器人背面的外侧，为后续单元的加入预留空间。按照图 1-15（a）所示的布局，将 3 个单元摆放到指定位置后，顺时针旋转螺母放下各个单元的地脚，使得其位置固定，然后用连接板将各个单元固定连接，其效果如图 1-15（c）所示。

（2）电气连接与调试

设备发货前，总控单元与执行单元的内部电路已经接线完毕，而工具快换单元中未安装任何电气设备，因此只需要完成总控单元与执行单元之间的电气连接即可。

① 开关与断路器断开。

为了保证接电工作的安全，需要将总控单元与执行单元上所有的转换开关（QS1）与断路器（QF1、QF3 等）全部断开，并将急停按钮（SB5）复位。

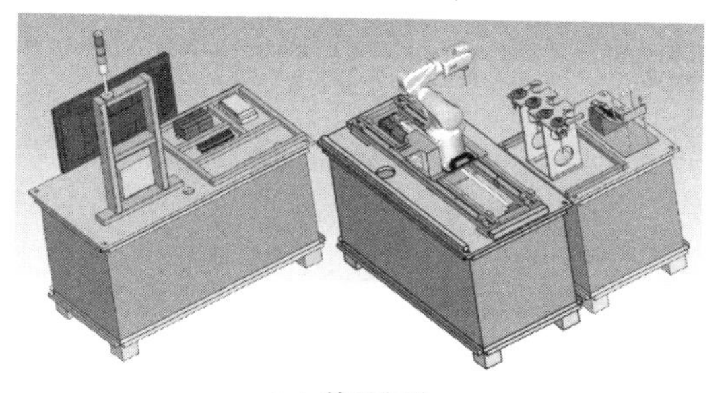

（a）单元布局

（b）地脚锁紧螺母

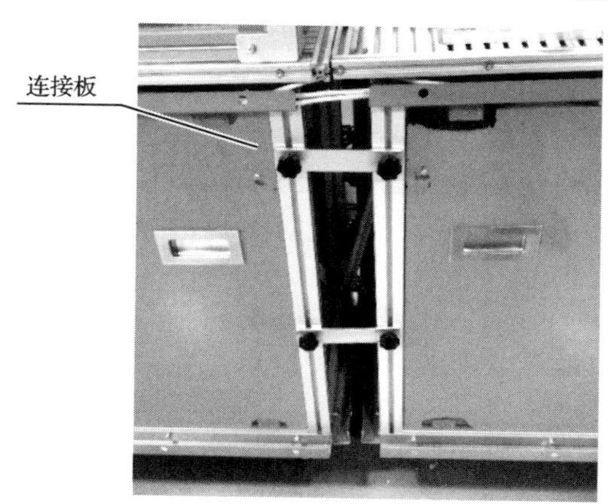

（c）使用连接板固定各个单元

图 1-15　单元机械连接与布置

② 强电电路连接。

确认总电源处的断路器处于断开状态，使用重载连接器将三相 380V 交流电引入总控单元的 XS100 插座。通过航空电缆连接执行单元与总控单元的配电模块插座（XS21—XS20），将所有的插头/插座防脱扣锁紧。整理线缆，将多余线缆全部放入工作台下层线槽中。

③ 通电测试。

接通总电源、总控单元的断路器，启动转换开关使总控单元通电。无蜂鸣器报警、短路跳闸等情况发生，可以接通执行单元的各分支断路器，使机器人控制柜与伺服控制系统通电。通电过程中，若有任何异常情况发生，应该第一时间按下总控单元上层台面的急停按钮 SB5，待异常情况排除后，再次通电测试。

（3）气路连接与调试

① 准备工作。

将空压机与总控单元的手动阀及气路分配器上的 8 个手动球阀调至截止状态，空压机电缆插头接入总控单元工作台内部的 220V 插座并打开空压机电源开关。

② 空气软管连接。

根据图 1-14 所示系统供气架构，估测各个单元气管接头之间的距离，剪裁长度合适的空气软管。使用 PU10×6.5 空气软管连接空压机出口接头与总控单元工作台面供气模块入口接头，用 PU6×4 空气软管连接气路分配器第一路出口接头与执行单元阀岛式电磁换向阀的进气

管接头。整理气管，将多余的气管放入工作台的上层线槽中，气管在跨越不同的单元时，需要通过专用的走线孔，如图 1-16 所示。

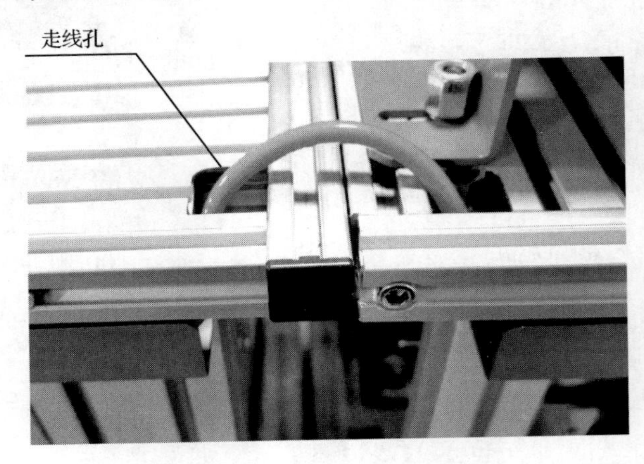

图 1-16　气管通过走线孔

③ 通气测试。

空压机压气过程结束后，打开手动阀将高压气体引入三联件，并将气体压力值调节为 0.4MPa。执行单元阀岛位于机器人本体的底座处，按压电磁换向阀上的手动按钮，如图 1-17 所示，依次对阀岛上的 3 个电磁换向阀进行手动通气测试，检查各条气路的功能是否正常。

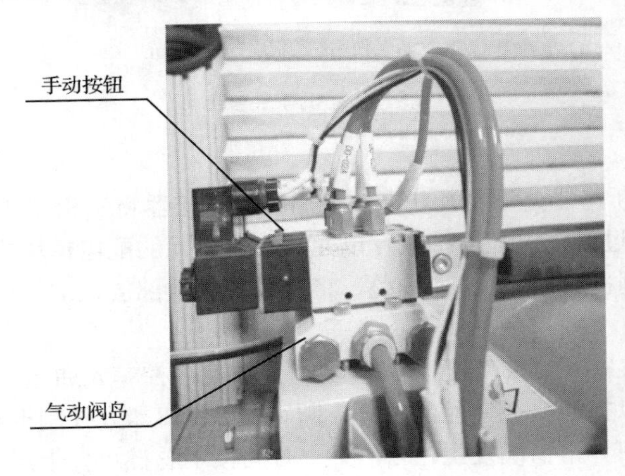

图 1-17　执行单元电磁换向阀

（4）通信网络连接

总控单元上布置的 8 口交换机，承担了整套设备 PROFINET 总线通信中枢的功能。使用网线将总控单元上两台 PLC 的 PROFINET 接口接入交换机的网口，并将执行单元台面上的 PN IN 网口与交换机网口连接，如图 1-18 所示。由于 PN IN 网口在执行单元内部已经与远程 I/O 模块的 PROFINET 接口连接完毕，因此 PROFINET 总线通信的物理层连接完毕。将多余的通信电缆放入台面的线槽中。

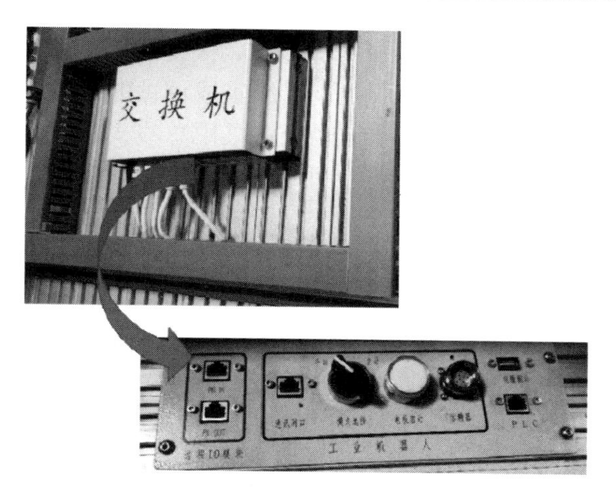

图 1-18　执行单元通信网络连接

伺服控制系统

2. 伺服控制系统调试

（1）伺服控制系统基本概念

伺服运动，是指系统跟随外部指令执行所期望的运动，期望的运动要素包括力矩、加速度、速度和位置。工程实践中，将执行伺服运动的机电装置称为伺服控制系统。作为一种自动控制系统，伺服控制系统一般包括比较环节、控制器、执行环节、被控对象、检测/反馈环节五个部分，其结构与各环节作用如图 1-19 和表 1-2 所示。

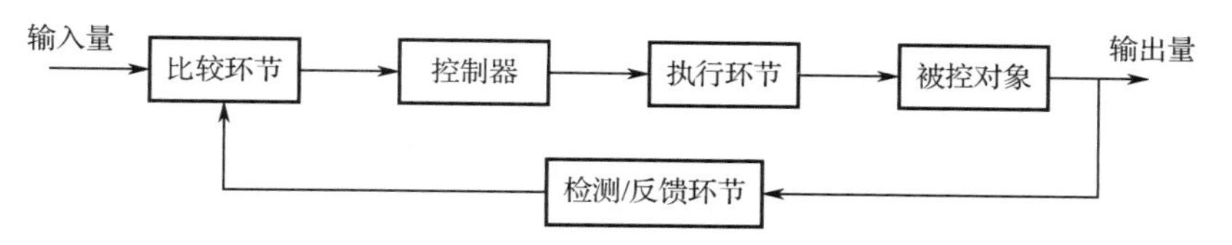

图 1-19　伺服控制系统结构

表 1-2　伺服控制系统各环节作用

系统组成	主要作用
比较环节	将输入量指令信号与系统的反馈信号进行比较，以获得输出与输入间的偏差信号
控制器	内置了 PID（比例—积分—微分）或者其他控制算法的电子控制系统，对比较环节输出的偏差信号进行变换处理，从而产生合适的信号以控制执行环节按照预定的要求动作
执行环节	按照控制器输出信号的要求，将各种形式的能量转换为机械能，从而驱动被控对象工作。常用的有伺服电机、伺服阀等
被控对象	被控制的机构或者装置，是完成整个系统控制目的的主体，一般包括传动装置、执行装置、负载
检测/反馈环节	对输出量进行测量并转换为比较环节所需要的物理量的装置，一般包括检测元件和转换电路两部分。常见的有脉冲式编码器、热电偶温度传感器、应变式温度传感器

（2）伺服控制系统

本项目以一台独立的西门子 S7-1200 PLC 作为运动控制器，采用 PTO 高速脉冲的形式驱动一套三菱伺服控制系统（三菱伺服驱动器+三菱伺服电机），伺服电机的精确旋转运动经过减速器和同步带两级减速后，由滚珠丝杠机构转换为机器人的直线运动。与采用西门子 PLC+

西门子 S 系列/V 系列伺服控制系统的配置方案相比，采用三菱伺服控制系统的方案具有较高的性价比，缺点是多品牌的控制器与伺服控制系统集成调试的难度相对较高，无法在博途软件中“一站式”完成组态配置和调试工作，也无法采用总线式的控制方法，将伺服控制系统纳入整个 PROFINET 工业网络中进行数据交互。

① 伺服电机。

伺服电机是按照控制信号的要求，将电能转换为机械能的机电装置。本项目选用的三菱 HG-KN43J-S100 小型交流伺服电机的额定功率为 0.4kW、额定电压为 220V，电压为零时无自传现象。伺服电机自带一个 17 位的增量式脉冲编码器，即伺服电机每转一圈，编码器将产生 2^{17}=131072 个脉冲，每个脉冲所对应的伺服电机转动角度为：

$$360^\circ/131072\approx0.0027^\circ \tag{1-1}$$

编码器作为检测/反馈环节，其检测的是伺服电机的旋转运动，而不是滚珠丝杠机构所产生的最终直线运动。从控制系统模型的角度来看，这是一种半闭环的伺服控制系统，变速机构和滚珠丝杠机构所产生的运动误差，将不会被系统所采集和处理。

② 伺服驱动器。

伺服驱动器也称为伺服控制器、伺服放大器，是用来控制伺服电机准确运行的一种控制器。其主要作用如下。

- 按照上位控制器发出的控制信号（高速脉冲串或者通信数据包），对力矩、速度、位置等偏差信号进行处理和放大，使得伺服电机按照上位控制器的要求运动。
- 伺服电机锁定。在上电状态下，若有外力作用造成伺服电机旋转，编码器会将旋转产生的脉冲反馈给伺服驱动器，导致伺服驱动器内产生位置偏差信号。伺服驱动器内部的算法程序将自动产生脉冲信号使得伺服电机修正旋转运动并停在脉冲为零的位置。
- 对位置环与速度环的增益值等参数进行调整，实现对伺服电机的控制优化。

伺服驱动器在控制伺服电机旋转时，有三种控制方式：转矩控制、速度控制和位置控制。转矩控制是指严格限制电机轴的对外输出转矩值，从而对机电设备的力/加速度进行控制，常用于薄膜、纸张、电缆生产过程中收卷/放卷工艺设备的控制；速度控制是指通过上位控制器的脉冲输出频率对伺服电机的转动速度进行控制；位置控制是伺服控制中最常见的控制方式，需要通过上位控制器的脉冲输出频率来控制伺服电机转速，同时利用脉冲的数量控制伺服电机的旋转角度。

（3）伺服参数计算

在伺服控制系统的实际工程应用中，会面对各种不同的配置情况。例如：最终机械运动形式为滚珠丝杠的直线运动或者圆形转台的旋转运动；设备的定位精度要求为 0.1mm 或者 0.01mm；伺服电机的最高转速为 2000r/min 或者 5000r/min；上位控制器高速脉冲端口的最高脉冲输出频率为 100kHz 或者 500kHz。编码器测量的是电机轴的运动或者最终运动轴的运动，因此，需要分别在伺服驱动器和上位控制器（PLC）中设置电子齿轮比和电机每转脉冲数、负载位移等参数，以便满足这些工程实践中的具体配置要求。

① 电子齿轮比。

电子齿轮比是伺服驱动器中一组重要的参数，伺服控制系统的架构关系如图 1-20 所示，上位控制器输出脉冲 N_1 时，伺服驱动器将在电子齿轮比 G 的作用下输出脉冲 $N_2=N_1G$。电子齿轮比主要用于解决机械定位精度、电机最高转速、上位控制器最高脉冲输出频率之间的配

置矛盾。例如，进行速度控制时，编码器分辨率 C=131072 脉冲/转，电机转速 3000r/min 所对应的伺服驱动器脉冲输出频率为 3000×131072/(60×1000)=6553.6kHz，该数值已经明显超出了主流 PLC 的高速脉冲端口的最高脉冲输出频率（西门子 S7-1200 PLC 1215C 型 CPU 本体的最高脉冲输出频率为 100kHz）。若将电子齿轮比 G 设为 1000 : 1，PLC 只需要以 6.5536kHz 的频率输出脉冲，而伺服驱动器将以 6553.6kHz 的频率将脉冲输出给伺服电机，从而实现 3000r/min 的控制目标。

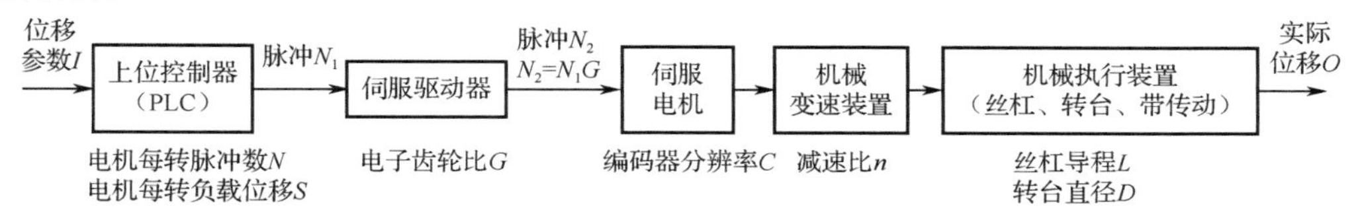

图 1-20　伺服控制系统的架构关系

电子齿轮比 G 的计算公式为：

$$G=\frac{C}{P_c \times n} \tag{1-2}$$

式中，C 为编码器分辨率；n 为减速比（即传动比）；P_c 为负载轴每转所对应的指令脉冲数。

$$P_c=\frac{\Delta s}{\Delta P} \tag{1-3}$$

式中，Δs 为负载轴每转的移动量；ΔP 为指令脉冲当量，即上位控制器发出一个脉冲所得到的负载最小移动量。

工程中进行理论计算时，编码器分辨率 C、减速比 n 都为已知量，对于丝杠传动的直线运动，负载轴每转的移动量 Δs 就是丝杠导程 L。因此，电子齿轮比最终成为了指令脉冲当量 ΔP 的函数。从指令脉冲当量 ΔP 的定义可知，ΔP 的值越小，负载轴的运动精度越高。同样转速条件下，需要上位控制器以更高的频率发出脉冲。ΔP 在实际取值时，有以下两个限制条件。

- 由 ΔP 换算得到的上位控制器脉冲输出频率不得超出其输出频率上限。
- 实际设定的电子齿轮比不得超出伺服驱动器本身的规定范围。

本项目中，电子齿轮比 G 的设置值为 900 : 1。

② 电机每转脉冲数与负载位移。

对于汽车轮毂项目的操作和编程人员而言，在项目实施过程中要重点考虑的是直线轴的位移参数 I 对于整个轮毂加工工艺的影响。上位控制器（PLC）必须能够将位移参数 I 准确地处理为高速输出脉冲 N_1，经过伺服驱动器、伺服电机、机械变速装置、机械执行装置的处理最终得到实际位移 O。不同的工程项目中，会有截然不同的机械配置参数（编码器分辨率 C、减速比 n、丝杠导程 L……），PLC 通过对电机每转脉冲数 N 与电机每转负载位移 S（mm/r）这两个参数的配置，来将位移参数 I 处理为高速脉冲 N_1。

PLC 接收到位移参数 I 后，利用电机每转负载位移 S 计算出电机需要旋转的圈数：

$$r_{总}=\frac{I}{S} \tag{1-4}$$

再根据电机每转脉冲数 N 换算得到 PLC 输出的脉冲：

$$N_1=r_{总} \times N=\frac{I}{S}N \tag{1-5}$$

PLC 输出的脉冲 N_1 经过伺服驱动器中电子齿轮比 G 的处理得到放大器输出脉冲：

$$N_2 = N_1 \times G = \frac{I}{S}NG \tag{1-6}$$

伺服电机实际接收脉冲为 N_2 且编码器分辨率为 C 的条件下，实际旋转的圈数为：

$$r_{实} = N_2/C = \frac{I}{S}NG\frac{1}{C} \tag{1-7}$$

在减速比为 n、丝杠导程为 L 时，系统输入的位移参数 I 与实际位移 O 的关系为：

$$O = r_{实} \times \frac{1}{n} \times L = \frac{I}{S}NG\frac{1}{C} \cdot \frac{1}{n}L \tag{1-8}$$

在实际控制中，要求 I=O，得到电机每转脉冲数 N 与电机每转负载位移 S 之间的关系为：

$$S = \frac{GL}{Cn}N \tag{1-9}$$

将本项目的各项实际参数值代入式（1-9）中，G=900：1，L=5mm，C=131072，n=4.5：1（减速器减速比为 3：1，同步带减速比为 1.5：1），得到汽车轮毂项目中的直线轴系统 S/N=1000/131072。

（4）伺服驱动器参数设置

伺服驱动器参数设置

根据汽车轮毂项目的伺服控制需求，需要设置的伺服参数如表 1-3 所示。

表 1-3　需要设置的伺服参数

参数编号	参数名称	参数设置值	参数功能
PA01	控制模式	1000	设置伺服控制模式为位置控制
PA06	电子齿轮比分子	900	电子齿轮比分子，有效范围为 1～16777215
PA07	电子齿轮比分母	1	电子齿轮比分母，有效范围为 1～16777215
PA13	指令脉冲输入形态	0201	指令脉冲的输入形态设置为频率 500kp/s 以下的正逻辑有符号脉冲
PD01	输入信号自动 ON 选择 1	0C00	将伺服 ON、比例控制、外部转矩限制、正/反转形成末端限制等功能设置为外部输入信号控制
PC01	加速时间常数	3000	设置伺服电机到达额定转速的加速时间常数
PC02	减速时间常数	3000	设置伺服电机从额定转速到停止的减速时间常数

（5）PLC 轴工艺参数组态

PLC 轴工艺参数组态

① I/O 分配。

本项目执行单元的内部电气线路已经在出厂时连接完毕，PLC 的 I/O 端子连接状态如图 1-21 所示。

伺服控制系统基本工作时序为：伺服驱动器的上电端子（15）接收到 ON 的信号后进入自检状态，大约 5s 后，伺服准备完成端子（49）变为 ON，伺服驱动器进入可运行状态；若伺服控制系统出现运行故障，伺服故障端子（48）变为 ON。故障排除后，需要将伺服复位端子（19）置为 ON，才能解除报警状态。

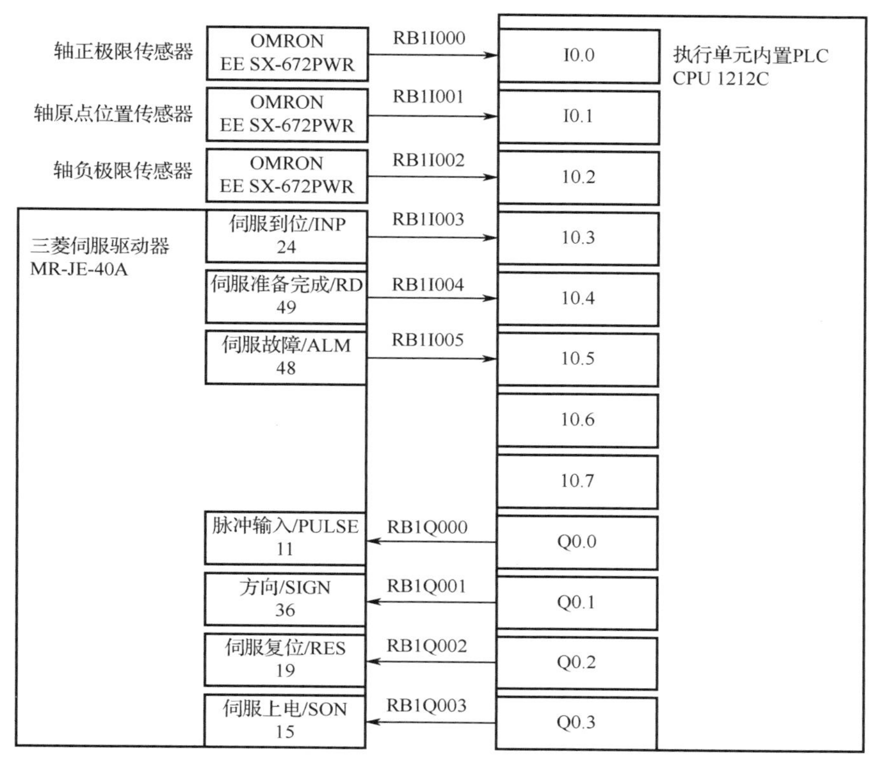

图 1-21　执行单元 PLC 的 I/O 端子的连接状态

② 脉冲发生器配置。

观察并确认执行单元内部的 PLC、扩展 I/O 模块的型号和订货号，在博途软件中进行硬件组态，如图 1-22（a）所示。

采用 PTO 高速脉冲进行伺服定位控制时，PTO 脉冲输出有 4 种方式：脉冲 A 和方向 B；脉冲上升沿 A 和脉冲下降沿 B；A/B 相移；A/B 相移 4 倍频。

脉冲发生器配置

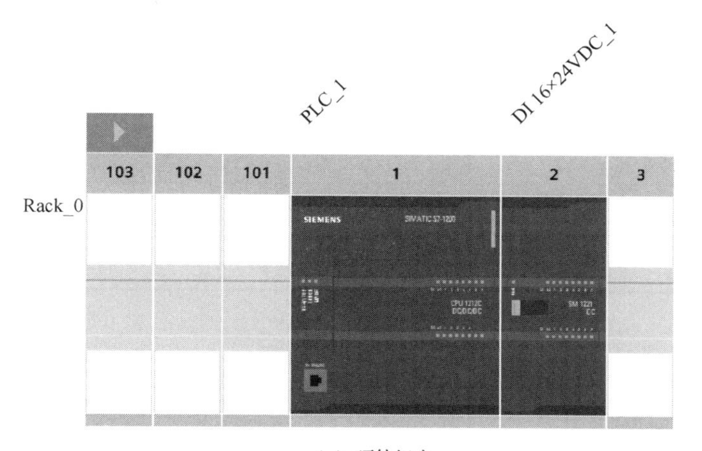

（a）硬件组态

图 1-22　脉冲发生器配置过程

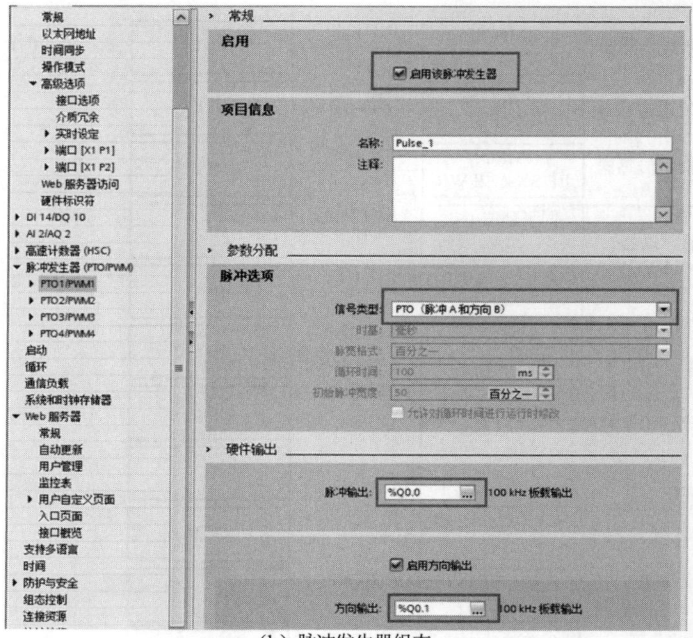

(b) 脉冲发生器组态

图 1-22 脉冲发生器配置过程（续）

本项目中，PLC 采用“脉冲+方向”的控制形式对伺服驱动器进行控制，Q0.0 为高速脉冲输出端口，Q0.1 为轴运动方向控制端口。在博途软件中右击 PLC 图标，进入 PLC 属性配置界面。在脉冲发生器功能界面中勾选“启用该脉冲发生器”复选框，将“信号类型”设置为“PTO（脉冲 A 和方向 B）”，然后将“脉冲输出”和“方向输出”分别设置为 Q0.0 及 Q0.1。

③ 轴运动参数配置。

脉冲发生器配置完成后，需要根据实际项目中的 I/O 分配、运动参数、数据交互的具体情况，来完成轴运动参数的配置。各参数组的功能如表 1-4 所示。

表 1-4 各参数组的功能

参数分类	参数组名称	参数组功能
基本参数	常规	对伺服驱动器的控制形式、测量单位进行设置
	驱动器	根据伺服驱动器控制形式的不同，对 PLC 与伺服驱动器之间的交互端口或者通信报文地址进行设置
扩展参数	机械	设置伺服电机每转脉冲数和每转负载位移
	位置限制	对软/硬限位参数进行设置
	动态	对电机最大转速、加/减速、急停减速时间等参数进行设置
	回原点	对轴回原点的形式、速度、信号、位置等参数进行设置

● 常规

该参数组用于设置整个系统的测量单位及 PLC 对于伺服驱动器的控制形式：PTO 脉冲、模拟量、ProfiDrive。控制形式将影响伺服驱动器参数组中的具体参数内容。汽车轮毂项目的轴命名为“执行单元”，“驱动器”选择“PTO（Pulse Train Output）”，“位置单位”选择“mm”。

● 驱动器

根据常规参数组中选择的控制形式，配置伺服驱动器的硬件接口地址（PTO 脉冲）或者

ProfiDrive 报文地址（ProfiDrive），ProfiDrive 控制形式还要额外组态编码器回传信号。汽车轮毂项目的“脉冲发生器”选择“Pulse_1”，“使能输出”设置为 Q0.3，“就绪输入”设置为 I0.4。

● 机械

将式 1-9 的计算结果 S/N=1000/131072 直接填入。

● 位置限制

该参数组用于配置软限位和硬限位功能。硬限位开关是限制轴的最大可达范围的物理开关，设备碰撞硬限位开关后，轴将以组态的参数进行急停操作，再次启动前，必须重新执行指令“MC_Power”。在调试轴回原点的过程中，硬限位开关可配置为“碰撞后自动反向”。软限位开关只能在轴回零完成后参数坐标系已建立的情况下，用于限制轴的工作范围。软限位被设置完成后，轴会在靠近软限位点时开始减速并最终停止在软限位点。

汽车轮毂项目同时启用硬限位开关与软限位开关。I0.0 和 I0.2 端口外接的 OMRON EE SX-672PWR 传感器分别作为上、下限位开关，低电平有效；软限位开关下限位置值设为-2000，上限位置值设为 2000。

● 动态常规、急停

将“速度限值的单位”设为“mm/s”，“最大转速”为“25.0mm/s”，“加速时间”和“减速时间”都设为“0.2s”，“急停减速时间”设为“0.1s”，系统将自动计算其他参数。

● 回原点

该参数组用于配置主动/被动回原点过程中的各项参数。回原点是将工艺对象中的轴坐标与设备的实际物理位置相匹配的过程。当控制指令“MC_Home”的 Mode 引脚值等于 3 时，轴处于主动回原点模式，“MC_Home”的 EN 引脚通电，轴将按照各项组态的主动回原点参数执行回原点运动；Mode 引脚值等于 2 时，轴处于被动回原点模式，控制指令“MC_Home”不会执行任何回原点运动，用户需通过其他控制指令执行这一步骤中所需的行进移动。检测到回原点开关时，轴即回原点。

汽车轮毂项目采用主动回原点模式，将 I0.1 设置为原点开关，高电平有效并打开“允许硬限位开关处自动反转”许可。设置“逼近/回原点方向”为“负方向”，“参考点开关一侧”为“上侧”。设置“逼近速度”为“20.0mm/s”，“参考速度”为“8.0mm/s”。至此轴工艺参数配置完毕，整个配置过程如图 1-23 所示。

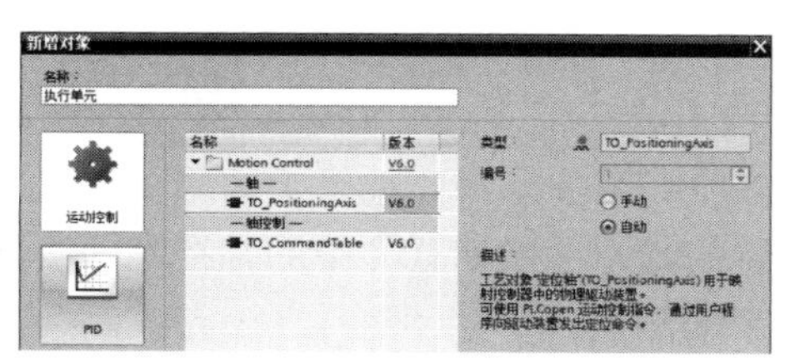

（a）新建工艺对象

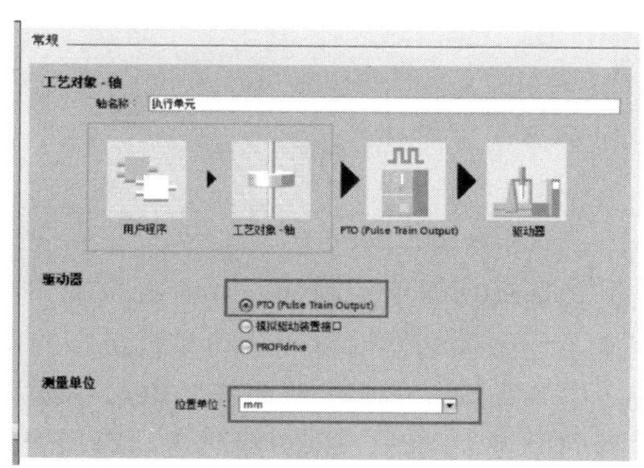

（b）常规

图 1-23　轴工艺参数配置过程

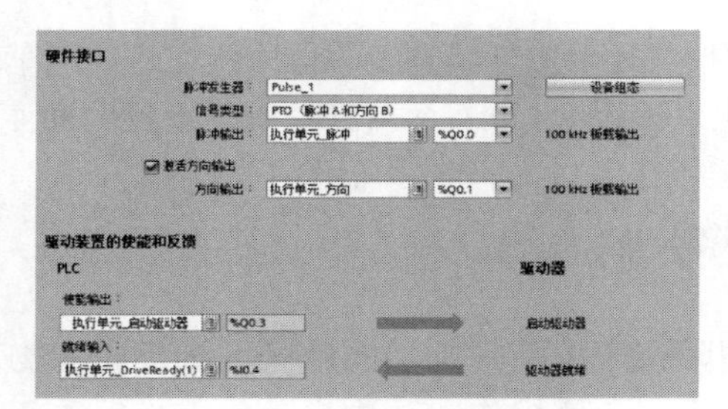

（c）驱动器

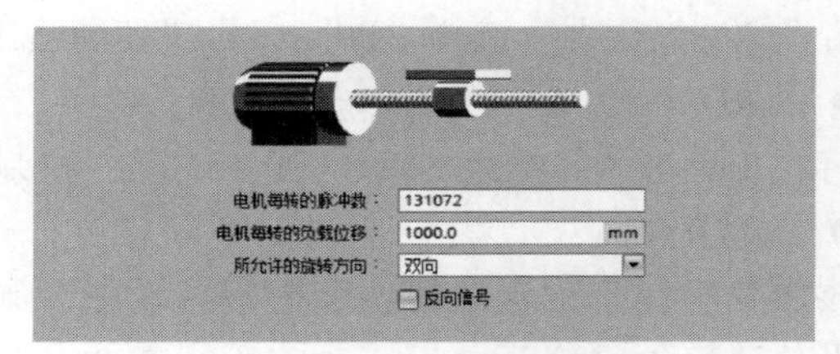

（d）机械

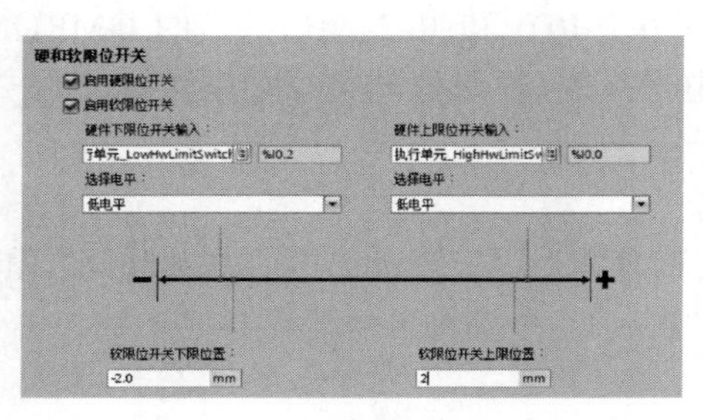

（e）位置限制

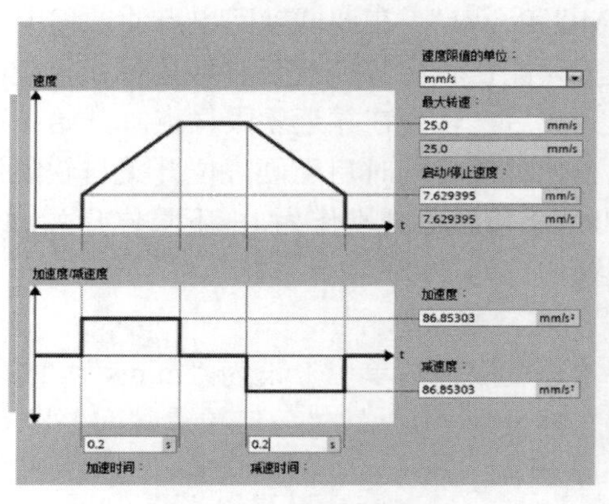

（f）动态常规

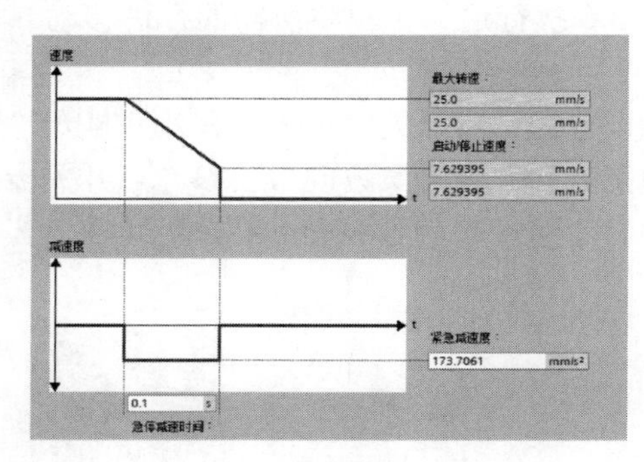

（g）急停

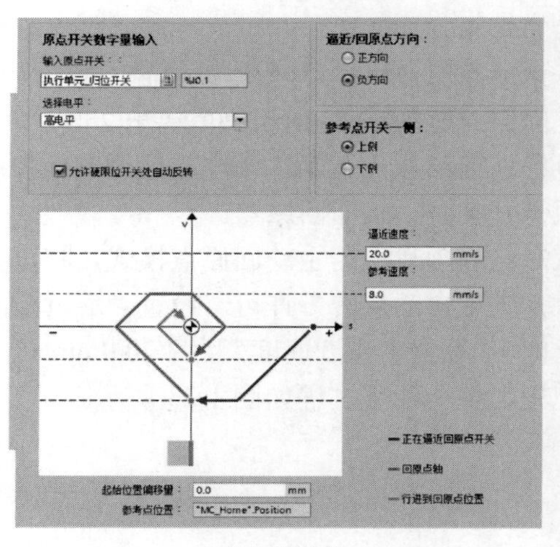

（h）回原点

图 1-23　轴工艺参数配置过程（续）

轴运动功能手动测试

（6）轴运动功能手动测试

完成了伺服驱动器设置及运动参数组态的伺服控制系统，需要进行手动测试，以验证机械系统、电气系统、伺服控制系统、PLC 参数配置的状态。博途软件中的轴控制面板能够快速地进行回原点、点动、相对/绝对运动等功能的手动测试。

① 调试功能启动。

确认编程计算机与 PLC 处于同一 IP 网段，在博途软件“工艺对象”文件夹中打开执行

单元的“调试”选项。在轴控制面板上选择“激活”功能，软件会提示用户“是否使用主控制对轴轴_1 进行控制”，单击“是”按钮，并进一步选择“启用”，将手动测试功能激活。至此编程计算机获得了对于伺服轴的控制权，如图 1-24 所示。

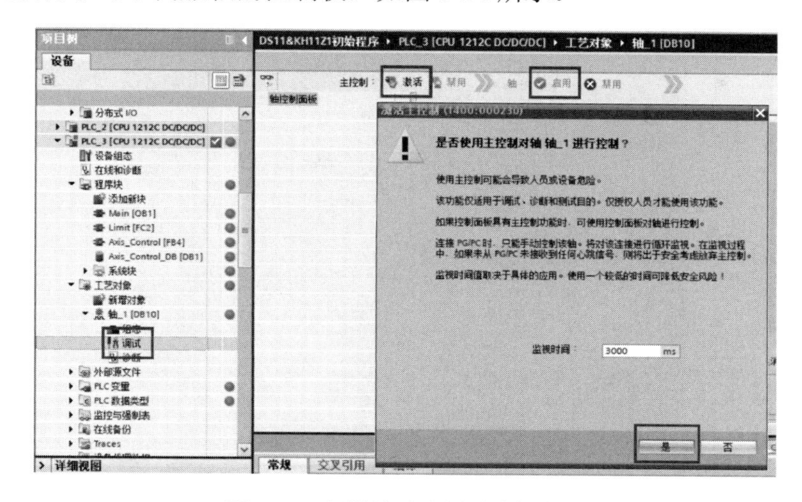

图 1-24　伺服轴手动测试功能激活

② 点动功能测试。

点动功能可以在不回原点的情况下进行测试，用于初步检测机械系统、电气系统和伺服控制系统的状态。将轴控制面板中的“命令”栏切换为“点动”，“速度”设为“15.0mm/s”，“加速度/减速度”设为“20.0mm/s²”。分别单击“正向”和“反向”按钮，对伺服轴进行两个方向的点动功能检测，如图 1-25 所示。

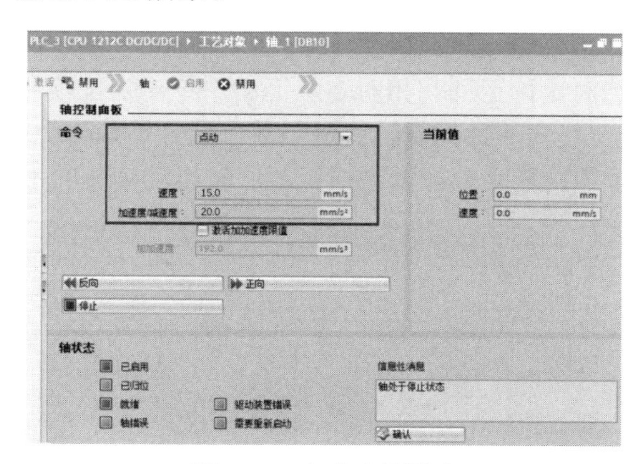

图 1-25　点动功能测试

测试过程中，如出现故障现象应该立刻停止测试并对故障进行排除。

- 伺服电机不旋转。检查 PLC 报警状态和伺服驱动器报警状态。核对电气图纸，检查电气系统连接状态。
- 伺服方向错误。检查轴配置参数，检查伺服驱动器参数。
- 机械传动异响。检查同步带张紧状态，检查滚珠丝杠机构润滑状态，检查丝杠导轨状态。

③ 回原点功能测试。

将轴控制面板中的“命令”栏切换为“回原点”，“参考点位置”设为“0.0mm”，“加速度/减速度”设为“20.0mm/s^2”，单击“回原点”按钮，伺服轴将按照组态的参数寻找原点传感器的位置，如图 1-26 所示。

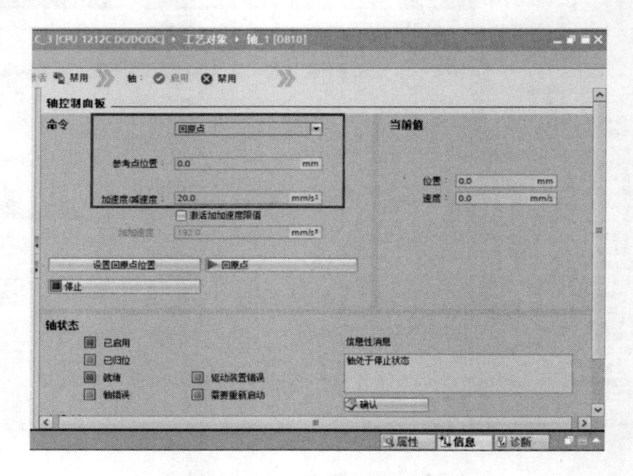

图 1-26　回原点功能测试

测试过程中，如出现故障现象应该立刻停止测试并对故障进行排除。

- 未检测到原点信号：检查原点传感器的机械安装和电气连接状态，检查轴配置参数。
- 原点位置误差过大：检查轴配置参数，检查伺服驱动器配置参数。

④ 定位功能测试。

将轴控制面板中的“命令”栏切换为“定位”，“目标位置/行进路径”设为“200.0mm”，“速度”设为“14.0mm/s”，“加速度/减速度”设为“20.0mm/s^2”，分别单击“绝对”和“相对”按钮，使得伺服轴进行绝对定位运动和相对定位运动。绝对定位模式下，伺服轴应该停在距标尺 200mm 处；相对定位模式下，伺服轴将从当前位置开始移动 200mm，如图 1-27 所示。

点动、回原点、定位等功能全部测试完成，伺服轴运动功能的手动测试过程结束。

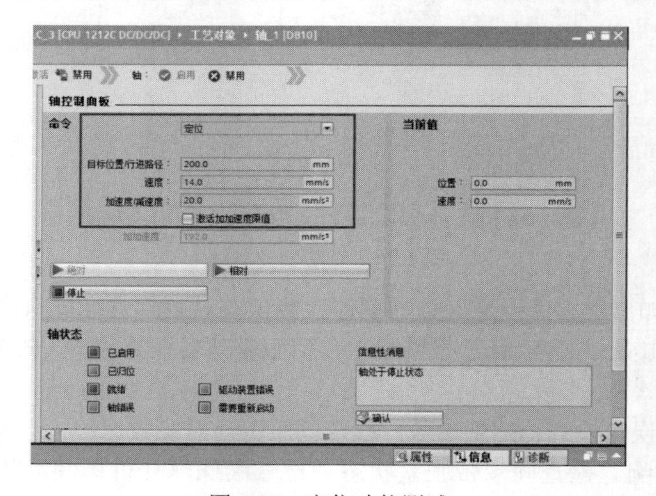

图 1-27　定位功能测试

3. PLC 控制程序设计

汽车轮毂项目要求滚珠丝杠作为机器人的直线行走系统，能够以 25mm/s 的最高速度在 760mm 的有效行程上实现任意点位的精确到达，以便机器人与其他功能单元进行工件的交换。

（1）功能分析

执行单元上拥有 ABB 120 型机器人和西门子 S7-1200 PLC 两个可编程的控制器，根据项目总体网络架构（总控单元的远程 I/O 模块与机器人 I/O 模块进行信息交互），由机器人担任上位控制器，以“点对点”的形式对执行单元 PLC 发出伺服轴启动、运动位置、运动速度等信号；执行单元 PLC 接收到机器人的控制信号后，经过内部逻辑程序处理后输出脉冲以控制伺服控制系统运动，并向机器人反馈伺服运动的完成状态，以便机器人后续程序的执行，执行单元的系统控制关系如图 1-28 所示。

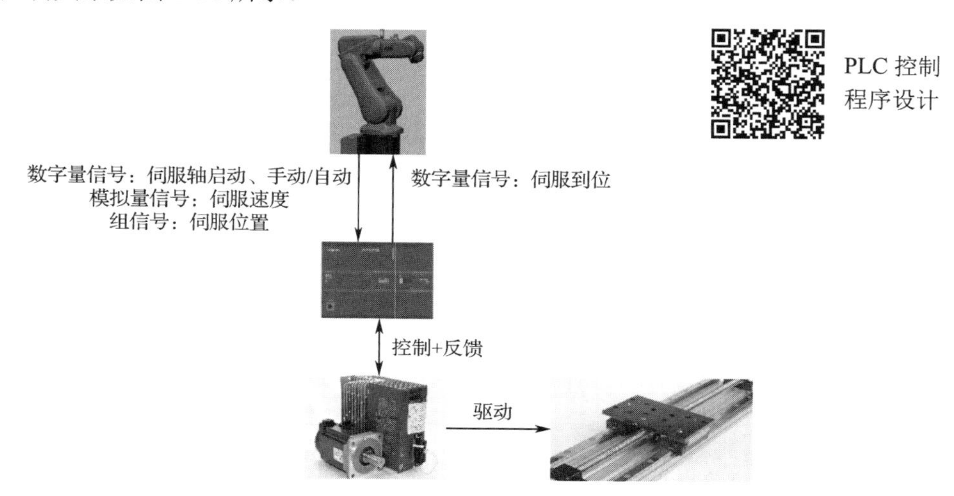

图 1-28　执行单元的系统控制关系

（2）I/O 分配

执行单元 PLC 由 1 个 1212C DC/DC/DC 型 CPU 模块和 1 个 SM1221 型 16 位数字量输入模块组成，各 I/O 端口的外部电气线路已经固定。

① CPU 模块主要处理外部传感器、伺服驱动器之间的 I/O 信号交互。其中，I0.0～I0.2 端口连接了丝杠正/负限位传感器和原点传感器；I0.3～I0.5 端口接收伺服驱动器的状态反馈信号；Q0.0～Q0.3 端口向伺服驱动器输出脉冲、方向等控制信号；Q0.4 端口连接机器人，反馈伺服到位信号。模块自带的模拟量输入端口 IW64 连接机器人端的模拟量输出端口，用于接收机器人发出的伺服速度信号。

② SM1221 模块（地址 IB8～IB9）用于接收机器人发出的控制信号。其中，IB8（I8.0～I8.7）端口接收伺服轴目标位置信号；I9.0～I9.4 端口接收伺服控制信号，如回原点、正转/反转等。

PLC 的总体 I/O 分配见表 1-5。

表 1-5　PLC 的总体 I/O 分配表

I/O 地址	功能描述	信号类型	信号对应设备
I0.0	轴正极限	Bool	外部传感器
I0.1	轴原点	Bool	外部传感器
I0.2	轴负极限	Bool	外部传感器
IB8	伺服轴目标位置	Byte	机器人
I9.0	伺服回原点	Bool	机器人
I9.1	伺服正转	Bool	机器人
I9.2	伺服反转	Bool	机器人
I9.3	伺服手动/自动模式切换	Bool	机器人
I9.4	伺服停止	Bool	机器人
IW64	伺服轴目标速度	Word	机器人
Q0.0	高速脉冲	Bool	伺服驱动器
Q0.1	方向信号	Bool	伺服驱动器
Q0.2	伺服复位	Bool	伺服驱动器
Q0.3	伺服上电	Bool	伺服驱动器
Q0.4	伺服运动到位	Bool	机器人

（3）目标位置数据与目标速度数据处理

① 目标位置数据。

IB8 字节的数据受 I8.0～I8.7 共 8 个端口的电气线路通/断状态控制，机器人通过控制这 8 个端口的通/断向 PLC 发送伺服轴的目标位置数据，数据传送如图 1-29 所示。

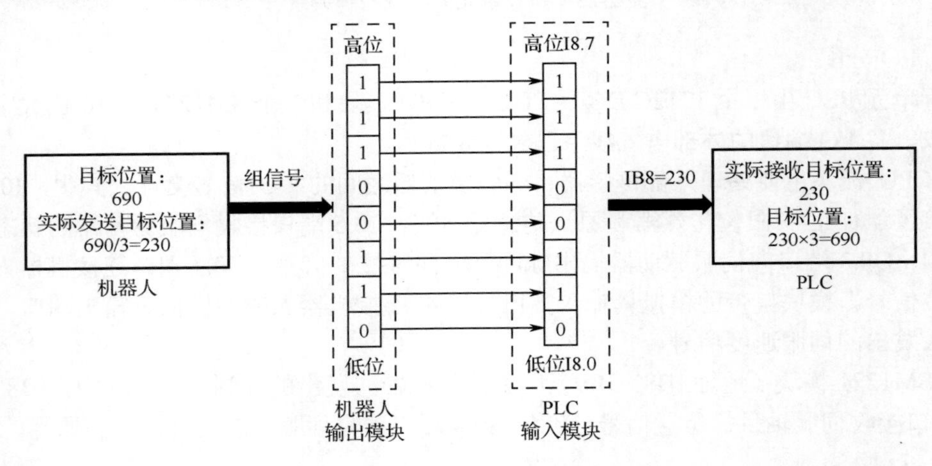

图 1-29　数据传送

IB8 字节能够传送的数值范围为 0～255，而丝杠有效长度为 760mm。因此目标数据在机器人程序中只发送 1/3（除以 3），以满足 IB8 字节的数据范围。而 PLC 程序则需要对 IB8 字节实际接收的数据乘以 3，才能还原得到实际的目标位置。

② 目标速度数据。

机器人与 PLC 之间通过模拟量信号（地址 IW64）传递伺服轴的目标速度数据，输入电压信号的范围为 0～10V，A/D 转换后对应的数据范围为 0～27648。PLC 需要对 IW64 中已经转换为数字量的电压值进行换算，从而得到机器人发送的伺服轴实际目标速度数据。

根据图 1-30 的对应关系，可以得到 PLC 侧的伺服轴实际速度转化公式。

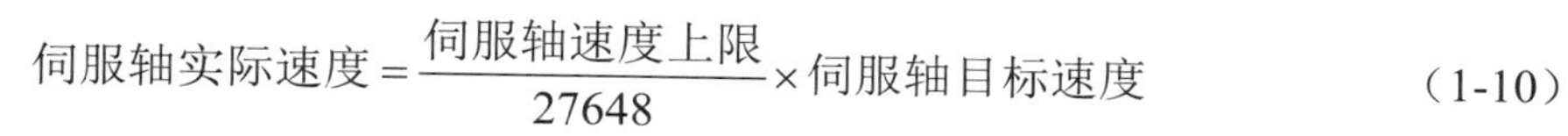

$$\text{伺服轴实际速度}=\frac{\text{伺服轴速度上限}}{27648}\times\text{伺服轴目标速度} \tag{1-10}$$

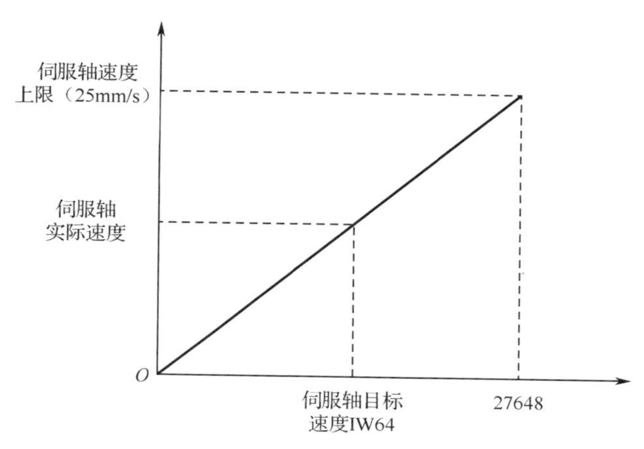

图 1-30　速度参数转化关系图

（4）PLC 程序编写

序号	操作	程序及释义
1	添加新的函数块 FB，命名为“伺服轴控制”	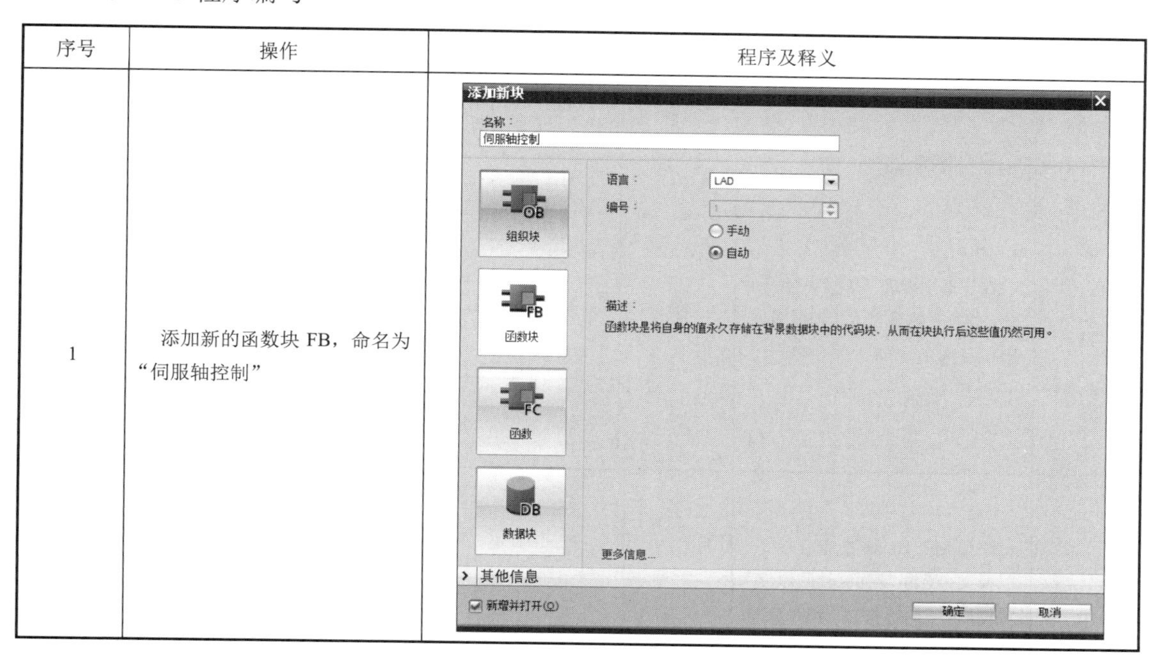

续表

序号	操作	程序及释义
2	启用系统存储器和时钟存储器，以便在后续程序中使用	系统和时钟存储器 系统存储器位 ☑ 启用系统存储器字节 系统存储器字节的地址 (MBx): 1 首次循环: %M1.0 (FirstScan) 诊断状态已更改: %M1.1 (DiagStatusUpdate) 始终为 1（高电平）: %M1.2 (AlwaysTRUE) 始终为 0（低电平）: %M1.3 (AlwaysFALSE) 时钟存储器位 ☑ 启用时钟存储器字节 时钟存储器字节的地址 (MBx): 0 10 Hz时钟: %M0.0 (Clock_10Hz) 5 Hz时钟: %M0.1 (Clock_5Hz) 2.5 Hz时钟: %M0.2 (Clock_2.5Hz) 2 Hz时钟: %M0.3 (Clock_2Hz) 1.25 Hz时钟: %M0.4 (Clock_1.25Hz) 1 Hz时钟: %M0.5 (Clock_1Hz) 0.625 Hz时钟: %M0.6 (Clock_0.625Hz) 0.5 Hz时钟: %M0.7 (Clock_0.5Hz)
3	根据 PLC 的 I/O 分配表（见表 1-5），为“伺服轴控制”FB 建立输入、输出信号表	伺服轴控制 名称 / 数据类型 / 默认值 / 保持 1 Input 2 伺服轴输入位置 Byte 16#0 非保持 3 伺服轴输入速度 Word 16#0 非保持 4 伺服轴速度上限 Real 0.0 非保持 5 伺服轴回原点 Bool false 非保持 6 伺服轴正转 Bool false 非保持 7 伺服轴反转 Bool false 非保持 8 伺服轴手动/自动切换 Bool false 非保持 9 Output 10 伺服轴运动到位 Bool false 非保持
4	建立中间变量表，后续编程过程中，根据实际需要添加	伺服轴控制 名称 / 数据类型 / 默认值 / 保持 14 Static 15 启动使能 Bool false 非保持 16 复位 Bool false 非保持 17 清空复位 Bool false 非保持 18 伺服轴位置中间换算值 Real 0.0 非保持 19 伺服轴最终位置 Real 0.0 非保持 20 伺服轴输入速度转化值 Real 0.0 非保持 21 伺服轴速度中间值 Real 0.0 非保持 22 伺服轴实际速度 Real 0.0 非保持 23 已回到原点 Real 0.0 非保持
5	程序首行添加 MC_Power 指令，使得“执行单元”轴能够启用	%DB3 "MC_Power_DB" MC_Power EN — ENO %DB1 "执行单元" — Axis; Status —...; Error —... #启动使能 — Enable 1 — StartMode 0 — StopMode
6	添加 MC_Home 指令。 释义：变量“#伺服轴回原点”置位后，“执行单元”轴将按照 Mode=3（主动回原点模式）回到原点位置	%DB4 "MC_Home_DB_1" MC_Home EN — ENO %DB1 "执行单元" — Axis; Done —...; Error —... #伺服轴回原点 — Execute 0.0 — Position 3 — Mode

续表

序号	操作	程序及释义
7	使用 CONV 转换指令，将 Word 型变量“#伺服轴输入速度”转换为 Real 型变量。 按照公式 1-10 的要求，连续使用 DIV 除法指令，得到“#伺服轴实际速度”	CONV Int to Real：EN；#伺服轴输入速度—IN；OUT—#伺服轴输入速度转化值 DIV Auto (Real)：EN；27648.0—IN1；#伺服轴速度上限—IN2；OUT—#伺服轴速度中间值 DIV Auto (Real)：EN；#伺服轴输入速度转化值—IN1；#伺服轴速度中间值—IN2；OUT—#伺服轴实际速度
8	使用 CONV 转换指令，将 8 位数据“#伺服轴输入位置”转换为 16 位的中间值，使用 MUL 乘法指令，将中间值乘以 3 得到“#伺服轴最终位置”	CONV USInt to Real：EN；#伺服轴输入位置—IN；OUT—#伺服轴位置中间换算值 MUL Auto (Real)：EN；#伺服轴位置中间换算值—IN1；3.0—IN2；OUT—#伺服轴最终位置
9	添加绝对定位指令 MC_MoveAbsolute。 释义：变量“#伺服轴手动/自动切换”接通时，“执行单元”轴将按照“#伺服轴实际速度”的设定值运动到“#伺服轴最终位置”的设定点位。该指令只在 Execute 引脚的上升沿有效，使用 M0.5 的 1Hz 时钟脉冲，可以自动刷新指令，从而自动接收最新的位置及速度数据	%DB5 "MC_MoveAbsolute_DB" MC_MoveAbsolute：EN；%DB1 "执行单元"—Axis；%M0.5 "Clock_1Hz"、#"伺服轴手动/自动切换"—Execute；#伺服轴最终位置—Position；#伺服轴实际速度—Velocity；ENO；Done—...；Error—...
10	添加 MC_MoveJog 点动指令，并编写 JogForward 正转引脚的逻辑和 JogBackward 反转引脚的逻辑。 释义：正/反转引脚的逻辑为互锁关系，且变量“#伺服轴手动/自动切换”置位时，正/反转引脚都不可接通	%DB6 "MC_MoveJog_DB" MC_MoveJog：EN；%DB1 "执行单元"—Axis；#"伺服轴手动/自动切换"（常闭）、#伺服轴正转、#伺服轴反转（常闭）—JogForward；#"伺服轴手动/自动切换"（常闭）、#伺服轴反转、#伺服轴正转（常闭）—JogBackward；#伺服轴实际速度—Velocity；ENO；InVelocity—...；Error—...
11	编写输出变量“#伺服轴运动到位”的逻辑。 释义：自动模式下，轴实际位置"执行单元".ActualPosition 与设定值相等，则伺服运动到位。执行完回原点操作后，"执行单元".StatusBits.HomingDone 就变为 1，手动模式下，不按正/反转按钮，自动触发“#伺服轴运动到位”信号	#"伺服轴手动/自动切换"、#伺服轴最终位置 == Real "执行单元".ActualPosition 或 "执行单元".StatusBits.HomingDone、#"伺服轴手动/自动切换"（常闭）、#伺服轴正转（常闭）、#伺服轴反转（常闭） —( ) #伺服轴运动到位

续表

序号	操作	程序及释义
12	在 Main[OB1]组织块中，调用“伺服轴控制” FB	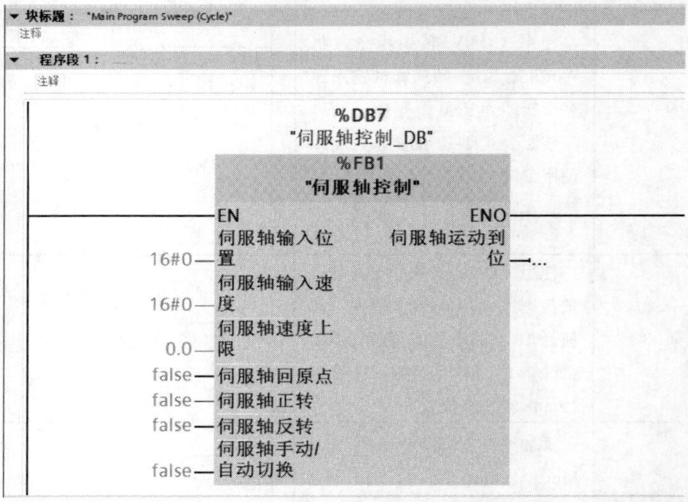 块标题： "Main Program Sweep (Cycle)" 注释 程序段 1：…… 注释 %DB7 "伺服轴控制_DB" %FB1 "伺服轴控制" EN　ENO 16#0—伺服轴输入位置　伺服轴运动到位—… 16#0—伺服轴输入速度 0.0—伺服轴速度上限 false—伺服轴回原点 false—伺服轴正转 false—伺服轴反转 false—伺服轴手动/自动切换
13	按照表 1-5 的 I/O 分配定义，将 I/O 端口逐个匹配到“伺服轴控制” FB 的各引脚，手动输入伺服轴速度上限 25。至此，PLC 程序编写结束，可以下载到执行单元的 PLC 中	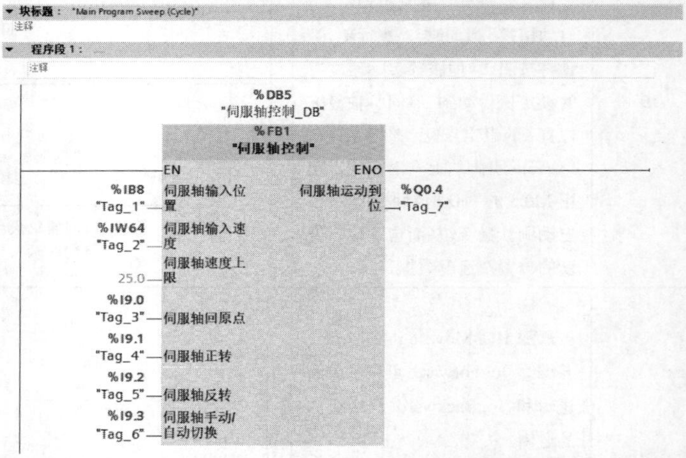 块标题： "Main Program Sweep (Cycle)" 注释 程序段 1：…… 注释 %DB5 "伺服轴控制_DB" %FB1 "伺服轴控制" EN　ENO %IB8 "Tag_1"—伺服轴输入位置　伺服轴运动到位—%Q0.4 "Tag_7" %IW64 "Tag_2"—伺服轴输入速度 25.0—伺服轴速度上限 %I9.0 "Tag_3"—伺服轴回原点 %I9.1 "Tag_4"—伺服轴正转 %I9.2 "Tag_5"—伺服轴反转 %I9.3 "Tag_6"—伺服轴手动/自动切换

4. 机器人控制程序设计

SmartLink 系列远程 I/O 模块，由适配器模块和功能模块两部分构成。通过合理地选择适配器及功能模块的型号、数量，能够快速地搭建出支持各种现场总线协议的远程 I/O 模块，其构成如图 1-31 所示。适配器模块用于处理各种总线/互联网协议，并为各功能模块与上位机进行数据交互提供物理层接口。功能模块包括数字量输入/输出、模拟量输入/输出、高速脉冲/高速计数、热电偶/热电阻等功能，可以根据项目的具体要求来选择配置。

① 模块连接与组态。

汽车轮毂项目中，ABB 机器人作为远程 I/O 模块的上位机，机身自带 DeviceNet 协议和接口（X17），选择 FR3080 DeviceNet 适配器作为远程 I/O 模块的适配器。远程 I/O 模块配置 2 个 FR1108 数字量输入模块（每个模块 8DI）、4 个 FR2108 数字量输出模块（每个模块 8DO）、1 个 4 路模拟量输出模块 FR4004，配置完毕的远程 I/O 模块如图 1-32 所示。

机器人控制程序设计

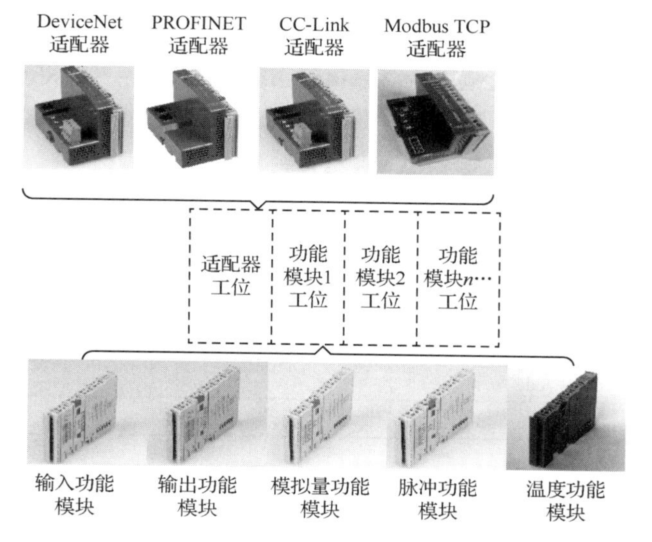

图 1-31　SmartLink 远程 I/O 模块构成

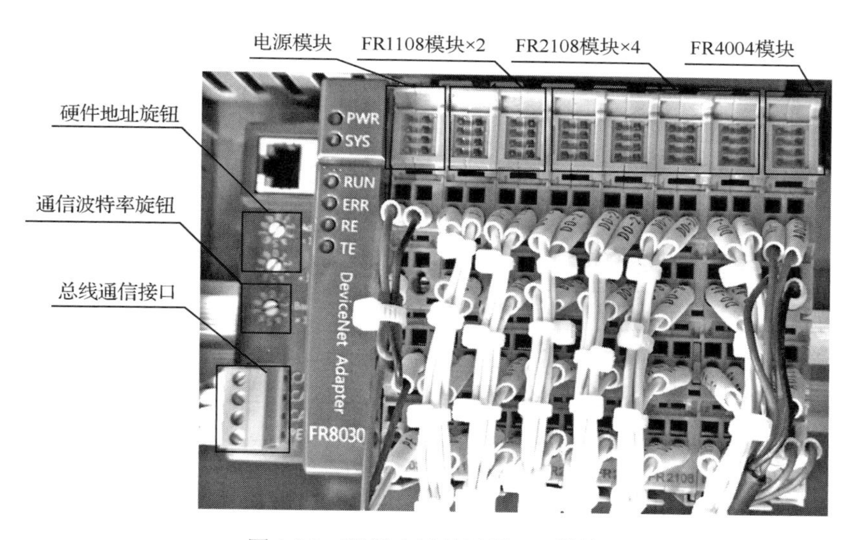

图 1-32　配置完毕的远程 I/O 模块

将适配器的硬件地址旋钮设为 31，通信波特率旋钮设为 2（波特率为 500kbps）。通过 CANManager 软件和 USB-CAN-E-D 转接装置完成 FR8030 适配器的基础配置，使用 CAN 总线电缆连接 ABB 机器人 X17 接口与 FR8030 的通信接口（软件下载地址和配置方法，可在 SmartLink 网站下载）。

② 信号配置。

远程 I/O 模块与机器人自带的 D652 型 I/O 模块的配置路径一致，在机器人示教器菜单界面中，依次选择“控制面板”→“配置”→“DeviceNet Device”后，进入 I/O 板配置界面，按照表 1-6 所示的参数值配置远程 I/O 模块。其中，模块的地址设为 31，与硬件地址开关一致；供应商 ID、产品代码、产品类型等参数，是 ODVA（Open DeviceNet Vendor Associations）组织对设备产商及其产品的认证编号值；输入区 2 个字节的地址长度对应硬件模块上的 2 个数字量输入模块；12 个字节的输出区地址中，前 4 个字节对应 4 个数字量输出模块（地址范围为 0～31），后 8 个字节（地址范围为 32～47、48～63、64～79、80～85），分别对应模拟量输出模块的 4 个信号。D652 板的数据由用户自行定义。

表 1-6 DeviceNet 远程 I/O 模块配置

序号	参数名称	参数释义	参数值
1	Name	模块名称	DN_IOboard1
2	Address	地址	31
3	Vendor ID	供应商 ID	9999
4	Product code	产品代码	67
5	Device type	产品类型	12
6	Connection Type	连接类型	Polled
7	PollRate	轮询频率	1000
8	Connection Output Size	输出区地址长度（字节）	12
9	Connection Input Size	输入区地址长度（字节）	2

在远程 I/O 和 D652 两块 I/O 板上分别为伺服轴的定位运动和机器人的工具快换、真空检测等功能分配地址，按照表 1-7 所示的数据在机器人示教器路径“控制面板”→“配置”→“Signal”中完成各信号的定义，模拟量信号“伺服轴速度”的定义数据见表 1-8。

表 1-7 机器人 I/O 信号

序号	信号名称	信号类型	I/O 模块	地址	功能	对应 PLC I/O
1	FrRVaccumTest	DI	D652	0	真空吸盘压力检测信号	none
2	ToRQuickChange	DO	D652	0	快换手爪接头锁紧/松开	none
3	ToRGrip	DO	D652	1	手爪夹紧/松开	none
4	ToRSucker	DO	D652	2	真空吸盘动作	none
5	ToRPolish	DO	D652	3	打磨工具动作	none
6	FrPServoArrive	DI	DN_IOboard1	15	伺服轴运动到位	Q0.4
7	ToPServoPosition	GO	DN_IOboard1	0～7	伺服轴目标位置	IB8
8	ToPServoHome	DO	DN_IOboard1	8	伺服轴回原点	I9.0
9	ToPServoForward	DO	DN_IOboard1	9	伺服轴点动正向	I9.1
10	ToPServoBackward	DO	DN_IOboard1	10	伺服轴点动反向	I9.2
11	ToPServoMode	DO	DN_IOboard1	11	伺服轴手动/自动切换	I9.3
12	ToPServoStop	DO	DN_IOboard1	12	伺服轴停止	none
13	ToPServoVelocity	AO	DN_IOboard1	32～47	伺服轴速度	IW64

表 1-8 模拟量信号“伺服轴速度”的定义数据

Name	ToPServoVelocity	Type of Signal	Analog Output
Assigned to Device	DN_IOboard1	Device Mapping	32～47
Analog Encoding Type	Unsigned	Maximum Logical Value	25
Maximum Physical Value	10	Maximum Bit Value	4047

③ 程序流程。

汽车轮毂项目中，丝杠最大直线运动速度 25mm/s，有效行程 760mm，机器人信号 ToPServoPosition 占用 1 个字节的输出地址空间，有效数据范围 0～255。因此机器人程序需要对人工输入的伺服位置值和速度值进行有效范围判断。数值未超限，将位置值的 1/3 输出给 PLC（PLC 端程序将位置值进行乘 3 处理）。若数值超限，机器人示教器屏幕上输出报警信息，程序自动停止运行。机器人对于伺服轴控制的程序流程如图 1-33 所示。

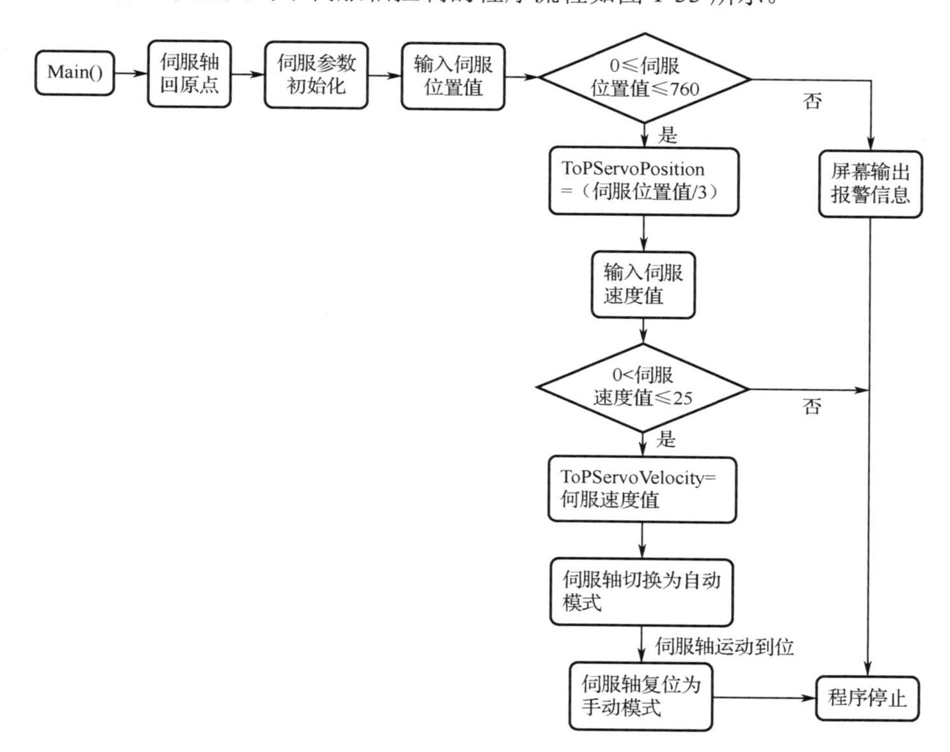

图 1-33　机器人对于伺服轴控制的程序流程

④ 机器人程序和释义。

程序	释义
MODULE Module1	
VAR num ServoPosition:=0;	!定义变量 ServoPosition
VAR num ServoVelocity:=0;	!定义变量 ServoVelocity
VAR num NumPosition:=0;	!定义变量 NumPosition
PROC main()	
Set ToPServoHome;	!置位伺服轴回原点信号
WaitTime 1;	!等候 1s
WaitDI FrPServoArrive, 1;	!等候伺服轴运动到位信号
ServoControl;	!调用 ServoControl 程序
ENDPROC	
PROC ServoControl()	
SetGO ToPServoPosition, 0;	!ToPServoPosition 信号初始化
SetAO ToPServoVelocity, 0;	!ToPServoVelocity 信号初始化

TPErase;	!清屏
TPReadNum ServoPosition, "Please input ServoPosition";	!读取用户输入数据，暂存在 ServoPosition 中
IF (ServoPosition >= 0) AND (ServoPosition <= 760) THEN	!判断 ServoPosition 的数值范围
NumPosition := ServoPosition / 3; SetGO ToPServoPosition, NumPosition;	!该数值除以 3 后赋值给中间变量，再输出 ToPServoPosition
ELSE	
TPWrite "Input position value exceeds limit";	!位置值超出范围，屏幕显示报警信息
WaitTime 10;	!报警延时 10s
Stop;	!程序停止
ENDIF	
TPReadNum ServoVelocity, "Please input ServoVelocity";	!读取用户输入数据，暂存在 ServoVelocity 中
IF (ServoVelocity > 0) AND (ServoVelocity <= 25) THEN	!判断 ServoVelocity 的数值范围
SetAO ToPServoVelocity, ServoVelocity; ELSE	!以 ServoVelocity 的值输出 ToPServo Velocity
TPWrite "Input velocity value exceeds limit";	!速度值超出范围，屏幕显示报警信息
WaitTime 10;	!报警延时 10s
Stop;	!程序停止
ENDIF Set ToPServoMode;	!伺服轴按照设定的速度值、位置值自动运行
WaitTime 1;	
WaitDI FrPServoArrive, 1;	!等候伺服轴运动到位信号
Reset ToPServoMode;	!复位伺服轴运行模式为手动模式
ENDPROC	
ENDMODULE	!程序结束

1.6 思政养成：工业控制领域的中国品牌——汇川

在机器人直线行走系统集成与调试的过程中，PLC 和伺服控制系统作为解锁机电设备精密运动功能的钥匙，在项目实施的过程中发挥了不可替代的作用。在工业控制领域，西门子、ABB、施耐德、罗克韦尔、三菱、欧姆龙、安川等工业发达国家的自动化厂商，已经构建起了设备型号齐全、软/硬件配套完善、专利技术壁垒成熟的市场格局，进口厂商的产品矩阵涵盖了 PLC、交/直流伺服驱动、变频、步进、编码器、电机、人机交互等主流设备，并进一步向机器视觉、工业云平台、工业互联网等新兴领域拓展。在此种市场条件下，中国的自动化品牌——汇川，通过二十多年的不懈努力，突破重围在工控行业闯出了一片天地。

2003 年，国内工控领域的各大细分市场已经被各种国际品牌所占据，汇川作为一家初创公司，既没有响亮的品牌知名度，也没有庞大的产品覆盖率，如何才能杀出重围完成进口替代呢？汇川公司选择从细分市场的专用机型做起，瞄准电梯专用控制器市场，研发出了驱控一体的 NICE3000 型电梯专用控制器。依托创新性的变频驱动与控制器集成的一体化架构和底层程序框架的优化，该设备仅需要调整几个控制参数就能快速匹配不同机型、不同品牌、不同楼层的电梯控制需求，从而将电梯产品的现场部署调试时间从传统的数周压缩到数小时，

能够为客户节省大量的工程费用，因此产品一经推出就销售火爆。有了拳头产品，汇川公司坚持以技术更新提升产品质量，打造中国品牌的硬实力。公司成立二十多年来，始终坚持将每年营业收入的 10%投入产品技术研发之中，研发人员占员工总数的比例超过 20%，二十多年来累计获得各项专利及软件著作权 2923 项。

经过二十多年的耕耘，汇川公司围绕控制器、驱动器、电机、机器人等工业控制主流产品打造了较为完善的产品矩阵，从单一变频器供应商发展成机、电、液综合产品及解决方案供应商，在电梯、新能源汽车、锂电、光伏等行业都树立了领先的品牌形象，成长为当前工业自动化控制领域的中国品牌主力军。

项目二　机器人工作站快换工具系统集成与调试

1. 知识目标

（1）了解机器人末端执行器的类型、功能与结构

（2）掌握常见机器人快换装置的基本原理

（3）掌握常见机器人快换装置的调试方法

（4）掌握机器人快换工具自动拆装的程序编写与调试方法

2. 技能目标

（1）能绘制简单的电、气动原理图

（2）能通过查找快换装置说明书完成电气接线与调试

（3）能通过机器人控制快换工具的功能

（4）能对气动压力开关进行调试与应用

（5）能编写机器人自动安装、拆除工具的程序

3. 素质目标

（1）培养学生的自学能力

（2）培养学生解决问题的能力

（3）培养学生的团队协作能力

（4）培养学生的职业认同感

4. 工作任务导图

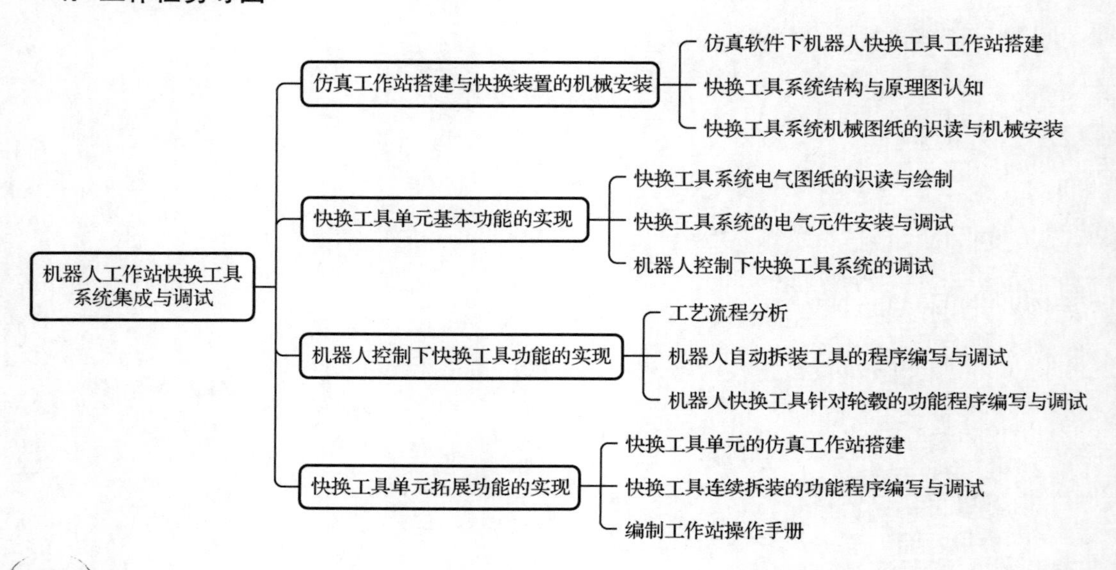

2.1　任务情境描述

次大陆公司规划的定制轮毂车标自动化生产线，由一台机器人借助伺服轴的移动完成轮毂从毛坯到出库、数控加工、打磨、检测、分拣、入库等生产流程，轮毂实物图如图 2-1 所示。公司针对轮毂特征与工艺流程选用了快换工具，配合使用打磨、夹爪、吸盘等 7 种不同类型的工具，如表 2-1 所示，每种工具均配置了快换工具母头，可以与机器人本体上安装的快换工具公头配合。为方便机器人实现不同工具间的自由切换，该生产线将配置快换工具单元，由工作台、工具架等组件构成，用于存放不同功用的工具，如图 2-2 所示。公司目前已完成快换工具的选型及快换工具的电、气路设计，进入项目实施阶段，现委托我公司完成工具单元电、气动设备的安装、调试，实现在机器人示教器控制下不同工具的自动切换。

图 2-1　轮毂实物图

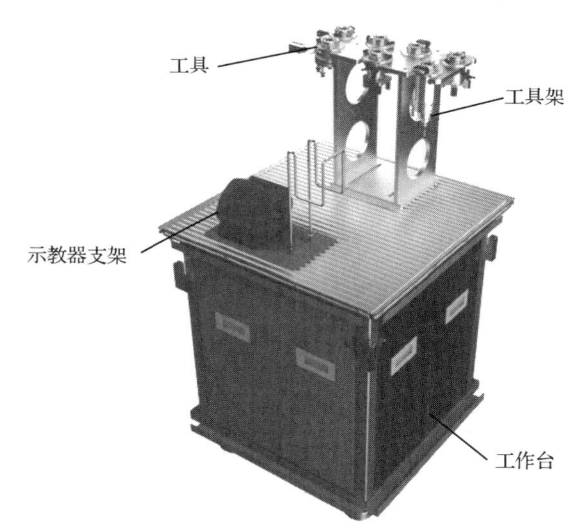

图 2-2　快换工具单元示意图

表 2-1　快换工具

序号	工具名称	功能示意
1	轮辐夹爪	

续表

序号	工具名称	功能示意
2	轮毂夹爪	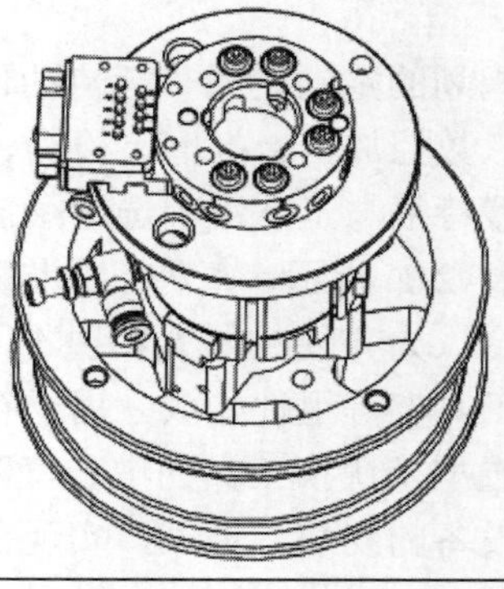
3	轮辋内圈夹爪	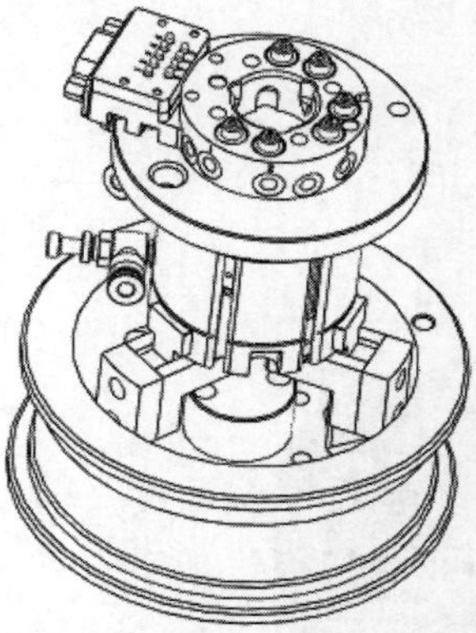
4	吸盘工具	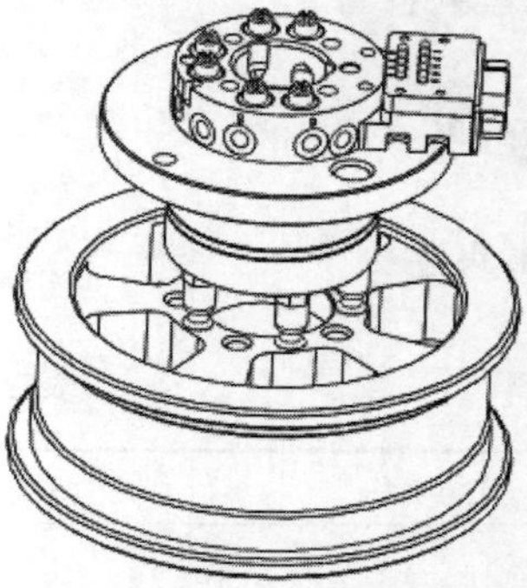
5	轮辋外圈夹爪	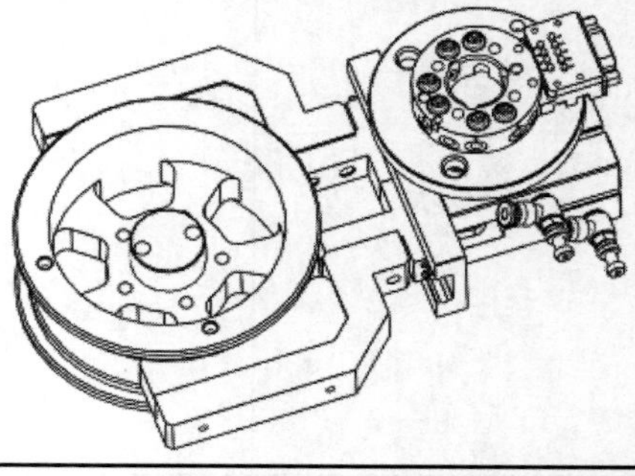

续表

序号	工具名称	功能示意
6	端面打磨工具	
7	侧面打磨工具	

1. 基本任务要求

基本任务要求

为实现快换工具对应轮毂的工艺流程，在本项目中需根据工作站的布局，自定义两个轮毂的放置点位 A、B，机器人能够在这两个放置点位对轮毂实施抓、放或打磨的工艺流程。

任务 1：仿真工作站搭建与快换装置的机械安装

将快换工具单元、总控单元与机器人执行单元，在仿真软件中根据实际情况完成三维环境搭建，要求机器人能够实现工具架上自定义摆放的 7 个工具的安装与拆除的动作流程。

任务 2：快换工具单元基本功能的实现

完成机器人快换装置及工具的电气安装与调试，要求通过机器人输出信号控制工具实现特定的功能，如夹爪开合、吸盘负压、打磨头旋转等。吸盘工具的气压能够通过压力开关进行显示，针对真空吸盘设定压力的阈值区间，到达区间值后即发送反馈信号至机器人。

任务 3：机器人控制下快换工具功能的实现

将快换工具单元、总控单元与机器人执行单元基于仿真工作站的搭建完成布局并确定工具在工具架上的摆放位置。机器人能够在示教器控制下实现工具的安装与拆除的动作流程。要求在任务开始时将轮毂放置于点位 A，对快换工具进行编号，在示教器中通过人机交互指令输入号码，当前工具为夹爪或吸盘时，机器人抓取轮毂并将轮毂由点位 A 移动至点位 B；当前工具为打磨工具时，机器人沿轮毂上表面实现圆形的打磨轨迹。每个工作流程中机器人都必须由工作原点出发至工具架安装工具，完成任务后拆除工具回到工作原点。

验收时要求通过示教器手动程序进行展示。

2. 拓展任务要求

任务 4：快换工具单元拓展功能的实现

基本功能拓展：快换工具单元可摆放到机器人执行单元的 4 个方向，请与基本任务中的布局方案进行区分。设计机器人执行单元与快换工具单元的第二种布局方案，在该方案下同样能够实现各工具的自动安装与拆除。

控制功能拓展：合理创建两个 GI 信号，通过 GI 信号分别输入两个不相同的工具号码，在基本任务中针对轮毂的工作流程的基础上，机器人需连续完成两个工具下对应的工作流程。

验收时要求在机器人自动运行模式下进行展示。

验收时需提供用户手册，包含工具机械装配图、电气动原理图、工作站布局图、安全注意事项、系统功能描述、系统设备组成、系统使用方法、用户维护方法等。

2.2 工程案例分析

（1）快换装置在哪些场景中得到了应用？使用快换装置有哪些优势与劣势？

（2）快换装置通常由公头与母头组成，其两端是如何实现连接并保证在大负载下的稳定性的？

（3）有哪些国内外公司主要研发、生产快换装置？请在下方列出公司名称并找到其官方网址。

（4）在快换工具系统的搭建中，还需要用到哪些电气元件配合快换装置实现相关功能？

2.3 汽车轮毂项目工作过程实践

参考真实自动化工作站项目的一般工作流程，本项目按照工作站仿真设计、快换工具系统电气装调、机器人程序编写与调试的顺序设计 4 个任务，具体包括仿真工作站搭建与快换装置的机械安装、快换工具单元基本功能的实现、机器人控制下快换工具功能的实现及快换工具单元拓展功能的实现。

2.3.1 任务 1：仿真工作站搭建与快换装置的机械安装

本任务在完成项目要求的基础上，针对项目中涉及的核心部件即机器人快换工具系统，对其组成、功能、原理等方面进行信息收集，在此基础上完成快换装置与法兰盘及工具端的机械安装，在仿真软件中完成仿真工作站的搭建。

1. 信息收集

（1）快换工具单元项目分析。

根据项目要求并结合实际项目实施流程，与小组同学讨论后在下方列出本项目实施中主要涉及的任务环节，并结合自身情况对每个环节的难度进行标记。

（2）快换工具单元功能分析。

分析次大陆公司提出的项目要求，在下面表格中填写本项目中机器人快换工具系统的组成单元及其功能。

快换工具系统 主要组成单元	功能描述

（3）快换工具单元功能及设备分析。

本项目中快换装置部分采购清单如下。

序号	品名	规格
1	D-SUB 连接线（OX-B 型）（机械端）	OX-DS09S-H（0.5m）
2	快速交换用夹具—自动（机械端）	OX-10B
3	快速交换用夹具—自动（夹具端）	OX-10BI
4	D-SUB 连接线（OX-B 型）（夹具端）	OX-DS09P-I-H
5	D-SUB&探头连接器（机械端）	OXR-DPS09
6	D-SUB&探头连接器（夹具端）	OXR-DPS09-I

快换装置	对应采购 清单序号	本项目中对应功能简述

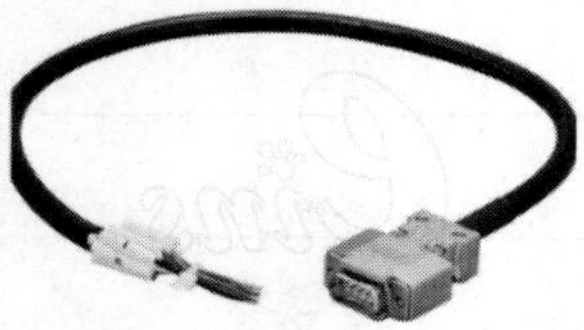		

续表

快换装置	对应采购清单序号	本项目中对应功能简述

（4）快换装置是如何实现锁紧功能的？请对其工作过程进行描述。在断开气源的情况下，该装置两端是否会脱离？为什么？

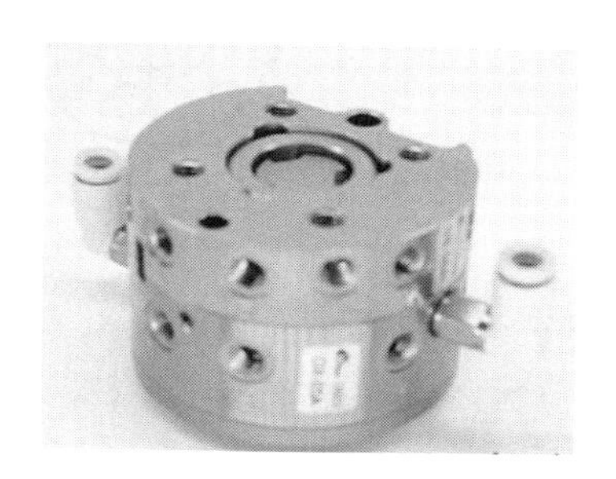

（5）识读次大陆公司快换装置机械图纸，其中快换装置与机械端及与工具端连接将用到孔径为多少的螺钉？该快换装置提供了几对可用的气路？

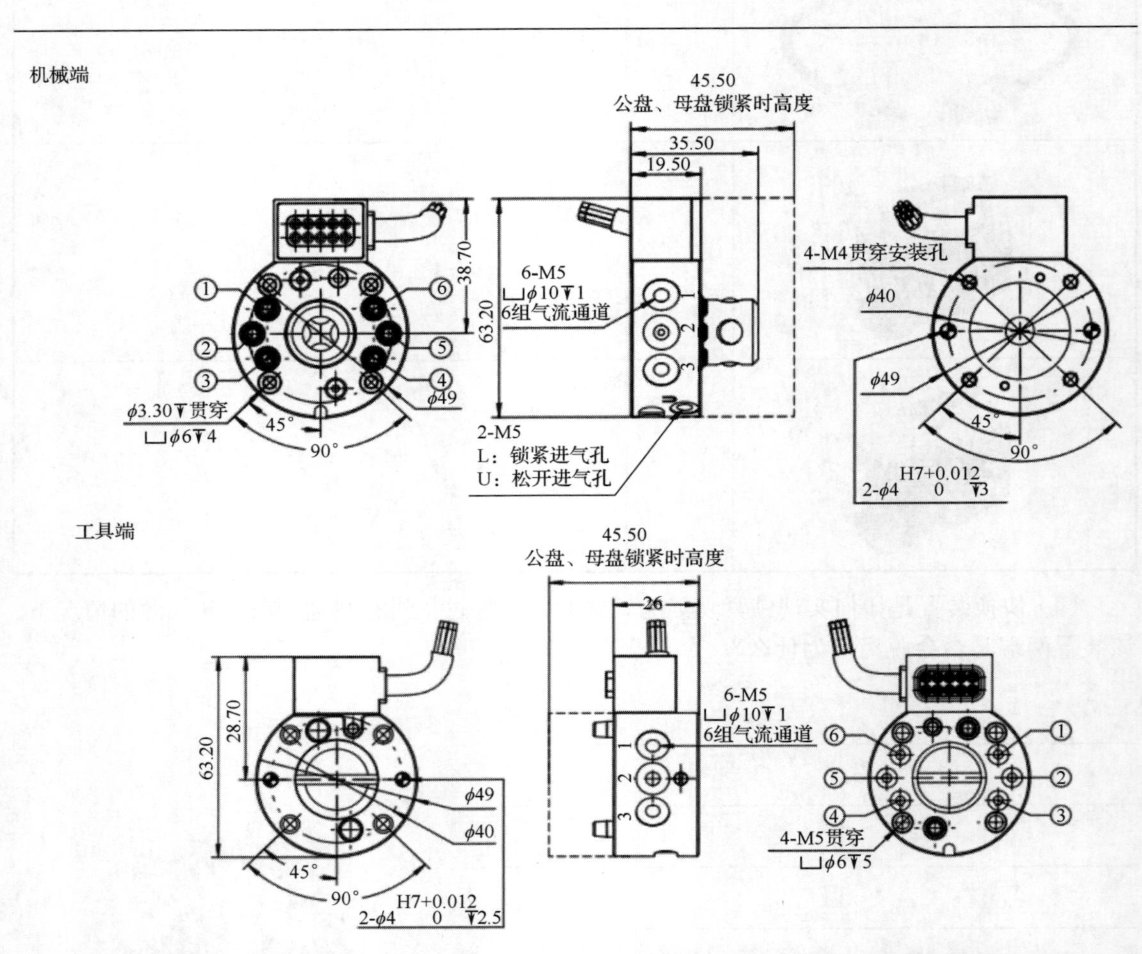

（6）在完成快换装置与机器人法兰盘及工具端的机械安装过程中需要使用哪些工具？需要注意哪些部件的安装顺序？

（7）快换工具单元仿真工作站搭建。

在仿真软件中实现快换工具单元自动运行流程仿真的目的有哪些？基于自动运行流程的仿真结果，能够从哪些方面优化项目方案？请在下方列出。

____

____

____

____

2. 方案制定

（1）快换工具单元仿真工作站的搭建。

工作站与快换工具机械模型已由甲方单位给出，请根据任务要求在工艺流程仿真软件（如PQART、PDPS 等）中设计工作站布局完成工作站模型搭建，在方案中给出一至两种工作站布局方案。在尽量不移动机器人导轨（第七轴）的情况下，要求机器人从工作原点出发，以合理轨迹运动至工具架上 7 个快换工具的安装点位，并能够完成将工具从工具架上拾取与放置的完整工作轨迹。请在 A4 纸上画出这两种方案的设备布局图。

（2）快换工具单元机器人姿态。

在已完成搭建的仿真工作站布局中，初步对机器人运行中可能存在的极限点位进行调试，在仿真软件中分别记录机器人的运行姿态以验证当前布局的可行性，并将后续机器人示教编程中需要注意的问题记录在下方。

3. 方案决策

（1）各小组派代表展示仿真工作站的搭建，并针对收集的信息进行讨论。

（2）各小组针对其他小组的设备布局与快换工具布置方案，结合该方案下机器人的运动姿态提出自己的看法，将本小组方案中存在的问题或有待完善的地方记录下来，并在教师点评及小组讨论后选定一个工作站布局的最佳方案。

4. 方案实施

（1）工艺流程模拟仿真。

结合本项目任务要求，在仿真软件中完成本项目工具单元自动运行流程仿真，确保工作过程中机器人轨迹的合理性。在下方记录仿真过程中出现的问题。

（2）快换工具单元机器人姿态调试。

机器人在由快换工具架上自动取出与放置工具的运动过程中，在少数点位上会呈现出较为极限的姿态。结合快换工具外形特征及其在工具架上的摆放位置，在完成仿真过程中对较难到达的点位进行记录，后期机器人现场调试中需要着重对这些点位进行示教。

5. 验收与评价

（1）验收与考核评分表

<table>
<tr><th>任务</th><th colspan="2">项目要求</th><th>配分</th><th>学生自评</th><th>学生互评</th><th>教师评分</th></tr>
<tr><td rowspan="5">快换工具单元系统集成基础验收（60 分）</td><td rowspan="4">系统集成方案设计（50 分）</td><td>在虚拟仿真软件中完成环境搭建，系统布局方案合理，布局图绘制标准</td><td>15</td><td></td><td></td><td></td></tr>
<tr><td>在虚拟仿真软件中完成快换工具的安装并取出的动作，每出现一次设备干涉扣 1 分</td><td>10</td><td></td><td></td><td></td></tr>
<tr><td>在虚拟仿真软件中完成快换工具的放下并拆除的动作，每出现一次设备干涉扣 1 分</td><td>10</td><td></td><td></td><td></td></tr>
<tr><td>快换工具安装准确、无松动</td><td>15</td><td></td><td></td><td></td></tr>
<tr><td>仿真工作流程展示（10 分）</td><td>在仿真软件中成功展示自动取、放工具流程得 10 分，每展示一次不成功扣 3 分</td><td>10</td><td></td><td></td><td></td></tr>
<tr><td rowspan="2">展示与汇报（10 分）</td><td>方案制作展示（5 分）</td><td>能将方案进行有效、清晰的展示</td><td>5</td><td></td><td></td><td></td></tr>
<tr><td>小组汇报（5 分）</td><td>积极参加汇报，能做好在小组汇报中分配的工作，汇报质量较好</td><td>5</td><td></td><td></td><td></td></tr>
</table>

续表

任务	项目要求		配分	学生自评	学生互评	教师评分
职业素养（20分）	安全与文明生产（10分）	1．未遵守教学场所规章制度扣3分 2．出现人为设备损坏扣5分 3．未遵守实训室5S管理规定扣3分	10			
	综合素质（10分）	1．沟通、表达能力较强，能与组员有效交流 2．有较强学习能力与解决问题的能力 3．有较强的责任心	10			
附加（10分）	创新能力（5分）	方案设计或仿真流程有独创性	5			
	其他加分（5分）	在教学中由教师自定，如学生课堂表现情况、进步情况等	5			
总分			100			
综合得分 分数加权建议： 自评分数×10%+互评分数×10%+教师评分×80%						

（2）验收情况记录

验收问题记录	原因分析	整改措施

6．复盘与思考

（1）经验反思。

有效的经验与做法	
总结反思	

（2）机器人运动指令中有哪些运动参数会对运行轨迹产生影响？在快换工具自动取、放过程中，针对运动过程中的极限姿态，在点位示教及运动程序编写中有哪些技巧？

2.3.2 任务 2：快换工具单元基本功能的实现

快换工具单元基本功能的实现

本任务需在任务 1 的基础上对机器人快换工具系统中用到的电气元件进行信息收集，结合快换装置的功能特征完成电路、气路的调试与搭建，实现机器人示教器 I/O 信号控制下的快换工具功能调试。

1. 信息收集

（1）实现机器人快换工具系统的控制需要用到哪些电、气动设备？

（2）说明右图所示气动元件的名称、功能及使用方法。

下图为该元件的气动图形符号，请指出图形中的错误并改正，画出其简易符号。

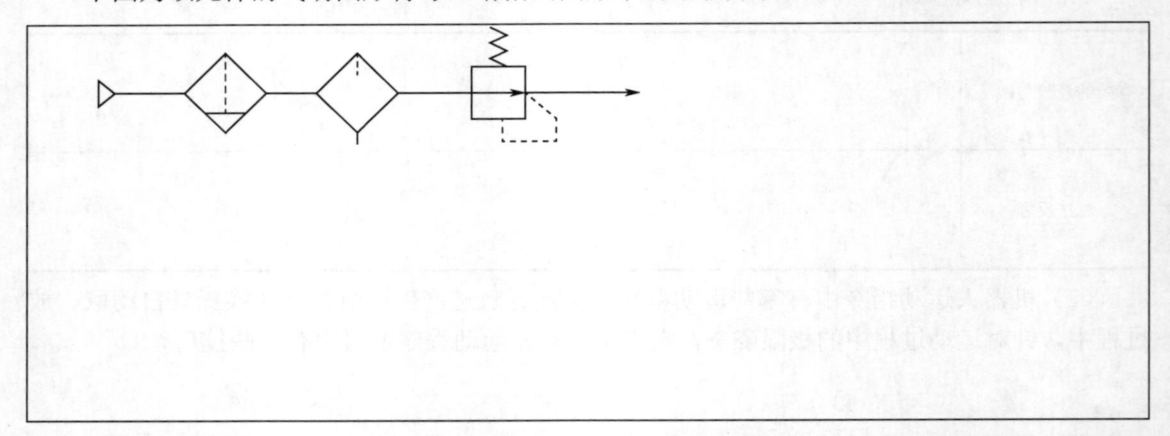

（3）说明气动元件的名称及工作口字母的含义，当对左位或右位电磁阀通电时，分别能实现什么功能？

（4）说明右图所示气动元件的名称及使用方法。

（5）下表中列出了快换装置气动系统中常用的气动元件，请查找相关资料后将表格填写完整。

图形符号	名称	功能

快换装置机械端	气管接口	功能
1 2 C 3 快换夹具 140235 OX-03A U 4 6 5	U 口	
	C 口	
	1～6 号口	

（6）本项目选用亚德客电子式压力开关 X-DSW，请查找该压力开关使用说明书并填写下面表格。

电源电压	
气孔尺寸	
测量范围	
接线方式	
输出模式类型	

在压力开关的调试中，如何对气压的上下阈值进行设定？

（7）请根据快换工具数量及特征，结合已收集的资料，在下表中列出本项目实现快换装置的功能需要使用的气动元件及数量。

气动元件	作用	数量

2. 方案制定

（1）气动回路设计。

根据已收集到的信息绘制快换装置锁紧机构的气路图纸，该气路中将用到一些气动元件，其中气压源将与手滑阀相连，经过三联件与手动换向阀进入控制回路中，气动辅助元件请根据实际情况自行绘制，在附录 A 中完成图纸后描述该回路的工作过程与使用方法。

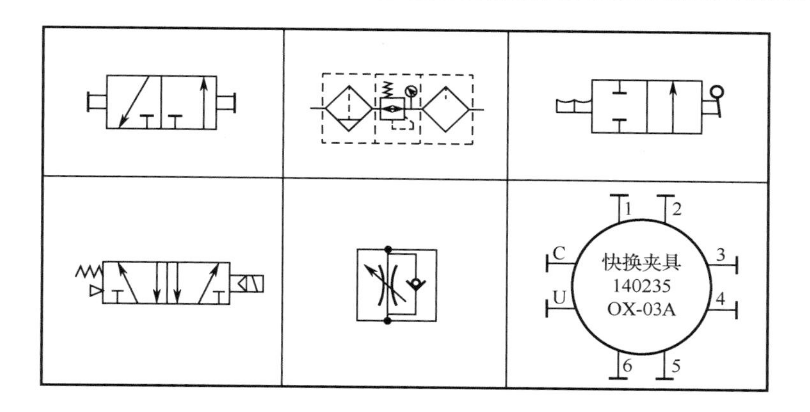

（2）电气线路设计。

请根据下方机器人 DSQC652 板的 I/O 分配表，参考电气元件图形符号，在附录 B 中将快换工具及传感器与机器人 DSQC652 板的电气原理图补充完整。

DSQC652 板	输入		输出	
	0	真空检知	0	快换
	1		1	吸真空
	2		2	夹爪
	3		3	打磨电机启动
	4		4	
	5		5	
	6		6	
	7		7	

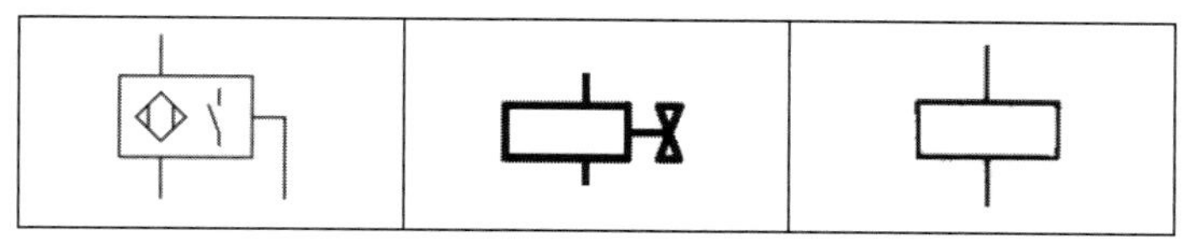

（3）在机器人快换装置气路安装与布置中应注意哪些问题？

（4）请思考，在完成电路与气路安装后，如何对其功能进行测试以确定安装的正确性？

____

____

____

____

____

3. 方案决策

（1）各小组派代表对所制定方案中的气路与电路原理图、气动元件的使用、测试方法等进行展示。

（2）各小组对其他小组的设计方案提出自己不同的看法，将本小组方案中存在的问题或有待完善的地方记录下来，在教师点评及小组讨论后对方案进行复盘与优化，确定本小组的最佳方案。

（3）本项目可考虑任务的并行实施，如可把任务分为电路安装、气路安装、机器人 I/O 信号配置和电气设备调试 4 个部分，合理分配人员尽可能实现多任务并行以加快项目进度。根据选出的最佳方案，以小组为单位填写下面表格。

步骤	工作内容	时间	负责人
1			
2			
3			
4			
5			

（4）请与组员讨论后列出快换工具单元设备的安装、配置、测试步骤。

调试元件	调试步骤
快换装置	
夹爪工具	
吸盘工具与 气压传感器	
电动打磨工具	

4．方案实施

（1）根据已制定的方案完成传感器、换向阀的电气安装与基本调试，记录工作过程中遇到的问题，提出相应的解决方案。

设备	问题	解决方案

（2）对压力开关气压阈值进行设置，在使用吸盘工具对轮毂实施抓取时能正确反馈抓取信号，对设定值进行记录。

____

____

____

（3）在配合换向阀、调速阀、气压传感器等气动元件完成工具端手动调试的基础上，对机器人I/O板进行组态，通过示教器监控I/O信号测试快换装置功能。若在调试过程中无法通过机器人I/O信号监控实现相应的功能，该从哪几个方面查找问题？记录工作过程中遇到的问题并提出解决方案。

设备	问题	解决方案
快换装置		
夹爪工具		
吸盘工具与气压传感器		
电动打磨工具		

5. 验收与评价

（1）验收与考核评分表

任务	项目要求		配分	学生自评	学生互评	教师评分
快换工具单元系统集成基础验收（60分）	机械与电、气动集成（50分）	工作站各单元布局合理并安装牢固稳定	10			
		快换装置控制电路连接正确、安装合理	10			
		快换工具控制电路连接正确、安装合理	10			
		快换装置气路连接正确、安装合理	10			
		快换工具气路连接正确、安装合理	10			
	动作展示（10分）	成功展示对任意 2～3 个工具的手动安装、拆除及对应功能得 10 分，每展示一次不成功扣 3 分	10			
展示与汇报（10分）	方案制作展示（5分）	能将方案进行有效、清晰的展示	5			
	小组汇报（5分）	积极参加汇报，能做好在小组汇报中分配的工作，汇报质量较好	5			
职业素养（20分）	安全与文明生产（10分）	1．未遵守教学场所规章制度扣 3 分 2．出现人为设备损坏扣 5 分 3．未遵守实训室 5S 管理规定扣 3 分	10			
	综合素质（10分）	1．沟通、表达能力较强，能与组员有效交流 2．有较强学习能力与解决问题的能力 3．有较强的责任心	10			
附加（10分）	创新能力（5分）	方案设计或解决问题上有独创性	5			
	其他加分（5分）	在教学中由教师自定，如学生课堂表现情况、进步情况等	5			
总分			100			
综合得分						
分数加权建议： 自评分数×10%+互评分数×10%+教师评分×80%						

（2）验收情况记录

验收问题记录	原因分析	整改措施

6. 复盘与思考

（1）经验反思。

本任务中有效的经验与做法	
总结反思	

（2）在调试过程中如遇到吸盘气压不足导致无法实现轮毂拾取的情况，需从哪几个方面分析、解决问题？

____

____

____

____

2.3.3 任务3：机器人控制下快换工具功能的实现

在完成电路、气路搭建调试的基础上对机器人程序进行编写与调试，实现本项目基本任务的要求。本次任务主要包括机器人控制下对工具的目标点示教、运动程序编写，针对轮毂的功能调试等。在任务完成后能够运行机器人程序对基本任务的工作流程进行展示。

1. 信息收集

（1）针对本项目基本任务要求，对其工艺流程进行分析并填写下图。

基于以上工艺流程，本任务主要可分为工具的自动安装与拆除、针对轮毂抓放或打磨功能的机器人程序编写与调试，请在下表中列出实现这些功能的步骤，如工具安装/拆除点位的示教、取出工具轨迹的示教、编程与调试等。

基本任务分析	实施步骤分析
工具的自动安装与拆除	
针对轮毂的抓放或打磨功能的机器人程序编写与调试	

（2）针对工具架上所放置的 7 个工具，在机器人示教编程中有哪几个工具能够使用同一或相似的运动轨迹实现取放？有哪几个工具的运动轨迹较为特殊需要单独示教与编程？

（3）ABB 机器人中有哪些指令能够在示教器中实现人机交互功能？

（4）在 ABB 机器人示教过程中出现“轴配置错误”或“靠近奇异点”的报警提示，要如何解决？

（5）在初期示教机器人快换工具抓取时较容易发生碰撞，应如何调整机器人姿态以减少碰撞？在发生碰撞且无法通过示教器手动调整机器人姿态时应怎样处理？

2. 方案制定

（1）在编写程序时，通常会按照功能分别创建子程序，在本次任务中，在机器人程序模块中应分别创建哪些子程序实现对工具不同功能的合理规划？如可以根据工具安装、工具拆除，轮毂的工艺流程等功能创建相应的子程序，请在下方列出。

（2）根据任务要求规划机器人的程序数据，合理应用 IF 或者 TEST 逻辑指令，结合子程序搭建程序框架。

（3）结合前期完成的仿真工作站，确定工具架上工具的摆放位置并规划所有工具的机器人运动轨迹。

3. 方案决策

（1）各小组派代表对所制定方案中的工具取放轨迹规划、程序框架搭建、程序编写方案进行展示。

（2）各小组对其他小组的设计方案提出自己不同的看法，将本小组方案中存在的问题或有待完善的地方记录下来，在教师点评及小组讨论后对方案复盘与优化，确定本小组的最佳方案。

（3）本项目可考虑任务的并行实施，如可把任务分为机器人快换工具安装/拆除程序编写与调试、轮毂抓放程序编写与调试、打磨功能程序编写与调试三个部分，合理分配人员尽可能高效地推进项目。根据选出的最佳方案，以小组为单位填写下面表格。

步骤	工作内容	时间	负责人
1			
2			
3			
4			
5			
6			

（4）请与组员讨论后列出快换工具单元的调试步骤。

调试功能	调试步骤
工具点位示教与运动轨迹调试	
轮毂抓放与打磨功能调试	
全流程调试	

4. 方案实施

（1）结合任务 1 中完成的机器人仿真工作站，按照其布局方案完成工作站的布局与工具在工具架上的摆放。在示教器上拆装点位与取放工具轨迹过程中，按照工具架上的号码进行调试，将调试情况、问题、解决方案记录在下面表格中。

工具架上号码	调试情况	问题	解决方案
1 号			

续表

工具架上号码	调试情况	问题	解决方案
2号			
3号			
4号			
5号			
6号			
7号			

（2）通过调用机器人子程序分别对轮毂的抓放功能及打磨功能进行调试，并记录调试情况。

功能	工具号码	调试情况	问题	解决方案
轮毂的抓放功能				
轮毂的打磨功能				

（3）通过示教器分别输入号码1～7，实现对应工具的安装/拆除及轮毂抓放或打磨功能全流程的调试。请记录机器人程序调试情况、遇到的问题与解决方案。

功能	调试情况	问题	解决方案
工具的安装与拆除			
轮毂的对应功能			

5. 验收与评价

（1）验收与考核评分表

任务	项目要求		配分	学生自评	学生互评	教师评分
快换工具单元系统集成基础验收（60分）	系统集成方案设计（40分）	任选2～3种不同工具，调用子程序展示用机器人安装工具并将其由工具架上取出的流程	10			
		任选2～3种不同工具，调用子程序展示机器人将工具放置于工具架上并拆除工具的流程	10			
		任选2～3种不同工具，在已安装工具的状态下调用子程序展示针对轮毂的相关功能	20			
	仿真工作流程展示（20分）	任选2～3种不同工具，输入对应的号码后成功展示自动取、放工具及对轮毂相应功能的完整流程得20分，每展示一次不成功扣3分	20			
展示与汇报（10分）	方案制作展示（5分）	能将方案进行有效、清晰的展示	5			
	小组汇报（5分）	积极参加汇报，能做好在小组汇报中分配的工作，汇报质量较好	5			
职业素养（20分）	安全与文明生产（10分）	1．未遵守教学场所规章制度扣3分 2．出现人为设备损坏扣5分 3．未遵守实训室5S管理规定扣3分	10			
	综合素质（10分）	1．沟通、表达能力较强，能与组员有效交流 2．有较强学习能力与解决问题的能力 3．有较强的责任心	10			
附加（10分）	创新能力（5分）	方案设计有独创性	5			
	其他加分（5分）	在教学中由教师自定，如学生课堂表现情况、进步情况等	5			
总分			100			
综合得分 分数加权建议： 自评分数×10%+互评分数×10%+教师评分×80%						

（2）验收情况记录

验收问题记录	原因分析	整改措施

6. 复盘与思考

（1）经验反思。

本任务中有效的经验与做法	
总结反思	

（2）结合任务 1 中搭建的仿真工作站，在本任务工作节拍的优化上有哪些参数可以调整以提升快换工具拆装的效率？

____

____

____

____

2.3.4　任务 4：快换工具单元拓展功能的实现

拓展任务的方案建议在完成基本任务全部工作流程，基于已调试完成的程序基础上制定，以提高方案的可行性。

1. 信息收集

（1）对本项目拓展任务要求进行分析，并参考任务 3 中的工艺流程绘制本任务工艺流程。

在基本任务的基础上，拓展任务主要在工作站布局、GI 的创建与应用、针对轮毂工艺的连续工作流程三个方面提出要求，基于以上工艺流程，设计实现拓展任务的具体步骤。

拓展任务分析	实施步骤
快换工具单元的布局	

续表

拓展任务分析	实施步骤
使用 GI 信号的相关功能	
多个工具连续工作流程的功能	

（2）在本次任务中需要创建哪些 GI 信号？通过 GI 信号输入号码后如何实现两个不同工具的连续工作流程？

（3）针对本次拓展任务，在任务 3 中已完成的机器人程序的基础上需要对哪些子程序进行调整以实现新功能？

2. 方案制定

（1）快换工具单元仿真工作站搭建。

在工艺流程仿真软件（如 PQART、PDPS 等）中搭建出第二种工作站布局方案，使机器人从工作原点出发，能以合理轨迹运动至工具架上 7 个快换工具的安装点位，并能够完成将工具从工具架上拾取与放置的动作。在不可到达的情况下可尝试结合项目一中的任务，移动机器人导轨（第七轴）。记录机器人的运行姿态以验证当前布局的可行性，并在 A4 纸上画出拓展任务工作站布局图。

（2）结合拓展任务机器人工作站的仿真，对工具架上工具的摆放及所有工具端的机器人运动轨迹进行重新规划。在仿真软件中分别记录机器人的运行姿态以验证当前布局的可行性，对在后续任务实施中需要注意的问题进行记录。

(3) GI 信号的定义。

根据拓展任务要求填写下面表格，对机器人 GI 信号进行定义，注意查找机器人 I/O 分配表避免使用重复的地址。

GI 信号名称	I/O 地址	功能

(4) 在任务 3 中已完成的机器人程序的基础上对程序数据、程序框架进行调整，以实现 GI 的信号调用及自动连续更换工具的拓展功能。

3. 方案决策

(1) 各小组派代表对所制定方案中实现拓展任务的工作站布局、机器人仿真运动轨迹、程序框架搭建、程序编写方案进行展示。

(2) 各小组对其他小组的设计方案提出自己不同的看法，将本小组方案中存在的问题或有待完善的地方记录下来，在教师点评及小组讨论后对方案复盘与优化，确定本小组的最佳方案。

(3) 本项目可考虑任务的并行实施，如可把任务分为机器人快换工具安装/拆除程序编写与调试、应用GI信号实现连续功能的程序编写与调试两个部分，合理分配人员尽可能高效地推进项目。根据选出的最佳方案，以小组为单位填写下面表格。

步骤	工作内容	时间	负责人
1			
2			
3			
4			
5			
6			

（4）请与组员讨论后列出快换工具单元的调试步骤。

功能调试	调试步骤
点位示教与运动轨迹调试	
GI信号数据输入与工具调用的功能	
多个工具的连续工作流程	

（5）在接下来的工作站调试中会存在哪些风险点？请对其进行预测并在下方列出。

____

____

____

____

____

____

4. 方案实施

（1）结合任务1中完成的机器人仿真工作站，按照其方案完成工作站的布局与工具在工具架上的摆放，在示教器上拆装点位与取放工具轨迹过程中，按照工具架上的号码进行调试，将调试情况、问题、解决方案记录在表格中。

工具架上号码	调试情况	问题	解决方案
1 号			
2 号			
3 号			
4 号			
5 号			
6 号			
7 号			

（2）创建 GI 信号并完成信号调试，通过输入数据至 GI 信号，分别测试对应工具的安装、拆除及对应轮毂的抓放或打磨功能。

功能	调试情况	问题	解决方案
GI 信号			
工具的安装与拆除			
轮毂的对应功能			

（3）通过 GI 信号输入号码，完成两个工具的安装、拆除及轮毂抓放或打磨功能连续工作流程的调试。将调试过程中遇到的问题及解决方案记录下来，并思考如何有效地提高调试效率。

5. 验收与评价

（1）验收与考核评分表

任务	项目要求		配分	学生自评	学生互评	教师评分
快换工具单元系统集成基础验收（60分）	系统集成方案设计（40分）	任选 2～3 种不同工具，调用子程序展示用机器人安装工具并将其由工具架上取出的流程	10			
		任选 2～3 种不同工具，调用子程序展示机器人将工具放置于工具架上并拆除工具的流程	10			
		任选 2 种不同工具，调用子程序展示机器人连续安装与拆除两个工具的流程	20			
	仿真工作流程展示（20分）	任选 2 种不同工具，输入号码后成功展示连续自动取、放工具及轮毂相应功能的完整流程得 20 分，每展示一次不成功扣 3 分	20			
展示与汇报（10分）	方案制作展示（5分）	能将方案进行有效、清晰的展示	5			
	小组汇报（5分）	积极参加汇报，能做好在小组汇报中分配的工作，汇报质量较好	5			
职业素养（20分）	安全与文明生产（10分）	1．未遵守教学场所规章制度扣 3 分 2．出现人为设备损坏扣 5 分 3．未遵守实训室 5S 管理规定扣 3 分	10			
	综合素质（10分）	1．沟通、表达能力较强，能与组员有效交流 2．有较强学习能力与解决问题的能力 3．有较强的责任心	10			
附加（10分）	创新能力（5分）	方案设计或仿真流程有独创性	5			
	其他加分（5分）	在教学中由教师自定，如学生课堂表现情况、进步情况等	5			
总分			100			
综合得分 分数加权建议： 自评分数×10%+互评分数×10%+教师评分×80%						

（2）验收情况记录

验收问题记录	原因分析	整改措施

6. 复盘与思考

（1）经验反思。

本任务中有效的经验与做法	
总结反思	

（2）在本次拓展任务程序编写中，对基本任务程序做了哪些调整，有哪些程序段可以进行优化？

（3）本任务中实现了两个工具的连续工作流程，但在实际工程应用中会涉及两次以上的连续、多次不同工具的调用，在程序中做哪些调整即可高效地实现工程要求？

2.4　项目总结

1. 项目得分汇总

任务 1	任务 2	任务 3	任务 4	平均分

2. 关键技术技能学习认知与反思

本项目重点知识主要包括：机器人快换工具系统的组成、功能、原理，电气元件的搭建。需要重点掌握的技能包括：快换工具系统的电气搭建、机器人自动更换工具的程序编写与调试。通过本项目的学习，你在技能知识方面有哪些收获与不足？请在下方列出。

2.5 学习情境相关知识点

2.5.1 机器人末端执行器的应用

机器人末端执行器分类与介绍

1. 机器人末端执行器的分类与介绍

工业机器人的末端执行器（也称末端执行工具）是安装在机器人末端、具有一定功能的工具，能够夹持、放置和释放对象或完成某种工艺过程，如喷漆、打磨、焊接等。按使用功能，其可分为拾取工具与专用工具。

（1）拾取工具

机器人通过拾取工具对工件实现可靠夹持，以便机器人能够带着货物沿预设的轨迹运行。根据拾取对象的不同，目前主要有 3 种用于拾取的机器人末端执行器。

① 气动手爪。

气动手爪依靠换向阀调整气缸中压缩空气的流向，由压缩空气推动活塞，活塞带动手指实现开合动作从而夹取工件，常用于夹取中小型机械产品，其外形如图 2-3 所示。在实际使用过程中根据所夹取工件外形的不同，可以选择平面型手指或 V 形手指。平面型手指适合夹取两个侧面为平行面的零件，而 V 形手指能够夹取轴类零件。

（a）平面型手指

（b）V形手指

图 2-3 气动手爪外形

② 真空吸盘。

真空吸盘依靠控制阀和气压管路在橡胶吸盘内部产生的真空负压吸附工件，如图 2-4（a）所示。与气动手爪相比，单个吸盘所能吸附的货物质量较小，但是吸附时对定位精度要求较低，能够吸附软性或者脆性材料，常用于药片、糖果及袋装日用品等轻型产品的搬运工作。

将多个真空吸盘组合构成阵列式真空吸盘，能够吸附具有较大表面积的曲面类零件，如汽车表面钢板、玻璃等，阵列式真空吸盘如图 2-4（b）所示。

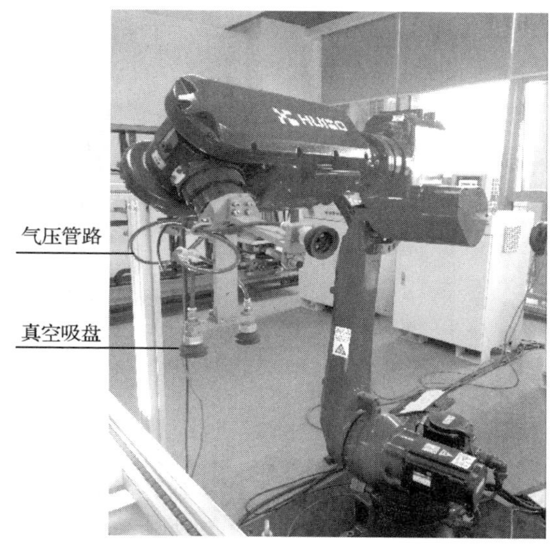

（a）真空吸盘

（b）阵列式真空吸盘

图 2-4　机器人真空吸盘

③ 齿形夹爪。

齿形夹爪由气缸驱动四杆机构，实现两个齿形爪手的扣合运动，齿形爪手从底部抓取工件并完成搬运工作，如图 2-5 所示。齿形夹爪负载能力大，适合于水泥、饲料、种子等农业及化工类袋装产品的搬运工作。需要注意的是，齿形夹爪在抓取和放置过程中，其运动轨迹会超出工件下表面，因此常选用滚筒型输送链进行货物的输送作业。

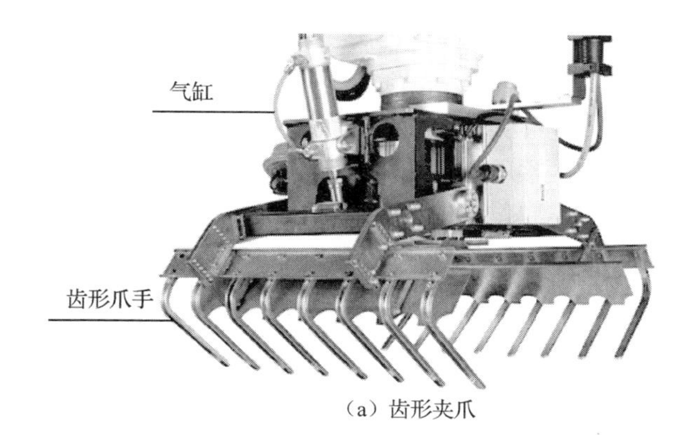

（a）齿形夹爪

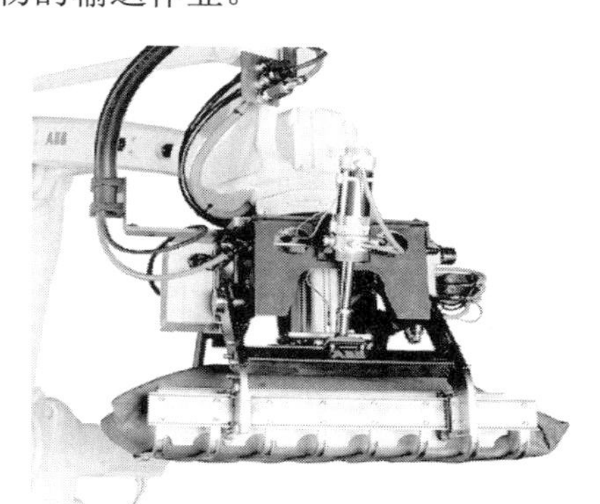

（b）工作状态下的齿形夹爪

图 2-5　机器人齿形夹爪

齿形夹爪闭合夹紧后，内部空间较小，难以发挥其负载能力大的特点。在齿形夹爪的基础上发展出了平面夹板式夹爪，如图 2-6 所示。平面夹板式夹爪工作时，由气缸推动两块平面夹板从侧面压紧货物并使货物缓慢上升，提升货物的同时由气缸推动齿形爪手扣住货物底部，从而实现货物的抓取及搬运工作。平面夹板式夹爪能够与普通的带传动输送线配合使用，适合于箱式货物的搬运工作。

（a）平面夹板式夹爪

（b）工作状态下的平面夹板式夹爪

图 2-6　机器人平面夹板式夹爪

（2）专用工具

专用工具指适用于特定工序的工具，常见的有喷枪、焊枪、砂轮、铣刀等，作为机器人附加装置，用来进行相应的加工作业；装有测量头或传感器的附加装置，用来进行测量及检验作业。

2．机器人快换工具系统的应用

（1）机器人快换装置介绍

在机器人集成自动化生产线中，每个产品、每个新工序都需要匹配专用的夹具和适配工具，而不同工具的更换是影响设备效率的因素之一。解决适配问题的关键是利用快换装置配合安装了快换头的多类型夹具，实现工具的自动拆装，大幅度提高工作效率。

机器人快换装置的主要功能是为机器人自动更换末端执行工具和其他外围设备，以增加机器人的柔性，使单台机器人在制造和装配过程中，能够操作不同的工具，减少非生产性的更换工具时间。在需要更换多个末端执行工具的应用中，利用机器人快换装置能够保证较高的可靠性与重复精度，实现满载荷情况下几百万次的循环运行。

汽车制造商是机器人系统应用的领先者，机器人自动化应用超过 50%为焊接作业，占机器人应用的第一位。第二大应用领域为冲压，物料搬运机器人将板材运到冲床上，冲压出引擎盖、顶盖、底板、保险杠等各种车体部件。在连冲作业时，每个工序都需要配备专用机器人工具来抓取工件，多数采用气动吸盘，有一些采用机械抓手。在无库存生产中，冲压线每班会更换 4～5 次工具（从生产轻型卡车的翼子板，到生产重型卡车的保险杠）。显然，快换装置成为该系统非常重要的组成部分，能够帮助机器人迅速完成工具更换。

快换装置在维护上同样具有优势，当一个工具出现磨损时，使用快换装置能够迅速实现工具更换，保证冲压生产线正常运行。日本的汽车制造商最早将具有安全、柔性和保养优势的自动和手动快换装置应用到冲压车间。目前快换装置在自动化生产中的应用越来越广泛，如焊接、打磨、装配、打包等，为生产效率的提高提供了更多可能性，如图 2-7 所示。

综上可以总结出机器人快换装置的优点在于以下几方面。

① 提高生产率：实现机器人工具更快的装载和卸载，同时消除操作人员疲劳和减少轮班之间的停机时间。

（a）快换装置在打磨中的应用

（b）快换装置在打包中的应用

图 2-7　机器人快换装置应用举例

② 减少人员伤害：机器人可以在恶劣的环境下作业，使操作人员免受伤害。

③ 增加柔性：机器人能够连续不间歇地循环工作，实现各种外形和尺寸部件的抓取。

④ 投资回报快速：减少人力成本投入，提高生产能力，减少在制品库存及工件损坏。

目前，不同种类的快换工具系统层出不穷，但快换工具系统的重点在于高度的可换性，不仅在自己系统规定范围内，还要在行业标准上进行统一。

（2）机器人快换装置结构

机器人快换工具系统的核心部件为快换装置，具体可分为机械端和工具端，本项目使用的快换装置如表 2-2 所示。机械端安装在机器人末端法兰上，工具端安装在执行工具上。快换装置能快捷地实现机械端和工具端的电气连通，一个机械端可以根据用户的实际情况与多个工具端配合使用，增加机器人的生产效率，同时降低成本。

机器人快换装置结构

表 2-2　本项目使用的快换装置

序号	快换模块	实物图
1	机械端快换模块	
2	工具端快换模块	

续表

序号	快换模块	实物图
3	机械端与工具端配合安装完成	

（3）机器人快换工具系统中的常见附件

安装到快换装置上的工具（见图 2-8（a））及摆放工具的工具架也是快换工具系统中必不可少的附件。

快换装置中通常设有用来驱动末端工具的气路通道，在符合快换装置标准的情况下，快换装置中的气路与气动驱动工具的气路接口在连接气管后即可正常使用。当出现无法满足的驱动需求，如电力驱动时，则需选购与快换装置配套的连接器（见图 2-8（b）），实现快速连接并传递介质信号。

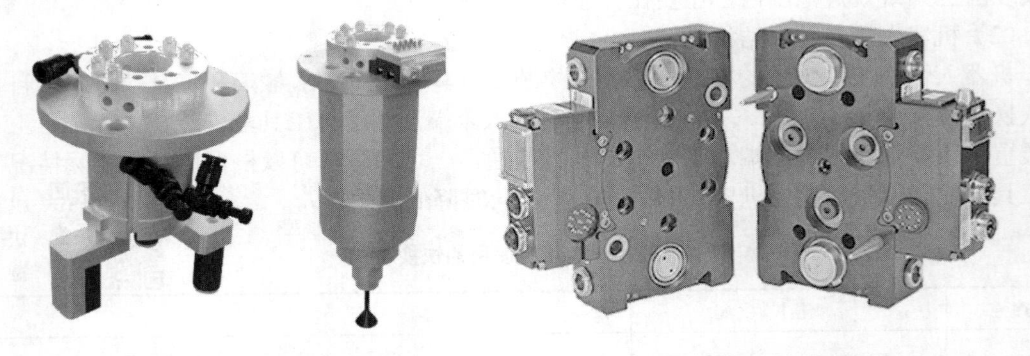

（a）安装到快换装置上的工具　　（b）机器人电力连接器

图 2-8　机器人快换工具系统常见附件

（4）机器人快换装置机械结构

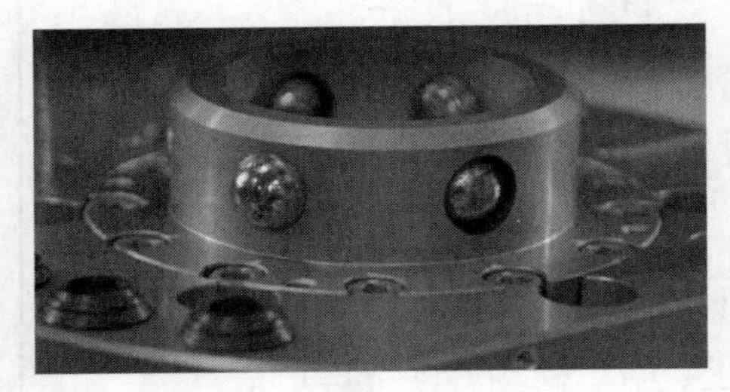

图 2-9　滚珠座、滚珠环

快换装置由一个主盘和一个工具盘组成，常用钢珠锁紧以防脱落。如图 2-9 所示，滚珠座和滚珠环嵌设于主盘与工具盘之间。

当安装在机器人手臂上的主盘对准工具盘时，空气流过送进端口并推动主盘中活塞杆，活塞杆随即向下移动推动滚珠，使其被精准地推进滚珠环并被紧紧地锁住。除此之外，活塞杆上设有 V 形槽实现断气保护，当气缸断气后滚珠仍在槽内保持锁紧状态，如图 2-10 所示。该锁紧机构具备较强的抗力矩能力，锁紧时不会因为高速移动产生晃动，避免了锁紧失效，保证了重复定位精度。

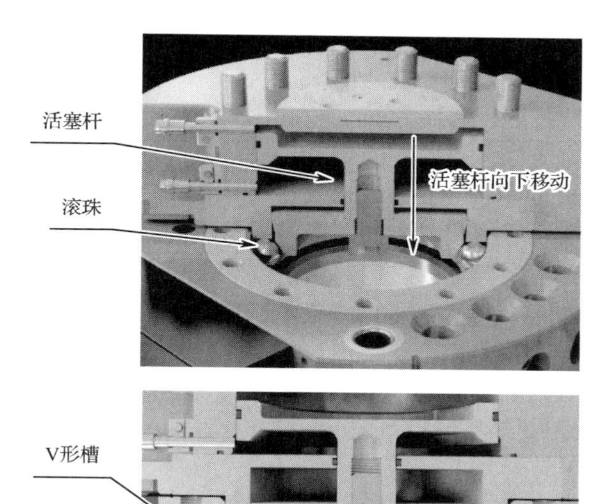

图 2-10　快换装置锁紧机构

3. 机器人末端执行器辅助元件介绍

（1）碰撞传感器

安装在机器人末端的碰撞传感器（见图 2-11）能够在机器人或它的工具发生碰撞时提前或同步检测到这个碰撞。与其他的保护设备类似，当发生碰撞时，碰撞传感器会发送一个信号至机器人控制柜，机器人接收到碰撞信号会立即停止运行。

（2）力/力矩传感器

力/力矩传感器（见图 2-12）用于检测关节间或者末端工具与接触物体间的力或力矩，被广泛应用于各工业过程，如打磨、抛光、装配、碰撞检测等，是实现机器人智能化力觉感知的重要工具。力/力矩传感器可用于外科手术机器人、仿生机器人、康复机器人等产品中。

图 2-11　碰撞传感器

图 2-12　力/力矩传感器

2.5.2 气动系统的应用

气动系统一般由动力装置、执行装置、控制调节装置、辅助装置与传动介质组成。其中，动力装置是把机械能转换成气体压力能的装置，最常见的是空气压缩机；执行装置是把气体的压力能转换成机械能的装置，一般指气缸或气动马达。控制调节装置是对气体的压力、流量和流动方向进行控制和调节的装置，如减压阀、节流阀、换向阀等；辅助装置是指压力开关、真空发生器、阀岛、蓄能器等，它们对保证气动系统可靠和稳定地工作有重要作用；传动介质是指传递能量的气体，即压缩空气。

1. 动力装置

空气压缩机（简称空压机，见图 2-13（a））是气动系统的动力装置，可把空气体积压缩到原有体积的七分之一左右，形成压缩空气输入到气动回路的气动元件中。在气动回路中通常直接用小三角形来代表气源。

在气动回路中，直接使用带有固体颗粒、灰尘、水分等的气体会使气动元件受到损害，降低气动元件的寿命。因此，对压缩后的空气实施净化是气压传动中必不可少的环节。气体在进入到工作回路前还需通过气动三联件（见图 2-13（b）），气动三联件是指油雾器、空气过滤器和减压阀组合在一起构成的气源调节装置，其顺序为空气过滤器—减压阀—油雾器，不能颠倒。常见气动系统如图 2-14 所示。

（a）空气压缩机

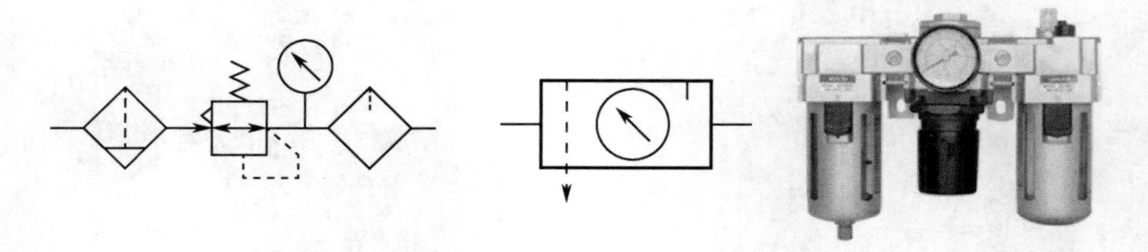

（b）气动三联件图形符号与实物图

图 2-13　气动系统动力装置与气源调节装置

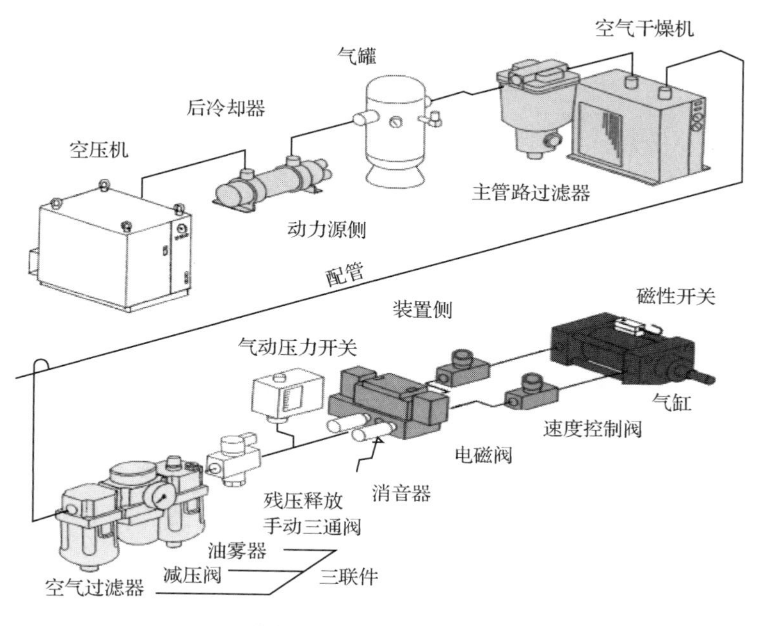

图 2-14　常见气动系统

2. 控制调节装置

在气动回路中，实现气体的通断或改变其流动方向，从而控制执行元件启动、停止和换向的元件叫作方向控制阀（也称换向阀）。换向阀是利用阀芯与阀体间相对位置的不同，来变换阀体上各主气路的通断关系，实现气流方向变换的阀类。如图 2-15（a）所示，换向阀图形符号的基本定义如下。

① 用方框表示阀的工作位置，有几个方框就表示有几“位”。

② 方框内的箭头表示气路处于接通状态，但箭头方向不一定表示气流的实际方向。

③ 方框内符号“⊥”或“┬”表示该路不通。

④ 方框外部连接的接口有几个，就表示几“通”，图 2-15（a）所示为三位五通换向阀图形符号。

⑤ 一般阀与系统气路连接的进气口用字母 P 表示，阀与系统气路连接的回气口用 T（或 R 与 S）表示；而阀与执行元件连接的气口用 A、B 表示。

⑥ 换向阀都有两个或两个以上的工作位置，其中一个为常态位，即阀芯未受到操纵力时所处的位置。图 2-15（a）中三位阀的常态位是中位，利用弹簧复位的二位阀则以靠近弹簧的方框内的通路状态位置为其常态位。绘制系统图时，气路一般连接在换向阀的常态位上。

换向阀驱动方式主要有手动、机动、电磁与气动，本项目中主要介绍电磁换向阀的应用。图 2-15（b）为气动控制中较为常用的二位五通电磁换向阀实物图，该换向阀除了能通过电磁实现换向，在阀体正上方配有一个红色按钮，按下按钮可实现换向阀的手动换向，按下并旋转按钮后实现锁紧功能。在涉及气动元件的设备调试中，可使用手动按钮对基本气动控制功能进行调试，确认气路连接、气压设定等的正确性，出现故障时也可通过手动调试排除气路控制方面的问题。

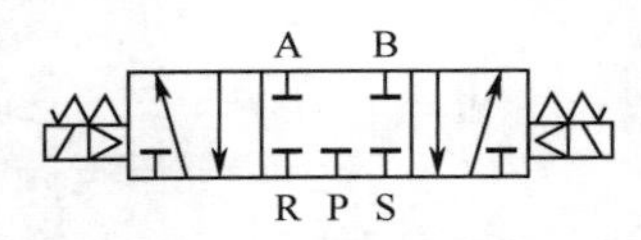

（a）三位五通换向阀图形符号

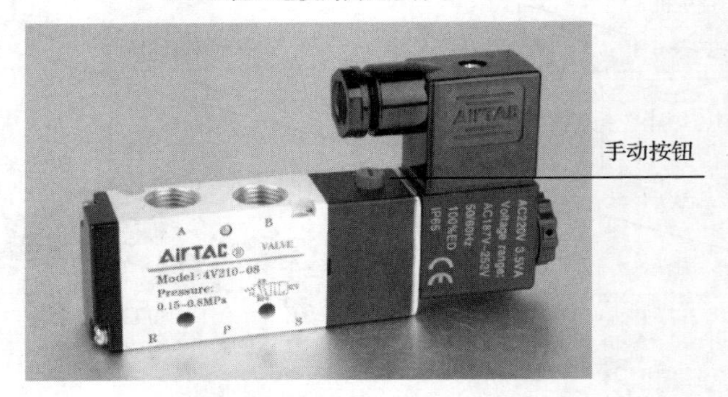

（b）二位五通电磁换向阀实物图

图 2-15 换向阀的图形符号与实物图

3. 执行装置

气动系统的执行装置以气缸为主，气缸按气压的作用方式可以分为单作用式和双作用式两大类，单作用式气缸利用气压产生的推力推动活塞向一个方向运动，反向复位则靠弹簧力、重力或其他外力来实现，比如带有弹簧的单杆活塞气缸。双作用式气缸则利用气压产生的推力推动活塞做正反两个方向的运动，比如双杆活塞气缸。常见气缸的运动方式如图 2-16 所示。

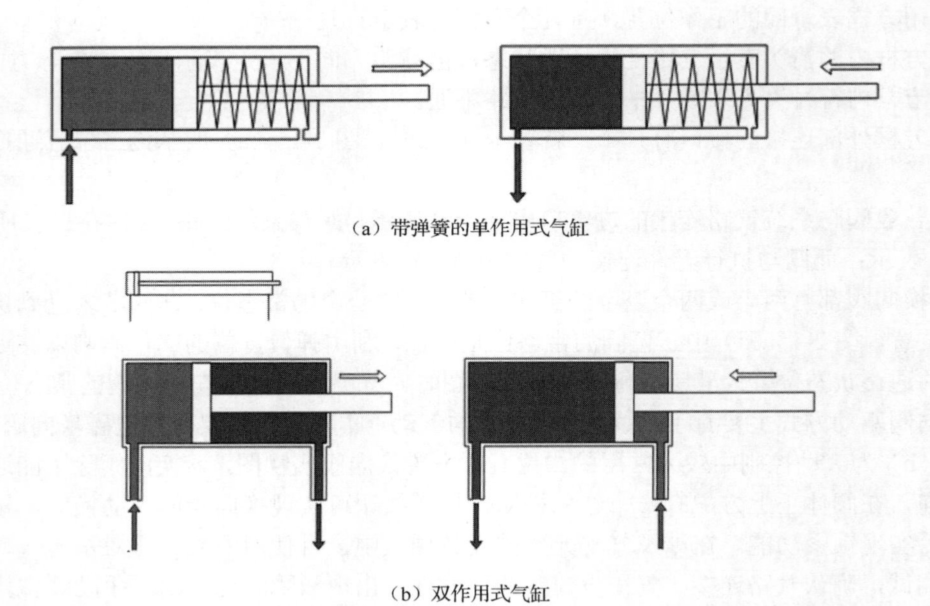

（a）带弹簧的单作用式气缸

（b）双作用式气缸

图 2-16 常见气缸的运动方式

4. 辅助装置

(1) 压力开关

选择气动机构作为机器人的末端执行器，通常需要在气动回路中设置压力开关。如图 2-17 所示为亚德客公司的 DPSP1 型数显压力开关，其主要功能是通过压力开关表面的按键，对压力开关内部触点动作的临界压力值进行设定。气动机构夹紧货物的过程中，气动管道内的气压值会一直上升或下降（真空吸盘的管道内气压为负值），能够保证货物充分夹紧的气压值称为气压阈值。将压力开关内部常开触点动作临界压力值设置为保证货物夹紧的气压阈值，并将触点接线后作为机器人的输入信号，该信号置 1 表明气动手爪已经充分夹紧货物，机器人可以开始搬运。如图 2-18 所示为数显压力开关临界信号状态。

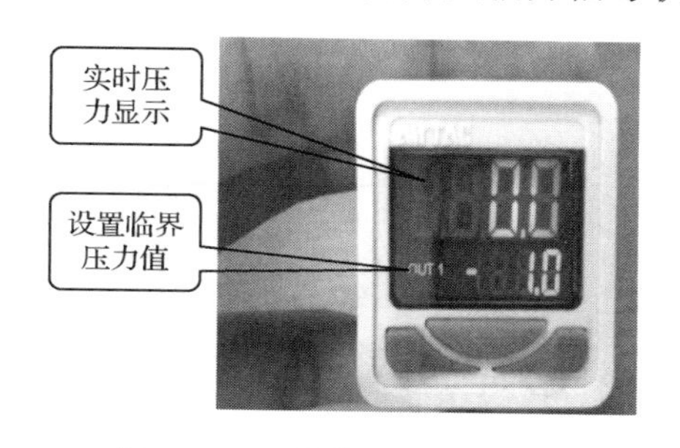

图 2-17　亚德客公司的 DPSP1 型数显压力开关

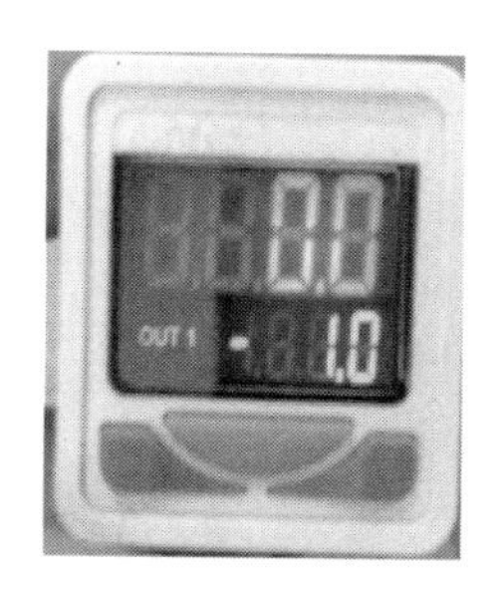

(a) 达到设定值范围

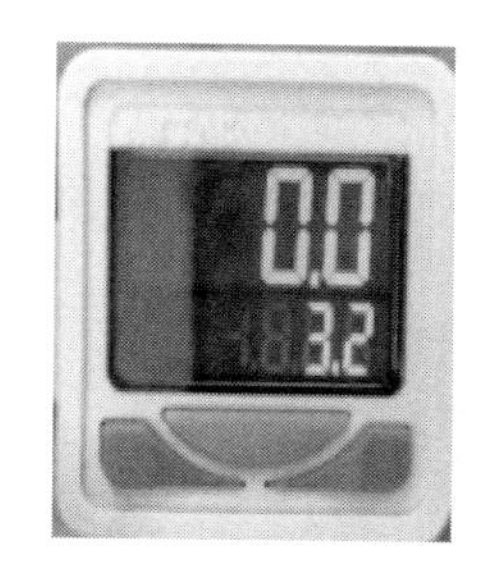

(b) 已达到设定值范围信号输出

图 2-18　数显压力开关临界信号状态

(2) 真空发生器

真空发生器（见图 2-19）就是利用正压气源产生负压的一种高效、清洁、经济、小型真空元器件，以真空压力为动力源，广泛应用在工业自动化的机械、电子、包装、印刷及机器人等领域。真空发生器的传统用途是与真空吸盘相配合，以实现各种物料的吸附，尤其适合吸附易碎、柔软、薄的非铁、非金属材料或球形物体。在这类应用中，通常所需的抽气量小，真空度要求不高。

(3) 阀岛

阀岛是由多个电控阀构成的控制元器件，它集成了信号输入/输出及信号的控制。阀岛的应用主要是简化整机上电磁阀的安装，将电磁阀安装至汇流板，该板具有统一的气源口，如图 2-20（a）所示，当需要安装大量电磁阀时，使用阀岛能有效简化气路。本书中各工作站的电磁阀安装均涉及阀岛的应用。

气路虽有所简化，但电磁阀仍需一一接入控制电路，存在不小的接线工作量。德国 FESTO 公司推出了多针接口型阀岛及带现场总线接口型阀岛（见图 2-20（b）），其中带现场总线接口型阀岛与外界的数据交换只需通过一根两股或四股电缆实现，节省了接线时间，减小了设备体积，增强了抗干扰能力，使数据传输更为可靠。

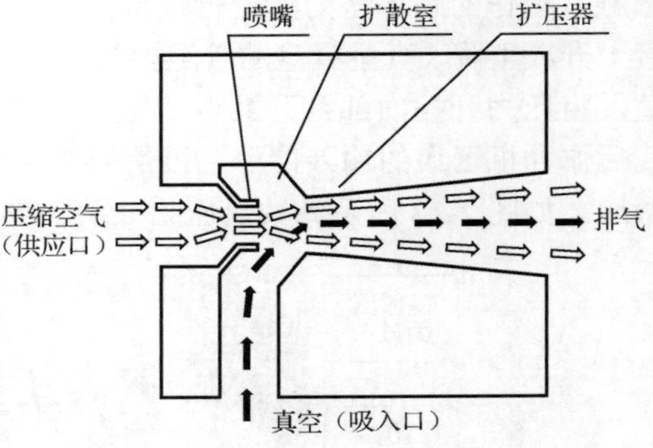

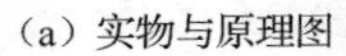
（a）实物与原理图

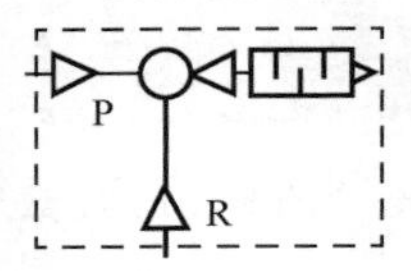

（b）图形符号

图 2-19　真空发生器

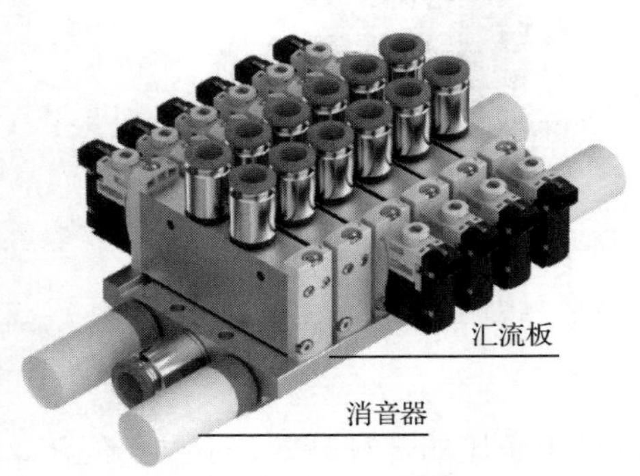

（a）普通阀岛

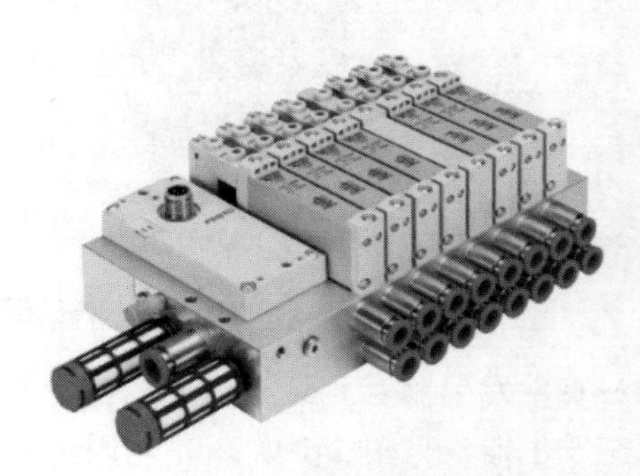

（b）带现场总线接口型阀岛

图 2-20　阀岛

2.5.3　电、气动原理图的识读

1. 机器人与快换工具系统的电路图识读

在识读电路图时，首先应关注主标题栏和有关说明，如图纸目录、技术说明、电气元件明细表、施工说明书等，从整体上理解图纸的概况和所要表述的重点。电气符号是国家统一规定的，具有特别意义，这些符号代表了一些简写的参数、元器件、电路。为了便于

查找电路图中某一元件的位置，通常采用符号索引，其是由图区编号中代表行（横向）的字母和代表列（纵向）的数字组合而成的，必要时还需注明所在图号、页次。图 2-21 为机器人 I/O 板输入信号电气原理图，从图中可看出 PNP 型真空表与 I/O 板的接线方式及其接线端子，I/O 板的 9 号端子接 0V，与接入的电气元件形成回路。电路的安装调试、机器人 I/O 信号的定义等都需在正确识读电路图的基础上进行，在出现元器件故障时也需结合电路图排查。

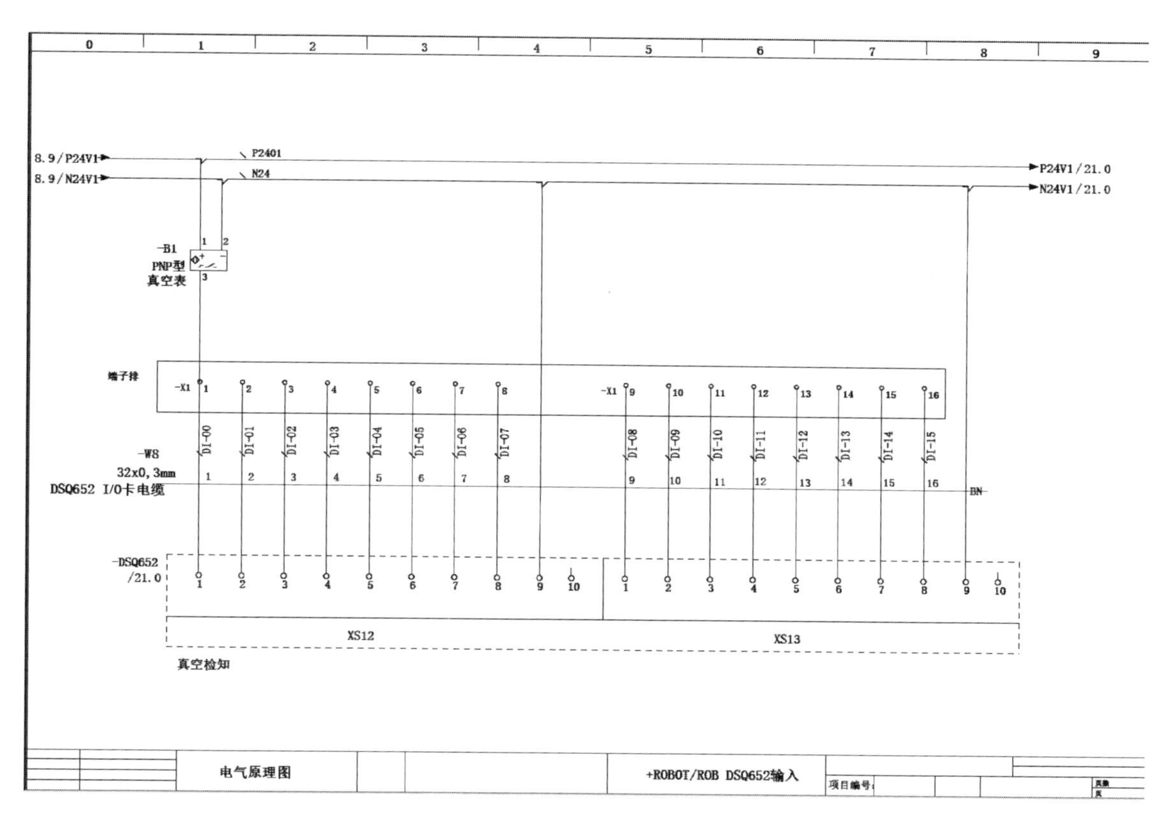

图 2-21　机器人 I/O 板输入信号电气原理图

2. 快换装置气路图的识读

快换装置机械端共有 8 个气路口，如图 2-22 所示，其中 U、C 端为快换锁紧机构通气口，用来控制滚珠的伸出与缩回，在换向阀位于初始位时，快换装置处于锁紧状态，滚珠伸出。1 至 6 号通气口可根据工具端的使用需求进行自定义，如图 2-22（a）中 3、4 号通口气即针对往复运动的气动工具成对使用的，分别经过单向节流阀与换向阀 A、B 口相连，对应的快换装置 3、4 号通气口（见图 2-22（b））则与快换工具相连（见图 2-22（c））。而机械端 5 号通气口用于吸盘工具，与真空发生器相连，对应的工具端 5 号通气口则与吸盘工具相连。

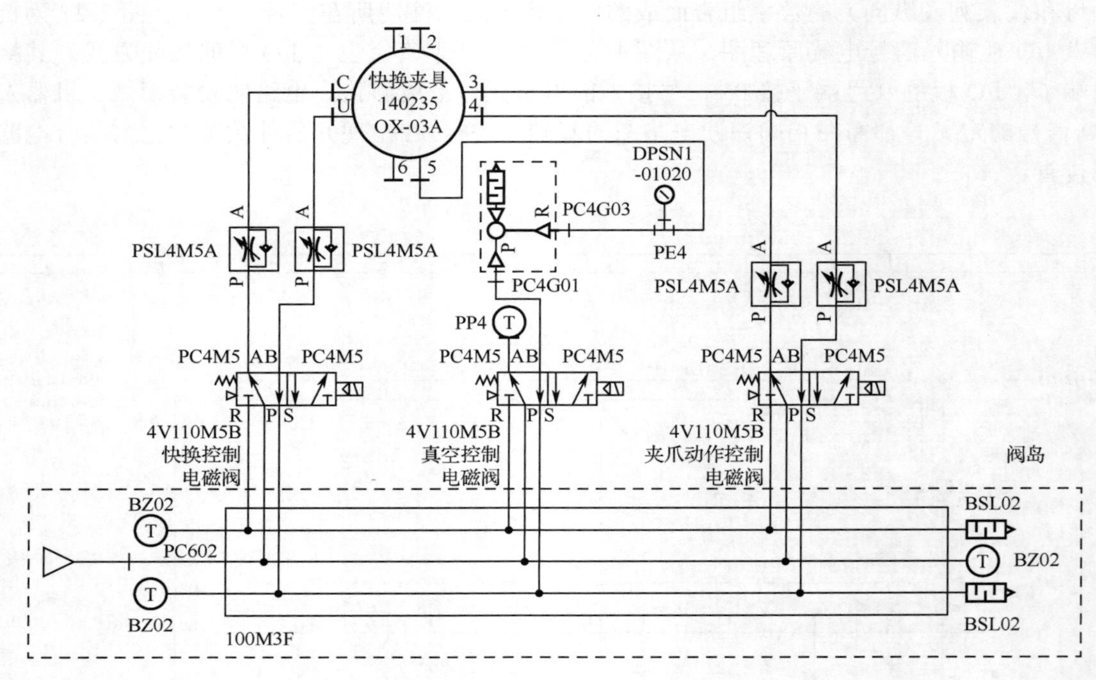

（a）机械端气路图

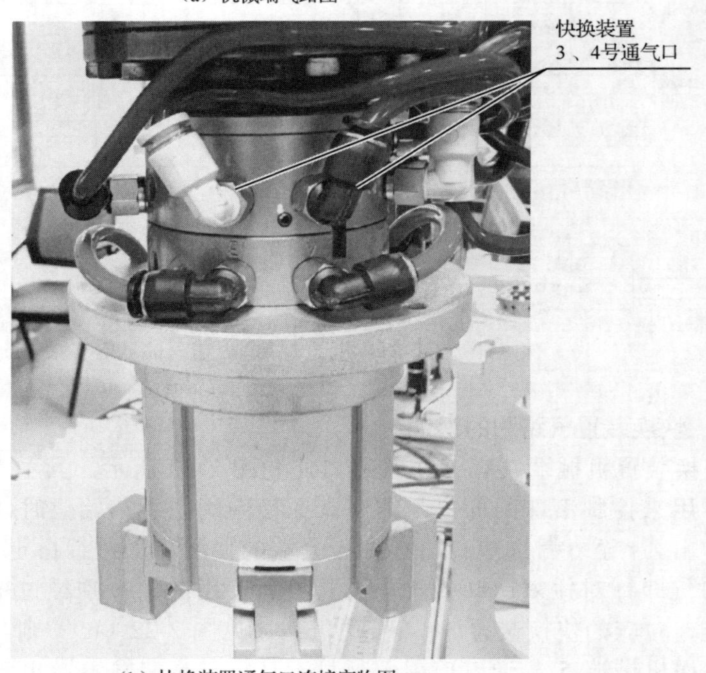

（b）快换装置通气口连接实物图

图 2-22　机器人快换装置气路图

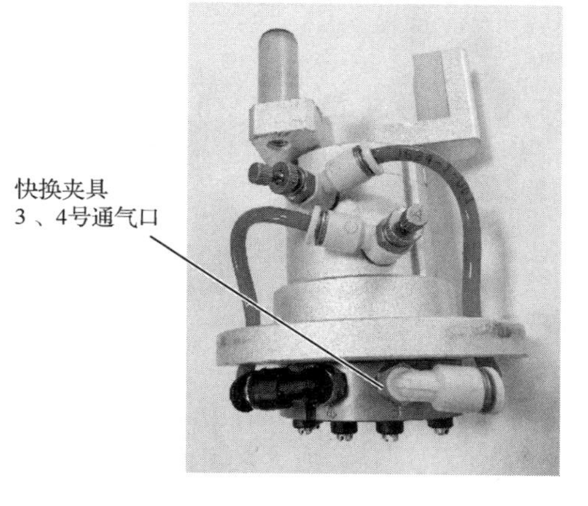

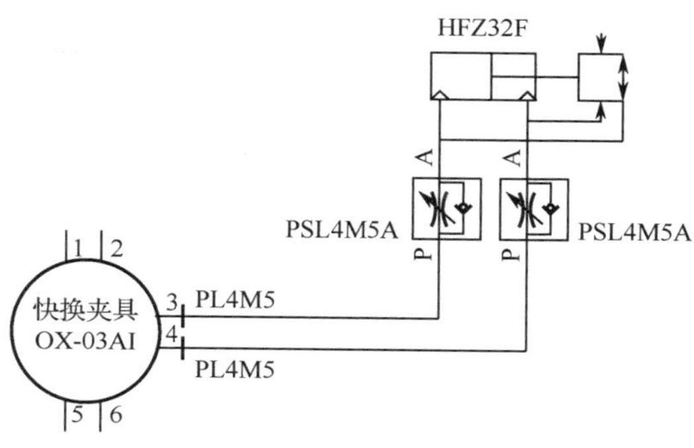

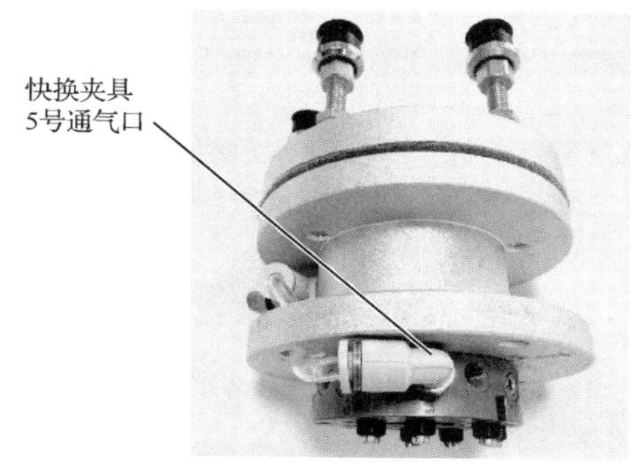

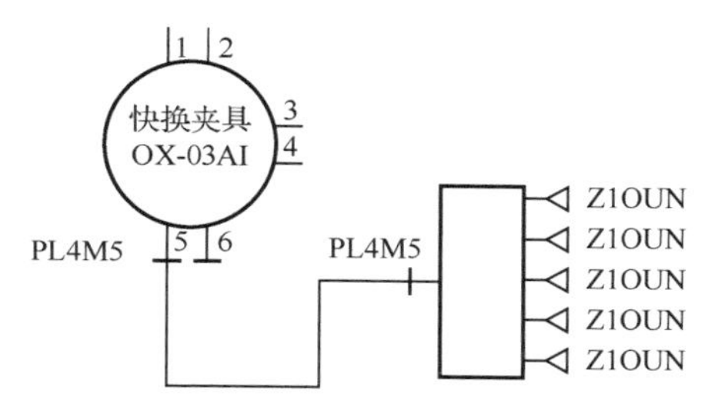

（c）工具端实物与气路图

图 2-22　机器人快换装置气路图（续）

2.5.4　机器人运动程序编程思路

机器人运动程序编程思路

1. 机器人取放动作的轨迹设计

机器人配合末端执行器实施取放料的运动流程包括搬运、码垛、装配、上下料等。机器人取放动作轨迹如图 2-23 所示，机器人在到达抓取和放置点前需先移动至其正上方等待点，之后竖直移动至取放点。实施完取放动作后也需先移动至等待点再进行下一步动作，机器人运动程序如例 2-1 所示，在本次快换工具单元的应用中，自动安装与拆除的机器人运动轨迹与程序编写可参考本例。

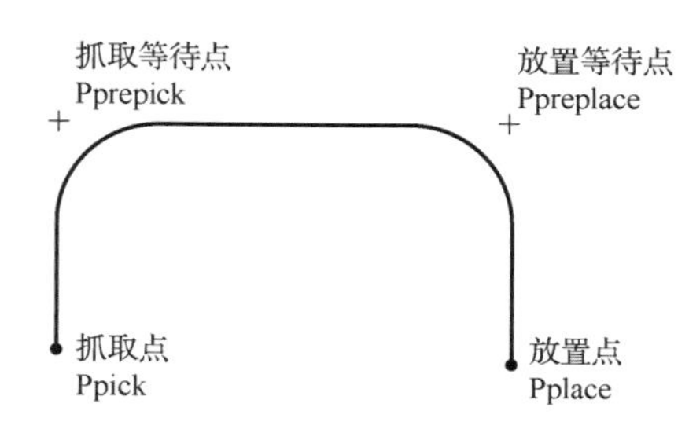

图 2-23　机器人取放动作轨迹

例 2-1　在取放动作运动程序编写中，通常将抓取与放置动作分别定义在两个子程序 rPick 与 rPlace 中，本例中取放点为两个固定点，I/O 板输出信号 do_VacuumOpen 用来触发真空发生器，实现物料的吸取，Gripper 为机器人工具坐标。

CONST robtarget Ppick; CONST robtarget Pplace; PERS num Hpick:=100; PERS num Hplace:=150; PROC main() … rPick; rPlace; … ENDPROC PROC rPick() MoveJ Offs(Ppick,0,0,Hpick), v3000, z50, Gripper; MoveL Ppick, v500, fine, Gripper; Set do_VacuumOpen; WaitTime 0.5; MoveL Offs(Ppick,0,0, Hpick), v500, z50, Gripper; ENDPROC PROC rPlace() MoveJ Offs(Pplace,0,0, Hplace), v3000, z50, Gripper; MoveL Pplace, v500, fine, Gripper; Reset do_VacuumOpen; WaitTime 0.5; MoveL Offs(Pplace,0,0, Hplace), v500, z50, Gripper; ENDPROC	!示教机器人抓取点与放置点 !定义 Hpick、Hplace 两个可变量整数作为抓取等待点与放置等待点，设置相对于其抓取点与放置点的 z 方向高度 !本例仅讨论机器人搬运过程中的运动程序编写 !机器人抓取动作子程序 !移动至抓取等待点，由于抓取等待点在抓取点 Ppick 正上方，使用偏移指令 Offs 即可定义 z 方向高度为 Hpick 的等待点位置，相对于直接输入数值，定义可变量更方便修改 !竖直移动至抓取点，在机器人取放动作中需准确运动至抓取点并置位/复位夹具信号，这种情况下必须使用 fine 使其运动至准确的目标点并停顿 !置位打开真空吸盘信号，将产品吸起 !预留吸盘动作时间以保证吸盘已将产品吸起，等待时间可根据实际工作情况进行调整，若真空夹具上设有真空反馈信号，则可使用 wait 指令等待其反馈信号置为 1 !竖直移动至抓取等待点 !机器人放置动作子程序 !移动至放置等待点 !竖直移动至放置点 !复位打开真空吸盘信号，将真空关闭，放下产品 !等待一定时间，防止产品被剩余真空带起 !竖直移动至放置等待点

2. 使用数组的机器人快换工具取放程序

在机器人需完成多个目标点的取放任务中，可使用数组对多个机器人目标点位进行存储，以实现大量点位的管理。在程序中通过索引号对点位进行调用，即可轻松实现复杂点位的机器人取放应用。

（1）机器人编程中数组的基本应用

与常用编程语言中的数组一样，机器人编程中的数组也是将相同数据类型的元素按一定顺序排列的集合，需要的时候可按照排列号码即索引号进行调用，灵活地运用数组可以使程序简化、高效。在 ABB 机器人程序中，所有类型的数据都可以创建为数组，数组维数最高为 3，与其他语言不同的是，ABB 机器人程序中，数组起始序号为 1 而不是 0，具体的应用方式

如例 2-2 所示。

例 2-2　利用一维数组存储点位，完成如图 2-24 所示的长方形轨迹。

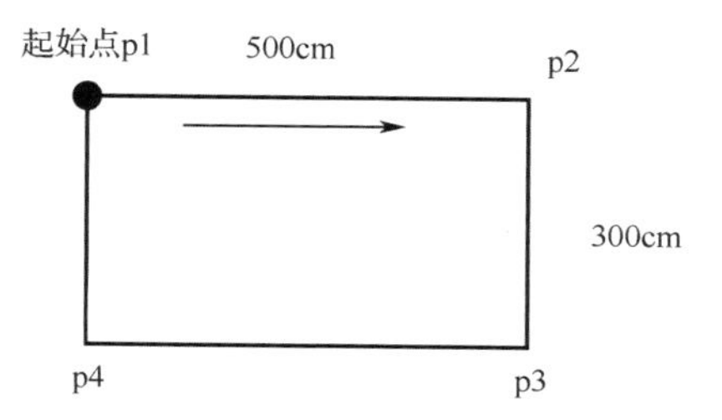

图 2-24　轨迹的长、宽值

CONST robtarget p1;
CONST robtarget p2;
CONST robtarget p3;
CONST robtarget p4;
CONST robtarget pArray{5}:=[p1,p2,p3,p4,p1];
VAR num nCounter:=0;
PROC main()
WHILE　nCounter < 5　DO
nCounter: = nCounter + 1;
MoveL pArray{ nCounter }, v1000, z50, tool0;
ENDWHILE
ENDPROC
	!定义一个集合 5 个目标点类型的一维数组
	!5 次循环，每次循环都会调用数组中的一个点位
	!当 nCounter=1 时，pArray{1}代表 p1 点
	!当 nCounter=2 时，pArray{2}代表 p2 点
	!当 nCounter=3 时，pArray{3}代表 p3 点
	!以此类推

（2）使用数组的机器人快换工具取放程序编写示例

本项目中，机器人配有 7 种不同的快换工具，这种情况下可使用数组分别存储 7 个目标点位。在机器人搬运、码垛等应用中也可以考虑使用数组对多个机器人目标点位进行存储，以实现大量点位的管理。

例 2-3　通过 Gi_nTool 信号输入需要安装的快换工具，要求使用数组实现图 2-25 中 7 个快换工具的自动安装。

图 2-25　工具架

PERS robtarget pTool{7}:=[* , * , * , * , * , * , *]; PERS robtarget pTrajTool{7}:=[* , * , * , * , * , * , *]; PROC GetGrip() Set QuickChange; MoveAbsJ phome, v800, z50, tool0; MoveJ Offs(pTool{Gi_nTool},0,0,50), v800, z50, tool0; MoveL pTool{Gi_nTool}, v100, fine, tool0; Reset QuickChange; WaitTime 1; MoveL Offs(pTool{Gi_nTool},0,0,10), v100, fine, tool0; MoveL pTrajTool{Gi_nTool}, v100, fine, tool0; MoveL Offs(pTrajTool{Gi_nTool},0,0,50), v200, z50, tool0; MoveAbsJ phome, v800, fine, tool0; ENDPROC	!存储工具架上 7 个快换工具目标点位的数组 !安装 7 个快换工具后取出轨迹的预备点位 !置位快换信号 !移动至安全点 !到达快换工具 !复位快换信号，实现快换装置的安装 !再次向上移动至安全点 !针对不同快换工具的摆放位置与方向，调用数组中已取出工具的轨迹点

2.5.5 机器人编程知识拓展

1. 奇异点的处理方式

（1）对于 6 轴机器人，当第 4、5、6 轴都为 0°时，机器人处于奇异点（见图 2-26）。此时采用运动学计算无解，无法随意控制其运动。

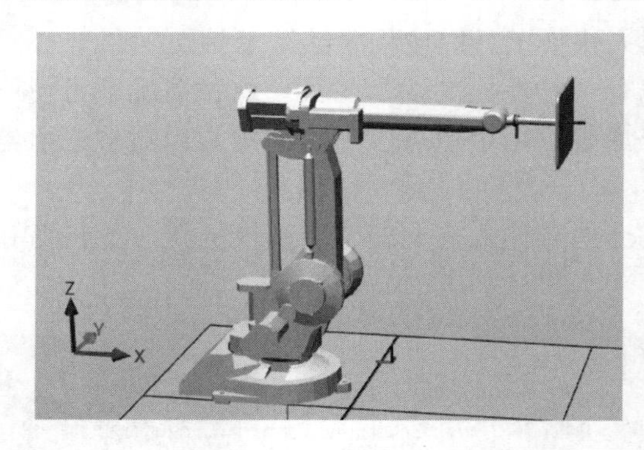

图 2-26 机器人奇异点位置

在规划机器人运动路径时要尽可能避免其经过奇异点，或者在编程中使用 SingArea 指令定义机械臂在奇异点附近移动的方式。

例 2-4 可改变工具方位。

```
SingArea \Wrist;
!在本指令之后执行的运动指令允许略微改变工具方位，以通过奇异点（生产线中的第 4 轴和第 6 轴）
```

例 2-5 关闭位置方向调整。

```
SingArea \Off;
```

!当不允许工具方位出现偏离时，关闭位置方向调整，为机器人默认状态

（2）在示教器中操作。

① 单击“Settings”菜单→“SingArea”按钮，如图 2-27 所示。

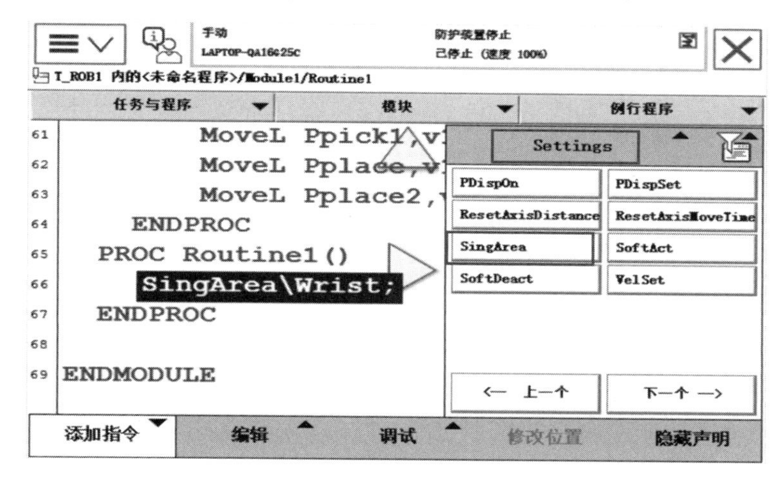

图 2-27　示教器 SingArea 指令的调用

②进入指令后可选择要使用的自变量，如图 2-28 所示。

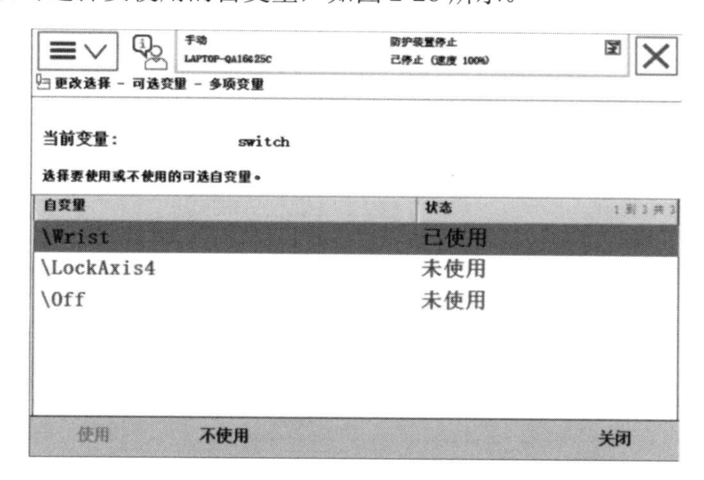

图 2-28　SingArea 指令自变量选择

2. 轴配置监控指令

（1）在一个机器人目标点参数中，轴配置可以有多种可能性，如图 2-29 所示两种轴配置参数（-1，-1，0，0）与（-1，1，-2，0）皆可到达目标点，在默认情况下，机器人线性运动过程中轴配置监控的状态为打开，运动过程会严格遵循示教点的轴配置参数，如此时的（-1，-1，0，0）。

当两个目标点之间轴配置参数相距太大，无法执行当前运动并出现“轴配置错误”的报警信息时，可以选择关闭轴配置监控，机器人则会根据当前运动情况灵活地采用接近当前轴配置参数的运动。指令的使用如例 2-6 所示。

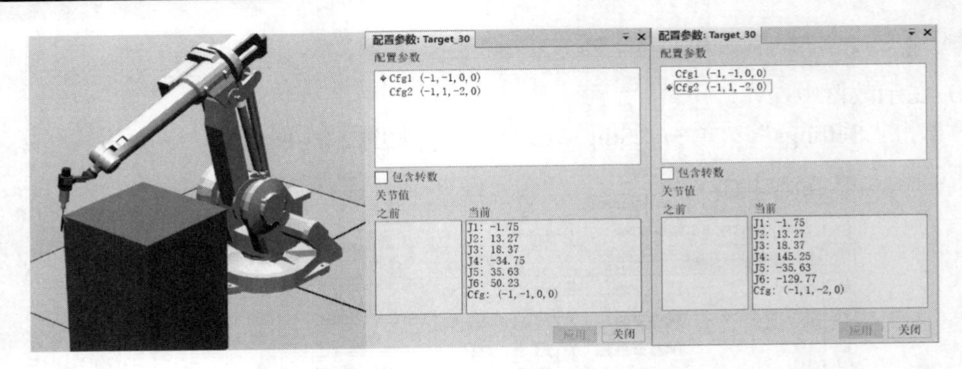

图 2-29 轴配置监控界面

例 2-6 关闭 MoveL 与 MoveJ 指令的轴配置监控指令。

```
ConfL \Off;
!关闭 MoveL 指令轴配置监控，在其之后执行的 MoveL 指令将不会严格按照轴配置参数移动到目标点
!根据运动情况采用接近当前轴配置参数的运动，避免因轴配置值相差太大而无法运行
ConfJ \Off;
!与 ConfL 用法相同，此时关闭 MoveJ 指令轴配置监控
```

（2）轴配置监控相关指令的调用如图 2-30 所示。

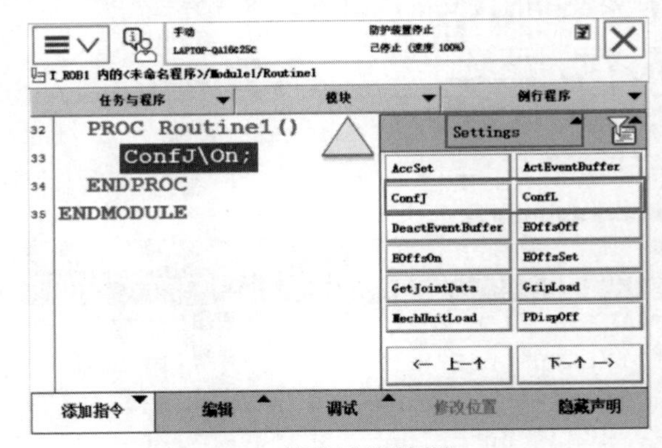

（a）轴配置监控的调用

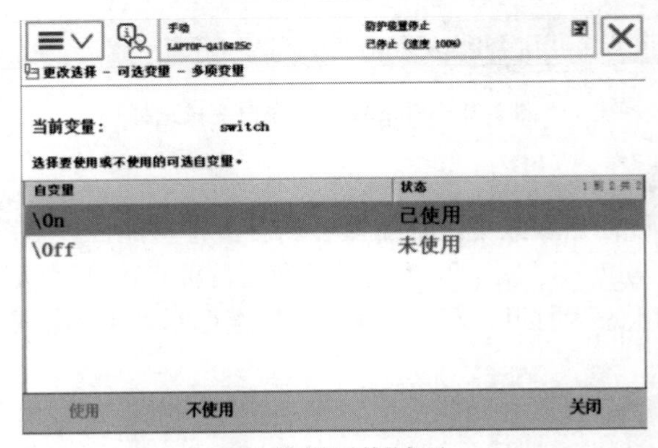

（b）轴配置监控的打开

图 2-30 轴配置监控相关指令的调用

2.6　思政养成：中国空间站机械臂实现“多项全能”

空间站机械臂作为辅助航天员出舱的最佳帮手，集机械、电子、热控、视觉、动力等多学科技术于一体，性能强大且应用前景广阔，是太空中实至名归的“全能型选手”。

中国空间站机械臂的研发始于 20 世纪 80 年代，经过几十年的发展和研究，于 2021 年部署到中国空间站上。中国空间站机械臂的研发历程可谓十分艰辛，在技术方案选择、结构设计、控制算法、试验验证等方面都面临着许多技术难点和挑战。其主要功能是在太空环境下，完成空间站各个模块的对接、装配、维护和搬运等任务，还可以支持宇航员完成太空实验和科学探索等任务。

中国空间站机械臂的质量约为 0.74 吨，采用了大负载自重比设计，负重能力高达 25 吨，可以轻而易举地托起航天员开展舱外活动，完成空间站维护及空间站有效载荷运输等任务；目前，国际空间站上的加拿大制造的机械臂，质量高达 1.497 吨，可在太空移动 116 吨的载荷；欧洲机械臂质量约为 0.63 吨，它能以 5 毫米的精度处理达 8 吨的组件。

中国空间站机械臂有 7 个自由度（见图 2-31），使用起来十分灵活，但单纯依靠机械臂自身的长度，无法照顾到空间站的各个位置。该机械臂两端的末端执行器与空间站表面通过适配器相连，末端执行器可由一个适配器换至另一个适配器，如同在空间站上爬行（见图 2-32），使其工作范围能够完全覆盖整个空间站。

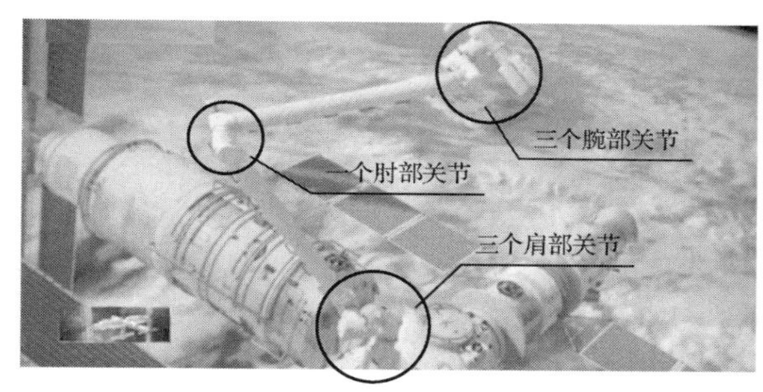

图 2-31　机械臂的 7 个自由度

图 2-32　机械臂的爬行功能

总之，中国空间站机械臂是中国空间技术的重要成果之一，其具有高精度、高可靠性、自主控制等优点，可以在微重力环境下实现高精度操作，大大提高了宇航员工作的安全性和效率。随着中国空间站的建设和运营，机械臂的应用前景将会更加广阔，也将为中国空间技术和航天事业发展做出更大的贡献。

项目三　机器人仓储工作站集成与调试

1. 知识目标

（1）了解自动化仓储的类型、功能与结构

（2）掌握传感器的类型、基本原理、使用方法等

（3）掌握远程 I/O 模块的功能与应用

（4）掌握 PLC 顺序流程程序的编写方法

2. 技能目标

（1）能通过查找传感器说明书完成设备的接线与调试

（2）能通过查找远程 I/O 模块说明书完成设备的接线与调试

（3）能编写 PLC 手动、自动控制程序

（4）能编写机器人出、入库程序

3. 素质目标

（1）培养学生的自学能力

（2）培养学生善于发现、思考及解决问题的能力

（3）培养学生的团队协作能力

（4）培养学生精益求精的工作态度

4. 工作任务导图

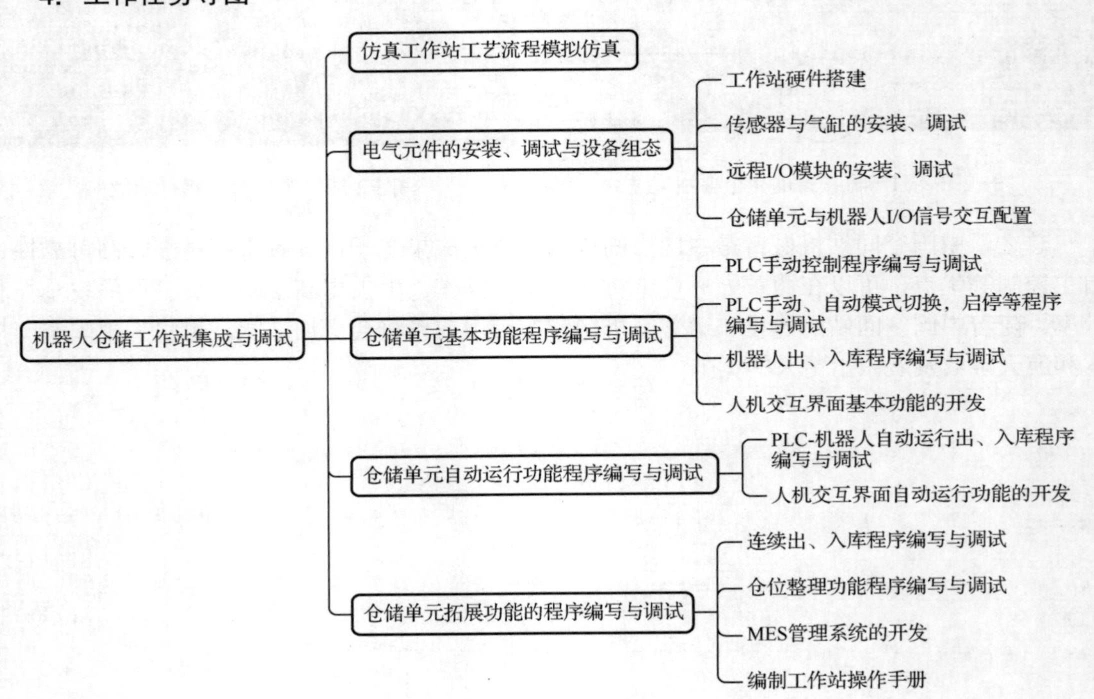

3.1　任务情境描述

基本任务要求

为改善定制轮毂生产线的自动存取需求，甲方公司现规划增设立体仓储工作站并已完成该单元的基本设计，现委托我公司完成该单元电动、气动设备的安装调试，实现在主控 PLC 下立体仓储的手动、自动控制，监控日常运行信息、运行数据和异常信息，并与项目一中机器人工作站相配合实现任意仓位轮毂的自动化出、入库，立体仓储工作站示意图如图 3-1 所示。

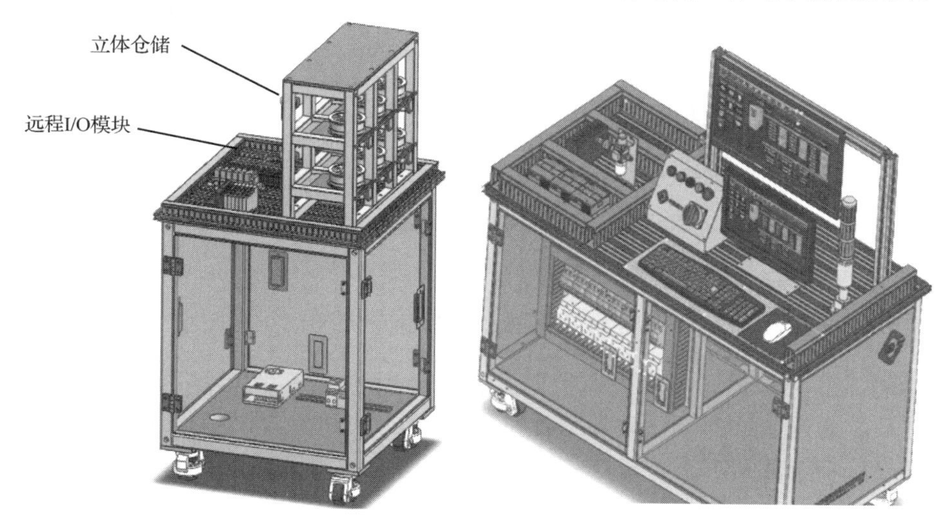

图 3-1　立体仓储工作站示意图

立体仓储为双层六料仓结构，每个料仓中可存放一个零件；料仓托盘可推出，方便机器人实施物料存取；每个料仓内均设有传感器和指示灯（指示灯可显示红色、绿色两种颜色），可检测当前料仓存储状态并通过指示灯进行提示；仓储单元所有气缸动作和传感器信号均由远程 I/O 模块通过工业以太网传输到总控单元。

1. 基本任务要求

任务 1：仿真工作站工艺流程模拟仿真

将仓储单元、总控单元与机器人执行单元，在仿真软件中根据实际情况完成三维环境搭建，要求机器人实现仓储单元内 6 个仓位存放轮毂的出库与入库的动作流程。

任务 2：电气元件的安装、调试与设备组态

将仓储单元、总控单元与机器人执行单元基于仿真工作站的搭建完成布局。选择仓储单元单个仓位完成安装与调试，完成仓储单元与总控单元之间的机械、电气、气动、网络连接。能在手动与 PLC I/O 信号监控下实现料仓托盘的正常推出，以及气缸到位传感器对当前料仓位置的正确反馈。

任务 3：仓储单元基本功能程序编写与调试

基本功能：在 WinCC 下创建设备监控界面（参考图 3-2（a）），在 PLC 控制程序下，实现料仓托盘的正常推出，以及气缸到位传感器对当前料仓位置的正确反馈、轮毂检测到位传感器对料仓中物料状态的反馈，指示灯能配合料仓中物料的有/无显示绿色/红色。

初始状态、模式切换及停止功能：仓储单元的 6 个料仓均处于缩回状态，机器人处于初始安全等待点 Home 点。要求在 WinCC 中创建初始化按钮及指示灯，实现一键初始化的 PLC 控制功能。WinCC 中设有手动、自动两种模式的对应按钮，初始状态下处于待选择状态，此时手动、自动模式下的任何按钮均处于无效状态，当工作站处于停止状态时可进行两种模式的直接切换。单击“停止”按钮可在任意状态下随时停止仓储设备及机器人的运动。

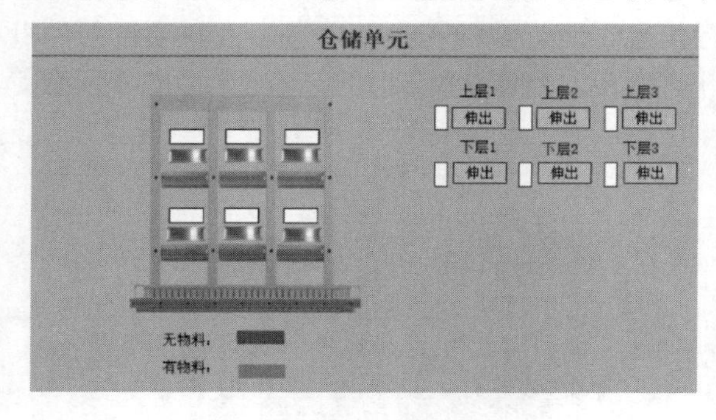

（a）仓储状态监控界面

（b）MES管理系统界面

图 3-2　WinCC 参考界面示意图

手动功能：在 WinCC 仓储状态监控界面的基础上增加“手动运行”功能控制按钮，在选择手动模式后，通过 6 个按钮手动控制各料仓的伸出、缩回。机器人在已安装用于夹紧轮毂的工具且料仓已伸出的状态下，通过示教器调用对应的子程序并正确运行以实现任意料仓的轮毂出、入库动作。

任务 4：仓储单元自动运行功能程序编写与调试

在选择自动模式后，通过 WinCC 选择出、入料仓号码（即仓位号、仓储号），单击“开始出库”按钮，设备在满足初始状态条件且料仓内有轮毂的情况下才可开始自动运行流程。机器人在已安装夹爪工具的状态下从 Home 点出发移动至轮毂抓取点上方，在料仓推出后实施抓取，完成后回到 Home 点同时料仓缩回，机器人完成一次出库的自动运行流程。单击“开始入库”按钮后，机器人在已抓取轮毂且料仓内无轮毂的情况下，从 Home 点出发移动至轮毂放置点上方，在料仓推出后实施放置，完成后回到 Home 点同时料仓缩回，机器人完成一次出库的自动运行流程。

验收时需提供 PLC、机器人的控制程序和用户手册，包含安全注意事项、系统功能描述、系统设备组成、系统使用方法、用户维护方法等。

2. 拓展任务要求

任务 5：仓储单元拓展功能的程序编写与调试

初始状态：在 WinCC 中创建手动、自动模式状态灯，当处于待选择状态时，两个状态灯以 0.5Hz 的频率闪烁，在选择完成后对应的状态灯常亮，另一个状态灯熄灭。

手动拓展功能如下。

（1）在料仓伸出、缩回的过程中状态灯以 0.25Hz 的频率闪烁。

（2）通过机器人编程实现示教器控制下 6 个料仓的伸出、缩回。

自动运行拓展功能：在 WinCC 中创建拓展部分自动运行的监控界面，在本任务中需自行为轮毂设定一个安全的放置点位，用作轮毂出、入库前后的暂存。

（1）在 WinCC 中，通过输入框一次填入多个需要出库或入库的料仓号码，单击“开始出库”或“开始入库”按钮后，机器人在已安装夹爪工具的状态下，由 Home 点出发根据输入的料仓号码，完成多个轮毂出库或入库的自动连续运行。

（2）实现仓储自动整理功能，要求在 WinCC 中创建“整理”按钮，并通过输入框成对填入需要移出及移入的料仓号码。单击“开始”按钮后，机器人由 Home 点出发，根据输入的料仓号码将需要移出的轮毂取出，随后放入到对应需要移入的料仓。

（3）在 WinCC 中创建 MES 管理系统界面（参考图 3-2（b）），对已出库数量及当前库中轮毂数量进行统计，将统计数据及当前无轮毂的料仓号码在屏幕上显示出来。

报警功能：对手动、自动运行过程中可能出现的故障进行梳理，尝试通过程序实现部分故障的报警提示。

3.2　工程案例分析

（1）自动化立体仓储主要应用在哪些行业？有哪些典型的仓储类型？

____

____

____

____

（2）结合自动化立体仓储应用案例，填写下面表格。

仓储单元	功能描述
基本物料单元 （如托盘、料箱等）	
搬运机构（存取）	
存储设施 （货架结构）	
物料信息管理	

（3）自动化立体仓储涉及哪些设备及技术的应用？

____

____

____

____

3.3 汽车轮毂项目工作过程实践

本项目参考真实自动化工作站项目的一般工作流程，按照工作站仿真设计、电气装调、PLC 与机器人程序编写与调试的顺序设计 5 个任务，具体包括：仿真工作站工艺流程模拟仿真，电气元件的安装、调试与设备组态，仓储单元基本功能程序编写与调试、仓储单元自动运行功能程序编写与调试，仓储单元拓展功能的程序编写与调试。

3.3.1 任务 1：仿真工作站工艺流程模拟仿真

1. 信息收集

（1）仓储单元功能分析

分析该公司提出的项目要求，在表中填写本项目仓储组成单元及其功能。

仓储单元	本项目仓储组成单元	功能描述
基本物料单元（如托盘、料箱等）		
搬运机构（存取）		
存储设施（货架结构）		
物料信息管理		

（2）仓储单元电气功能分析

对本项目仓储单元的功能进行描述，并分析实现这些功能需要使用的电气元件与主控单元。

仓储单元功能	描述	电气元件	主控单元
检测轮毂存放状态	通过料仓下方传感器实现轮毂检测，指示灯指示当前状态，轮毂在料仓内显示绿色，轮毂不在料仓内则显示红色	物料下方传感器、指示灯	主控 PLC、WinCC
料仓运动控制			
物料的自动出、入库			

（3）仓储工作站数据统计与分析

在仓储工作站自动运行流程中，通常需要对当前仓位状态、货物型号等进行记录，还有哪些数据需要采集及分析？请在下方列出。

（4）仓储仿真工作站搭建

仓储仿真工作站自动运行流程对于项目的实施有什么作用？请在下方列出。

2. 方案制定

（1）仓储仿真工作站搭建

仓储工作站机械模型已由甲方单位给出，请根据任务要求在工艺流程仿真软件（如PQART、PDPS 等）中设计工作站布局，完成工作站模型搭建，给出一至两种工作站布局方案。要求尽量在不移动机器人导轨（第七轴）的情况下，确保仓储工作站机器人从工作原点出发，能以合理轨迹运动至 6 个仓位，实现出、入库的功能。请在 A4 纸上画出设备布局图。

（2）仓储仿真工作站机器人姿态

对于该仓储工作站的部分仓位，机器人以较为极限的姿态才可到达其取放点或等待点，在已完成搭建的两种工作站布局方案下分别记录机器人的运行姿态。

3. 方案决策

（1）各小组派代表展示仿真工作站的搭建，并针对收集到的信息进行讨论。

（2）各小组针对其他小组的设备布局方案，结合该方案下机器人的运动姿态提出自己的看法，将本小组方案中存在的问题或有待完善的地方记录下来，并在教师点评及小组讨论后选定一个工作站最佳布局方案。

4. 方案实施

（1）工艺流程模拟仿真

结合本项目任务要求，在仿真软件中完成仓储工作站 6 个仓位机器人出、入库的运动流程仿真，确保工作过程中机器人轨迹的合理性。在下方记录仿真过程中出现的问题。

____

____

____

____

____

（2）自动化仓储工作站工作节拍规划

自动化仓储工作节拍需有较严格的规划，在仿真软件中可通过调整机器人的运行速度对自动运行任务的时间进行调整。在已完成的仓储仿真工作站中对运行时间进行调试并填写下面表格。

<table>
<tr><th>工作流程</th><th>机器人运行速度</th><th>运行时间</th></tr>
<tr><td rowspan="2">自动入库</td><td></td><td></td></tr>
<tr><td></td><td></td></tr>
<tr><td rowspan="2">自动出库</td><td></td><td></td></tr>
<tr><td></td><td></td></tr>
</table>

5. 验收与评价

（1）验收与考核评分表

<table>
<tr><th>任务</th><th colspan="2">项目要求</th><th>配分</th><th>学生自评</th><th>学生互评</th><th>教师评分</th></tr>
<tr><td rowspan="5">仓储单元系统集成基础验收
（60 分）</td><td rowspan="4">系统集成方案设计
（50 分）</td><td>在虚拟仿真软件下完成环境搭建，系统布局方案合理，布局图绘制标准</td><td>15</td><td></td><td></td><td></td></tr>
<tr><td>在虚拟仿真软件下完成轮毂零件出库的流程动作，每出现设备干涉一次扣 1 分</td><td>10</td><td></td><td></td><td></td></tr>
<tr><td>在虚拟仿真软件下完成轮毂零件入库的流程动作，每出现设备干涉一次扣 1 分</td><td>10</td><td></td><td></td><td></td></tr>
<tr><td>在虚拟仿真软件下，自动化仓储工作站工作节拍合理</td><td>15</td><td></td><td></td><td></td></tr>
<tr><td>仿真工作流程展示（10 分）</td><td>成功展示自动出、入库流程得 10 分，每展示一次不成功扣 3 分</td><td>10</td><td></td><td></td><td></td></tr>
<tr><td rowspan="2">展示与汇报
（10 分）</td><td>方案制作展示
（5 分）</td><td>能将方案进行有效、清晰的展示</td><td>5</td><td></td><td></td><td></td></tr>
<tr><td>小组汇报
（5 分）</td><td>积极参加汇报，能做好在小组汇报中分配的工作，汇报质量较好</td><td>5</td><td></td><td></td><td></td></tr>
</table>

续表

任务	项目要求		配分	学生自评	学生互评	教师评分
职业素养（20 分）	安全与文明生产（10 分）	1．未遵守教学场所规章制度扣 3 分 2．出现人为设备损坏扣 5 分 3．未遵守实训室 5S 管理规定扣 3 分	10			
	综合素质（10 分）	1．沟通、表达能力较强，能与组员有效交流 2．有较强学习能力与解决问题的能力 3．有较强的责任心	10			
附加（10 分）	创新能力（5 分）	方案设计或仿真流程有独创性	5			
	其他加分（5 分）	在教学中由教师自定，如学生课堂表现情况、进步情况等	5			
总分			100			
综合得分 分数加权建议： 自评分数×10%+互评分数×10%+教师评分×80%						

（2）验收情况记录

验收问题记录	原因分析	整改措施

6．复盘与思考

（1）经验反思。

有效的经验与做法	
总结反思	

（2）在仓储仿真工作站中对自动运行任务的时间进行调整时，机器人的运行速度应该如何设置？除了运行速度还有哪些参数会对其产生影响？

3.3.2 任务 2：电气元件的安装、调试与设备组态

电气元件安装、调试与组态

1. 信息收集

（1）请列举出至少三种用作到位检测的传感器。结合任务 1 中项目分析及传感器的相关知识点，本项目料仓中物料的检测及气缸到位的检测可以使用哪种类型的传感器？

（2）本项目将使用 OMRON E3Z-LS81 型号光电传感器，安装在每个料仓下方用以检测料仓中是否存放物料。请查找该传感器使用说明书并填写下面表格。

传感器型号（PNP/NPN）	
检测方式	
电源电压	
检测范围	
手动调节功能	
检测原理	

（3）亚德客 CS1-HL020 型号电磁传感器在本项目中用作料仓推出气缸活塞杆到位检测。请查找该传感器使用说明书并填写下面表格。

电源电压	
检测方式	
检测距离	
安装与接线方式	
检测原理	

（4）该仓储单元配有能与西门子 S7-1200 PLC 连接实现数据采集与传送的远程 I/O 模块，通过工业以太网传输到总控单元实现信号交互，请登录 SmartLink 官网查找远程 I/O 模块使用说明书，填写下面表格。

模块型号	
支持通信协议	
组成部分	

续表

电源模块电压	
I/O 输入/输出模块型号	

在下图中标出适配器、电源模块、I/O 输入模块、I/O 输出模块。

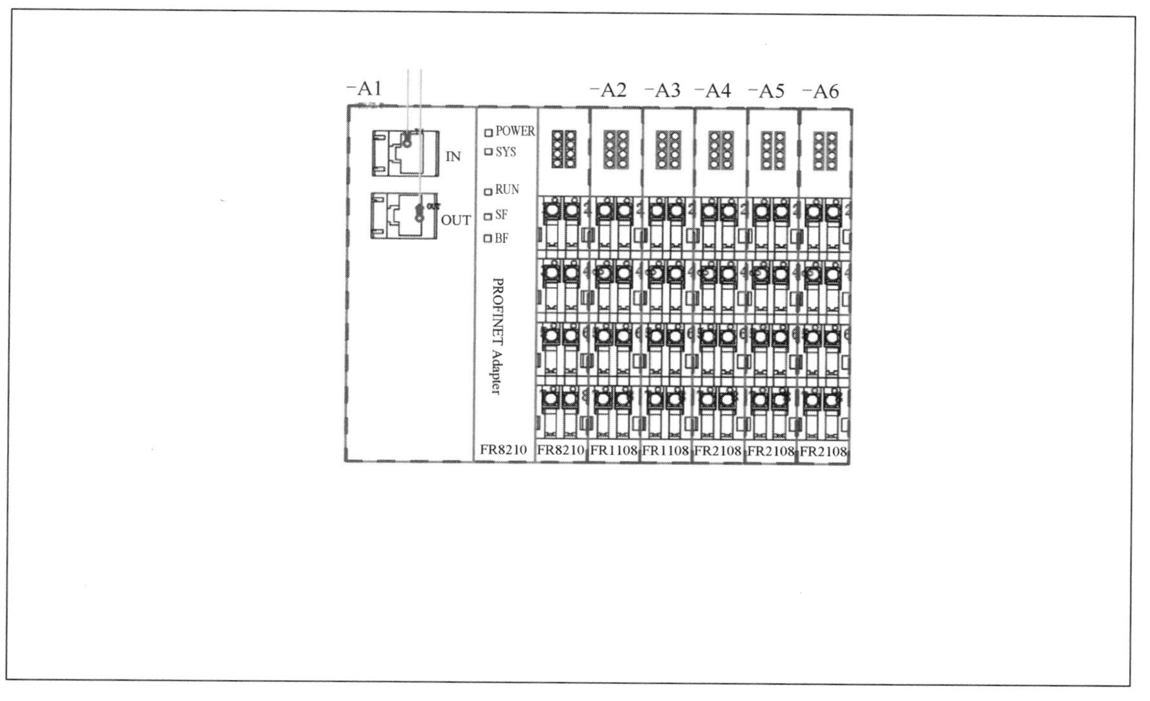

（5）请结合远程 I/O 模块说明书与学习情境中相关知识点，总结该模块与西门子 S7-1200 PLC 在博途软件下的组态步骤。

2. 方案制定

（1）远程 I/O 模块电气接线图的绘制

项目设计人员前期已完成仓储远程 I/O 模块信号分配，请结合 I/O 拓展模块说明书中的接线方式，画出电源接线图及接入到信号输入单元的光电传感器与电磁传感器的电路接线图。

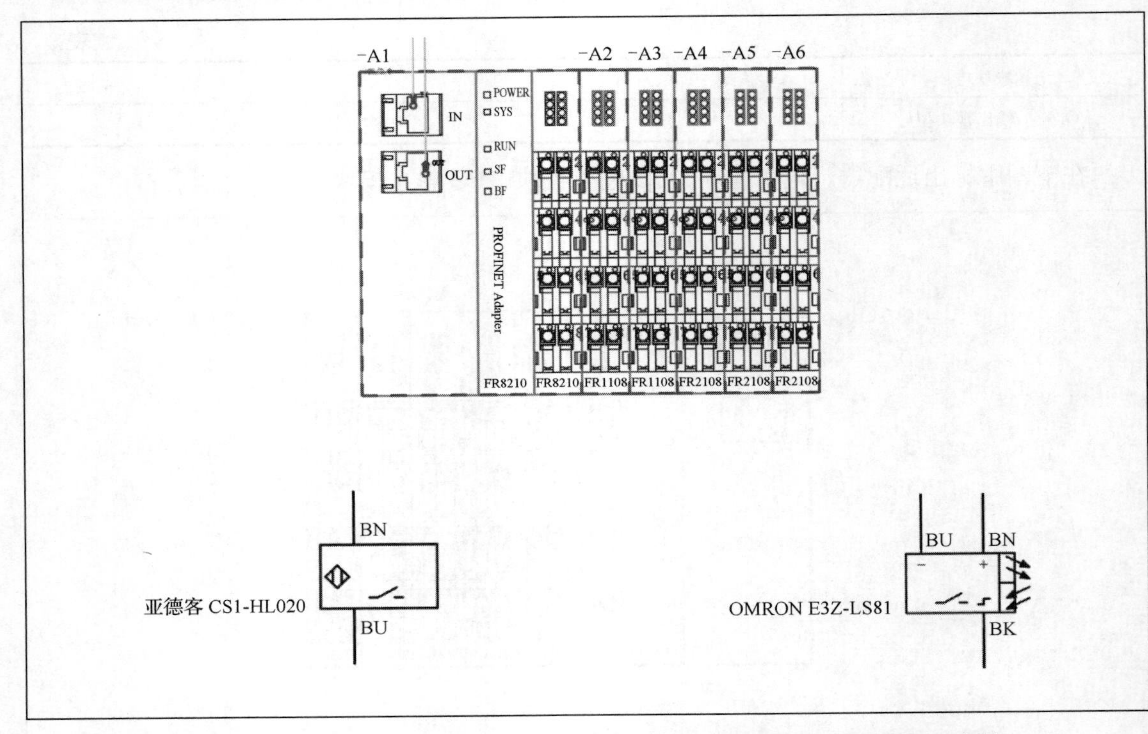

请思考：在完成电、气动安装后，如何对其功能进行测试以确定安装正确性？

（2）远程I/O模块的组态方案设计

为实现主控PLC下的自动化控制，首先需完成远程I/O模块组态，请结合设备说明书与组态步骤完成下面表格，注意合理分配输入/输出单元首地址。

根据已拟定的远程I/O模块输入/输出单元首地址，完成在主控PLC控制下的I/O信号分配。

博途软件中安装GSD文件的路径	
远程I/O模块IP地址	
远程I/O模块名称	
远程I/O模块输入单元型号及数量	
远程I/O模块输出单元型号及数量	
远程I/O模块输入单元信号首地址	
远程I/O模块输出单元信号首地址	

3. 方案决策

（1）各小组派代表对方案中的电气接线图、I/O 模块组态流程、I/O 信号分配方案及电气元件测试方法等进行展示。

（2）各小组对其他小组的设计方案提出自己不同的看法，将本小组方案中存在的问题或有待完善的地方记录下来，在教师点评及小组讨论后对方案复盘与优化，确定本小组的最佳方案。

（3）本项目可考虑任务的并行实施，如可把任务分为电气动安装、远程 I/O 模块组态与 I/O 信号分配、电气设备调试 3 个部分，合理分配人员，尽可能实现多任务并行以加快项目进度。根据选出的最佳方案，以小组为单位填写下面表格。

步骤	工作内容	时间	负责人
1			
2			
3			
4			
5			

（4）请与组员讨论后列出该仓储工作站以下设备的安装、配置、测试步骤，故障排除等。

调试元件	调试步骤
光电传感器	
磁性传感器及其气缸	
电磁阀	

4. 方案实施

（1）根据已制定的方案完成传感器的安装与调试，记录在工作过程中遇到的问题及解决方案。

设备	问题	解决方案

（2）完成换向阀、气缸、调速阀等气动元件的手动调试，对气缸的运行速度进行初步设置，记录在工作过程中遇到的问题及解决方案。

设备	问题	解决方案

（3）完成仓储单元远程I/O模块与主控PLC的硬件网络通信连接及博途软件下的网络组态，根据方案中的I/O信号分配完成信号定义，通过主控PLC实现本工作站电气设备的调试。按照方案中的I/O地址功能对应表，对每个I/O点所连接的电气元件进行调试。在调试过程中，可采用博途软件监控表中实现信号输出或调用简单的测试程序检测其功能的正确性，请将调试情况填在下面表中。

I/O地址	调试情况	I/O地址	调试情况

如果在调试气缸的过程中未能通过PLC的输出信号实现相应的动作，该从哪几方面查找问题？记录在组态配置与调试的过程中遇到的问题及解决方案。

设备	问题	解决方案

5. 验收与评价

（1）验收与考核评分表

任务	项目要求		配分	学生自评	学生互评	教师评分
仓储单元硬件与网络集成验收（60分）	机械与电、气动集成（50分）	仓储工作站各单元布局合理并安装牢固、稳定	10			
		仓储工作站远程 I/O 模块连接正确、安装合理	10			
		仓储工作站光电传感器电路连接正确、安装合理	10			
		仓储工作站电磁传感器电路连接正确、安装合理	10			
		仓储工作站气路连接正确、安装合理	10			
	动作展示（10分）	成功展示料仓出、入库动作及传感器状态变化得 10 分，每展示一次不成功扣 3 分	10			
展示与汇报（10分）	方案制作展示（5分）	能将方案进行有效、清晰的展示	5			
	小组汇报（5分）	积极参加汇报，能做好在小组汇报中分配的工作，汇报质量较好	5			
职业素养（20分）	安全与文明生产（10分）	1. 未遵守教学场所规章制度扣 3 分 2. 出现人为设备损坏扣 5 分 3. 未遵守实训室 5S 管理规定扣 3 分	10			
	综合素质（10分）	1. 沟通、表达能力较强，能与组员有效交流 2. 有较强学习能力与解决问题的能力 3. 有较强的责任心	10			
附加（10分）	创新能力（5分）	方案设计或实施中对问题的解决具有独创性	5			
	其他加分（5分）	在教学中由教师自定，如学生课堂表现情况、进步情况等	5			
总分			100			
综合得分 分数加权建议： 自评分数×10%+互评分数×10%+教师评分×80%						

（2）验收情况记录

验收问题记录	原因分析	整改措施

6. 复盘与思考

（1）经验反思。

本任务中有效的经验与做法	
总结反思	

（2）除了列出型号的传感器，还可以选择哪些型号的传感器呢？请列出品牌、型号及检测方式，供后期项目参考。

____

____

____

____

（3）用于将料仓托盘推出的气缸，在设备选型过程中需主要考虑哪些参数？

____

____

____

____

3.3.3 任务 3：仓储单元基本功能程序编写与调试

1. 信息收集

（1）任务分析。

完成基本功能的具体任务分析，并参考该方式完成所有任务分析。

基本任务	任务分析
基本功能	1．仓储单元单个仓位的气缸、换向阀__________传感器、__________传感器的电、气动安装与调试。 2．完成远程 I/O 模块与 PLC 通信，实现 PLC 下__________、__________信号的正确采集及 PLC 输出信号对__________、__________的控制。 3．通过 PLC 编程，指示灯能根据料仓下方传感器的状态正确显示绿色或红色。 4．创建 WinCC 监控界面，实现______________________

续表

基本任务	任务分析
初始状态	需要在 PLC 中实现的功能： 需要在 WinCC 中创建的界面、按钮、I/O 域等：
手动功能	需要在 PLC 中实现的功能： 需要通过机器人示教与编程实现的功能： 需要在 WinCC 中创建的界面、按钮、I/O 域等：

（2）本任务需要通过 PLC 程序实现各项功能，在博途软件中应创建哪些数据块、变量表、子程序（函数块），以方便对各功能对应程序及数据的管理，请在下方列出。

____

____

____

____

（3）在本次任务的程序编写与调试中，如何避免机器人与仓储单元发生碰撞？

____

____

____

____

2. 方案制定

（1）仓储单元 PLC 程序方案信号制定。

请合理分配在 WinCC 界面中用作手动、自动模式，初始化等控制按钮与仓储、运行状态监控等的 I/O 地址。

I/O 地址	功能	I/O 地址	功能

（2）参考以下步骤完成仓储单元 PLC 程序方案制定。

① 按照任务要求，在 PLC 中合理创建程序块，对程序段进行规划，完成 1 号仓位基本功能、初始功能与手动功能的程序编写。

② 在已完成的 1 号仓位 PLC 功能程序基础上，制定其能够实现所有仓位功能要求的手动程序方案。

③ 结合已创建的信号，如手动启动、自动启动、手动状态、自动状态等，在程序中按照要求完成 1 号仓位的手动、自动模式切换，互锁、停止等功能的程序编写。

（3）机器人手动功能程序方案制定。

基于任务 1 中仿真软件下工作站的搭建，完成机器人从工作原点出发，实现 1 号仓位物料出库与入库的合理运动路径仿真，避免出现碰撞问题。在机器人已安装工具、1 号仓位已手动推出的情况下，参考仿真软件下生成的运动程序段，完成机器人编程实现 1 号仓位轮毂的出、入库动作。

在完成 1 号仓位物料出、入库功能的机器人程序的基础上，制定能够实现所有仓位出、入库功能的机器人手动功能程序方案。在编程之前，应首先考虑是否需要在该程序中创建子程序，以及目标点应以怎样的方式进行调用。

在机器人手动调试过程中，哪些点位的运行、调试容易出现碰撞？如何避免？

____

____

____

____

3. 方案决策

（1）各小组派代表对方案中的地址分配方案、程序框架搭建与编写进行展示。

（2）各小组对其他小组的设计方案提出自己不同的看法，将本小组方案中存在的问题或有待完善的地方记录下来，在教师点评及小组讨论后对方案复盘与优化，确定本小组的最佳方案。

（3）本项目可考虑任务的并行实施，如可把任务分为 WinCC 监控界面定义与调试、PLC 程序编写与调试、机器人点位示教与程序调试 3 个部分，合理分配人员，尽可能高效地推进项目。根据选出的最佳方案，以小组为单位填写下面表格。

步骤	工作内容	时间	负责人
1			
2			
3			
4			
5			
6			

（4）请与组员讨论后列出该仓储工作站基本功能、手动功能等的调试步骤。

调试功能	调试步骤
基本功能	

续表

调试功能	调试步骤
手动功能	
初始化（复位）及其他功能	
机器人出、入库动作流程	

4. 方案实施

（1）基于方案中已完成的组态、I/O 配置及 PLC 程序，在 WinCC 中创建监控界面，根据拟定的调试步骤，首先实施对单个仓位的基本功能、手动功能、初始化功能、模式切换等的调试。在调试过程中将调试情况、问题、解决方案记录在下面表中。

功能	调试情况	问题	解决方案
基本功能			
手动功能			
初始化（复位）功能			

（2）对单个仓位出、入库的机器人运动程序进行调试，请在下方记录机器人运动参数及调试情况。

（3）结合仿真软件中机器人到达 6 个仓位的运动轨迹，对所有仓位实施机器人运动程序的调试，记录机器人运动参数及调试情况。若在实际调试中出现机器人无法到达的情况，可通过调整机器人下方导轨的方式来解决。

5. 验收与评价

（1）验收与考核评分表

任务	项目要求		配分	学生自评	学生互评	教师评分
仓储单元基本功能验收（60 分）	PLC 功能调试（45 分）	仓储单元各仓位在 PLC Q 区输出信号控制的动作及 I 区接收传感器信号的正确性	15			
		仓储单元基本功能测试	10			
		仓储单元手动功能测试	10			
		仓储单元模式切换及复位、停止等功能	10			
	机器人动作展示（15 分）	成功展示料仓出、入库动作得 15 分，每展示一次不成功扣 3 分	15			
展示与汇报（10 分）	方案制作展示（5 分）	能将方案进行有效、清晰的展示	5			
	小组汇报（5 分）	积极参加汇报，能做好在小组汇报中分配的工作，汇报质量较好	5			
职业素养（20 分）	安全与文明生产（10 分）	1. 未遵守教学场所规章制度扣 3 分 2. 出现人为设备损坏扣 5 分 3. 未遵守实训室 5S 管理规定扣 3 分	10			
	综合素质（10 分）	1. 沟通、表达能力较强，能与组员有效交流 2. 有较强学习能力与解决问题的能力 3. 有较强的责任心	10			
附加（10 分）	创新能力（5 分）	方案设计或程序编写有独创性且逻辑正确	5			
	其他加分（5 分）	在教学中由教师自定，如学生课堂表现情况、进步情况等	5			
总分			100			
综合得分 分数加权建议： 自评分数×10%+互评分数×10%+教师评分×80%						

（2）验收情况记录

验收问题记录	原因分析	整改措施

6. 复盘与思考

（1）经验反思。

本任务中有效的经验与做法	
总结反思	

（2）在实现 PLC 手动功能时，针对提高安全性及故障报警功能，有哪些可以通过编程来实现？

3.3.4 任务 4：仓储单元自动运行功能程序编写与调试

在自动运行任务中，将按照先单个仓位再全仓位的顺序，引导工程人员有逻辑地完成自动运行功能的程序编写与调试。

1. 信息收集

（1）项目任务分析

对自动运行任务的要求进行分析，绘制该任务工艺流程图。

对本次自动运行任务中，PLC、机器人及 WinCC 中所需要实现的功能进行分析。

基本任务	任务分析
自动运行功能	需要在 PLC 中实现的功能： 需要使用机器人示教与编程实现的功能： 需要在 WinCC 中创建的界面、按钮、I/O 域等：

（2）在本次任务中，针对单个仓位配合机器人动作的自动出、入库需要创建哪些信号？在博途软件中是否需要创建数据块、功能块等？

____

____

____

____

（3）在本次任务中，如何将任务 3 中已调试完成的 PLC 程序及机器人程序有效地应用到自动运行程序中？

____

____

____

____

____

（4）在本次任务的程序编写与调试中，如何避免机器人与仓储单元发生碰撞？

____

____

____

____

____

2. 方案制定

（1）单个仓位的机器人与PLC交互信号分配方案

请首先分析在通过PLC与机器人联动实现单个仓位动作过程中，有哪些动作需要通过信号交互达成两者间的配合？

在只考虑单个仓位的自动出、入库时，参考信号分配表给出的提示，将机器人FR8030远程I/O模块与主控PLC下FR8210远程I/O模块的地址分配表补充完整(也可自行重新规划，不使用表中已给出的信号分配方案)。

机器人FR8030 I/O地址	信号名称	功能	PLC下FR8210 I/O地址	PLC I/O点	功能
FR2108 NO.4第6个输出信号	Do13_StorageOut	料仓推出信号	FR1108 NO.2第6个输入信号		接收机器人给出的料仓推出信号
FR2108 NO.4第7个输出信号	Do14_StorageIn	料仓缩回信号	FR1108 NO.2第7个输入信号		接收机器人给出的料仓缩回信号

（2）全仓位的机器人与PLC交互信号分配方案

为实现所有仓位的自动运行，PLC与机器人之间还需要增加哪些信号交互？

合理规划能够实现所有仓位自动运行的机器人与主控 PLC 的 I/O 地址分配，必要时可考虑创建机器人组信号，以便于整数数据的传输。

机器人 FR8030 I/O 地址	信号名称	功能	PLC 下 FR8210 I/O 地址	PLC I/O 点	功能

（3）单个仓位的 PLC 自动运行程序编写方案

利用顺序功能流程图，首先结合信号分配方案与工艺流程分析，将自动运行流程中的 PLC 控制流程补充完整，在流程图的基础上编写 PLC 程序，实现料仓单个仓位的轮毂自动化出库与入库流程。在程序编写过程中需注意对出库与入库流程中不同信号的处理。

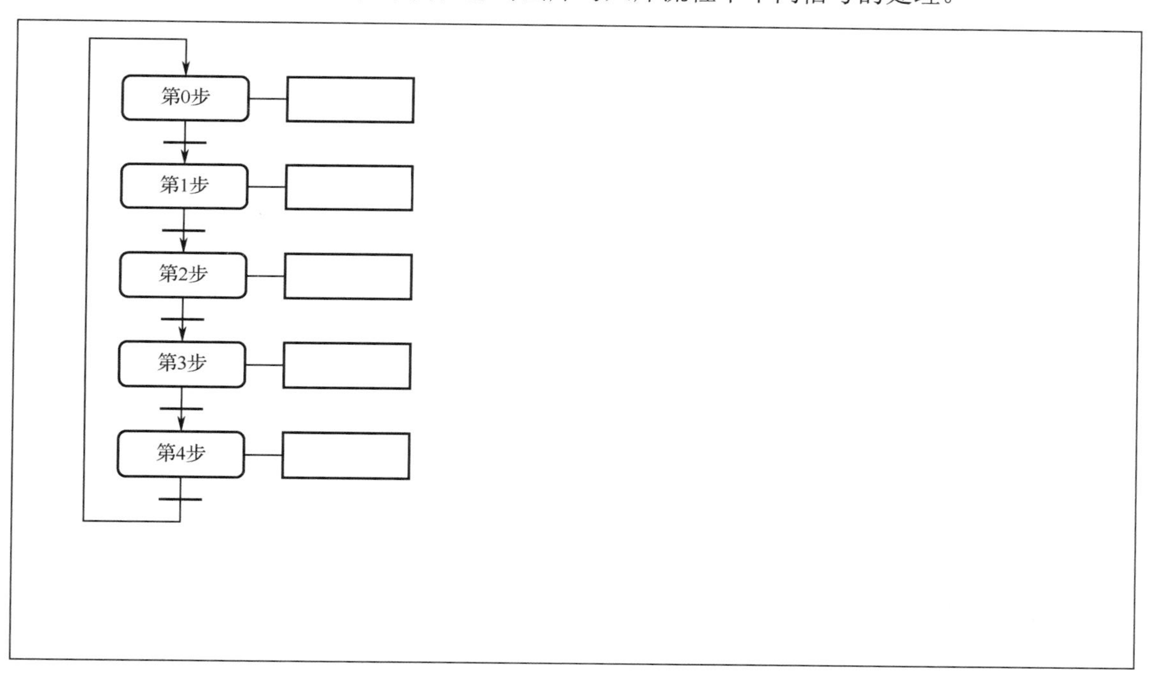

（4）单个仓位的机器人自动运行程序编写方案

在前期已完成调试的机器人手动程序中，合理增加与 PLC 交互信号相关的程序逻辑，完成单个仓位的机器人自动出库与入库程序的编写。需注意两种情况下交互信号应用的区别。

（5）全仓位的 PLC 与机器人自动运行程序编写方案

基于单个仓位的 PLC 与机器人自动运行程序编写方案，分析需要增加哪些程序逻辑即可实现所有仓位的自动运行功能。

3. 方案决策

（1）各小组派代表对方案中的 PLC 自动运行程序、机器人程序进行展示。

（2）各小组对其他小组的设计方案提出自己不同的看法，将本小组方案中存在的问题或有待完善的地方记录下来，在教师点评及小组讨论后对方案复盘与优化，确定本小组的最佳方案。

（3）本项目可考虑任务的并行实施，如可把任务分为 PLC 程序调试、机器人示教与程序调试、自动化联调 3 个部分，合理分配人员，尽可能实现多任务并行以加快项目进度。根据选出的最佳方案，以小组为单位填写表格。

步骤	工作内容	时间	负责人
1			
2			
3			
4			
5			
6			

（4）请与组员讨论后列出该仓储工作站 I/O 信号调试、单个仓位联调、全仓位联调等的步骤。在初步调试机器人程序时，PLC 发送的信号可由监控表手动给出，以验证机器人运动流程的正确性。

调试功能	调试步骤
I/O 信号调试	
PLC 与机器人半自动调试	
PLC 与机器人针对单个仓位的联调	
PLC 与机器人全仓位联调	

（5）在初步调试过程中，易出现机器人与设备发生碰撞的问题，请思考这些碰撞是由哪些问题导致的，该如何避免。

4. 方案实施

（1）在任务实施中，需检查机器人拓展 I/O 模块是否已正确安装与组态，检查机器人单元远程 I/O 模块与主控 PLC 的硬件网络通信连接及博途软件下的网络组态，再根据方案中的 I/O 信号分配表完成 PLC 与机器人间的 I/O 信号测试。记录组态与信号测试过程中遇到的问题及解决方案。

问题	解决方案

（2）根据方案中 PLC 与机器人交互信号配置与程序编写方案，对单个仓位自动运行功能实施联调，并记录调试过程中遇到的问题及解决方案。

功能	调试情况	问题	解决方案
PLC 自动运行功能			
机器人 自动运行功能			

（3）在完成单个仓位联调的基础上，根据调试情况对全仓位自动运行程序进行优化，并在下方记录。

（4）基于优化后的程序方案对全仓位自动运行功能实施联调，并记录调试过程中遇到的问题及解决方案。在全仓位联调中，需重点监控机器人是否正确接收到 PLC 指定的仓位号，以及在机器人自动运行过程中是否正确调用对应的目标点。

功能	调试情况	问题	解决方案
PLC 自动运行功能			

续表

功能	调试情况	问题	解决方案
机器人 自动运行功能			

5. 验收与评价

（1）验收与考核评分表

<table>
<tr><th>任务</th><th colspan="2">项目要求</th><th>配分</th><th>学生自评</th><th>学生互评</th><th>教师评分</th></tr>
<tr><td rowspan="4">仓储单元自动运行功能验收（60分）</td><td rowspan="3">自动运行功能基础调试（30分）</td><td>展示自动运行功能中PLC与机器人之间的信号交互</td><td>10</td><td></td><td></td><td></td></tr>
<tr><td>通过PLC手动控制需要发送至机器人的信号，任意展示一个仓位的机器人出、入库运动流程</td><td>10</td><td></td><td></td><td></td></tr>
<tr><td>仓储工作站自动运行功能模式切换、复位、停止等功能</td><td>10</td><td></td><td></td><td></td></tr>
<tr><td>自动运行功能动作展示（30分）</td><td>成功展示任意两个仓位的自动出、入库动作得30分，每展示一次不成功扣5分，发生碰撞扣8分</td><td>30</td><td></td><td></td><td></td></tr>
<tr><td rowspan="2">展示与汇报（10分）</td><td>方案制作展示（5分）</td><td>能将方案进行有效、清晰的展示</td><td>5</td><td></td><td></td><td></td></tr>
<tr><td>小组汇报（5分）</td><td>积极参加汇报，能做好在小组汇报中分配的工作，汇报质量较好</td><td>5</td><td></td><td></td><td></td></tr>
<tr><td rowspan="2">职业素养（20分）</td><td>安全与文明生产（10分）</td><td>1．未遵守教学场所规章制度扣3分
2．出现人为设备损坏扣5分
3．未遵守实训室5S管理规定扣3分</td><td>10</td><td></td><td></td><td></td></tr>
<tr><td>综合素质（10分）</td><td>1．沟通、表达能力较强，能与组员有效交流
2．有较强学习能力与解决问题的能力
3．有较强的责任心</td><td>10</td><td></td><td></td><td></td></tr>
<tr><td rowspan="2">附加（10分）</td><td>创新能力（5分）</td><td>方案设计或程序编写有独创性且逻辑正确</td><td>5</td><td></td><td></td><td></td></tr>
<tr><td>其他加分（5分）</td><td>在教学中由教师自定，如学生课堂表现情况、进步情况等</td><td>5</td><td></td><td></td><td></td></tr>
<tr><td colspan="3">总分</td><td>100</td><td></td><td></td><td></td></tr>
<tr><td colspan="3">综合得分
分数加权建议：
自评分数×10%+互评分数×10%+教师评分×80%</td><td colspan="4"></td></tr>
</table>

（2）验收情况记录

验收问题记录	原因分析	整改措施

6. 复盘与思考

（1）经验反思。

本任务中有效的经验与做法	
总结反思	

（2）在本次机器人自动运行程序编写中，有哪些部分有效地利用了手动程序进行了合理的转换？任务 3 中的手动程序是否能够优化？

（3）在本次 PLC 自动运行程序编写中，是否有效地利用了前期的手动程序？程序框架是否可以进行优化？

（4）结合任务 1 中搭建的仿真工作站，在本任务工作节拍的优化方面有哪些参数可以调整？

（5）在实现 PLC 自动运行功能时，针对提高安全性及故障报警功能，有哪些可以通过编程来实现？

（6）在 PLC 下对机器人系统信号实施启动、停止、监控的功能是否有必要添加至自动运行功能中？如果有必要则应该如何添加？在哪里添加？

3.3.5　任务 5：仓储单元拓展功能的程序编写与调试

拓展任务的方案建议在完成基本任务全部工作流程，基于已调试完成的程序基础上制定，以提高方案的可行性。

1. 信息收集

（1）拓展任务分析

对拓展任务中手动、自动运行任务要求进行分析，绘制较为详细的工艺流程图。

对本次自动运行任务中PLC、机器人及WinCC所需要实现的功能进行分析。

拓展任务	任务分析
初始状态	需要在PLC中实现的功能： 需要在WinCC中创建的界面、按钮、I/O域等：
手动拓展功能	需要在PLC中实现的功能： 需要使用机器人示教与编程实现的功能： 需要在WinCC中创建的界面、按钮、I/O域等：
自动运行拓展功能	需要在PLC中实现的功能： 需要使用机器人示教与编程实现的功能： 需要在WinCC中创建的界面、按钮、I/O域等：

（2）在本次任务中需要创建哪些信号？在博途软件中是否需要创建数据块、功能块等？

（3）针对本次拓展任务，在已搭建完成的手动、自动运行程序的基础上需要增加哪些功能或条件？

（4）有哪些故障或错误能够在程序中进行判断并给予提示？

（5）在本次拓展任务中需要实现连续出、入库，在PLC程序中要如何实现多个仓位号的存储与调用？

2. 方案制定

（1）I/O信号功能定义

参考知识点中的讲解，针对WinCC界面中需要添加的状态灯、数据输入框，将机器人交互信号等的I/O地址进行合理分配，并填写下面表格。

I/O地址	功能	I/O地址	功能

机器人 FR8030 I/O地址	信号名称	功能	PLC下 FR8210 I/O地址	PLC I/O点	功能

续表

机器人 FR8030 I/O 地址	信号名称	功能	PLC 下 FR8210 I/O 地址	PLC I/O 点	功能

（2）初始状态与手动拓展功能方案制定

按照任务要求，可以将基本任务中的 PLC 程序作为基础，添加状态灯闪烁功能。将机器人所选定的仓位号，通过信号交互发送至 PLC，实现对应仓位的推出。

（3）自动运行拓展功能方案制定

以实现基本任务中自动运动功能的 PLC 程序为基础，将 WinCC 中输入的出库或入库的仓位号进行管理与储存，按顺序在每次流程开始之前依次对仓位号进行赋值；针对整理功能，则需注意在对仓位号赋值时正确选择出库或入库模式。请根据以上分析制定能够连续自动运行的流程图与程序方案，并思考机器人程序是否需要更改。

（4）MES 统计功能方案制定

MES 统计功能可以使用梯形图编程结合计数功能块，对仓储中各料仓传感器状态依次进行扫描来实现；也可以将状态数据存放于数组中，对数组中的数据进行遍历实现统计及相关号码的提取。本任务可尝试使用梯形图与 SCL 两种编程方案，在小组讨论后制定 MES 统计功能的程序方案。数据较多的情况下应用数组进行数据处理可大幅度提升数据分析、管理效率。

（5）报警功能方案制定

列出实现手动、自动运行功能时可能出现的故障或错误，如仓位选择错误、仓位推出故障、机器人与PLC信号交互延时过长等，并分别对其进行分析，在程序中给出对应的处理方法，避免发生错误。

3. 方案决策

（1）各小组派代表对方案中的PLC自动运行程序、机器人程序、MES功能方案制定进行展示。

（2）各小组对其他小组的设计方案提出自己不同的看法，将本小组方案中存在的问题或有待完善的地方记录下来，在教师点评及小组讨论后对方案复盘与优化，确定本小组的最佳方案。

（3）本项目可考虑任务的并行实施，如可把任务分为PLC程序调试、机器人程序调试、自动化联调3个部分，合理分配人员，尽可能实现多任务并行以加快项目进度。根据选出的最佳方案，以小组为单位填写表格。

步骤	工作内容	时间	负责人
1			
2			
3			
4			
5			
6			

（4）请与组员讨论后列出该仓储单元拓展功能的调试步骤。

调试功能	调试步骤
I/O 信号调试	
基本拓展功能、手动拓展功能	
PLC 与机器人自动运行拓展功能联调	

（5）在接下来的工作站调试中会存在哪些风险点？请对其进行预测并列出。

4. 方案实施

（1）初始状态与手动拓展功能调试

按照信号分配方案，在 WinCC 中创建拓展功能监控界面并正确关联 PLC 数据，对机器人交互信号进行调试。在确定相关信号的正确性后，按照任务要求完成初始状态与手动拓展功能调试并填写表格。

功能	调试情况	问题	解决方案
模式切换功能			
料仓运动功能			
机器人控制下料仓出、入库功能			

（2）自动运行拓展功能调试

在进行自动运行初步调试中，应对入库、出库、整理三个拓展功能分别进行单个功能的调试。在每个功能的调试中，可首先在机器人不运动的情况下对 PLC 程序进行调试，在基本确定其流程无误的基础上再结合机器人运动进行联调。将调试过程中遇到的问题及解决方案记录下来。

功能	调试情况	问题	解决方案
连续出库功能			
连续入库功能			
自动整理功能			

（3）MES 统计功能调试

在调试时需注意数据统计的实时性，调试中需重点对过程数据进行监控以排查程序中出现的问题。将调试过程中遇到的问题及解决方案记录下来。

功能	调试情况	问题	解决方案
仓储数据统计功能			
无轮毂的仓位号实时显示功能			

5. 验收与评价

（1）验收与考核评分表

任务	项目要求		配分	学生自评	学生互评	教师评分
仓储单元拓展功能验收（60分）	手动与基本功能展示（20分）	正确展示基本拓展功能	10			
		正确展示手动拓展功能	10			
	自动运行拓展功能展示（30分）	成功展示任意连续两个料仓出、入库动作得15分，每展示一次不成功扣3分	15			
		成功展示任意连续两个料仓的整理功能得15分，每展示一次不成功扣3分	15			
	MES统计功能展示（10分）	能对当前仓库内的存储数量及仓位号进行正确统计	10			
展示与汇报（10分）	方案制作展示（5分）	能将方案进行有效、清晰的展示	5			
	小组汇报（5分）	积极参加汇报，能做好在小组汇报中分配的工作，汇报质量较好	5			
职业素养（20分）	安全与文明生产（10分）	1．未遵守教学场所规章制度扣3分 2．出现人为设备损坏扣5分 3．未遵守实训室5S管理规定扣3分	10			
	综合素质（10分）	1．沟通、表达能力较强，能与组员有效交流 2．有较强学习能力与解决问题的能力 3．有较强的责任心	10			
附加（10分）	创新能力（5分）	程序编写有独创性且逻辑正确	5			
	其他加分（5分）	在教学中由教师自定，如学生课堂表现情况、进步情况等	5			
总分			100			
综合得分 分数加权建议： 自评分数×10%+互评分数×10%+教师评分×80%						

（2）验收情况记录

验收问题记录	原因分析	整改措施

6. 复盘与思考

（1）经验反思。

本任务中有效的经验与做法	
总结反思	

（2）自动化项目中的故障管理有哪些必要性？如何使用 WinCC 实现报警提示？本项目中是否需要配备其他电气元件或模块，以提高故障报警与管理的功能？

3.4 项目总结

1. 项目得分汇总

任务 1	任务 2	任务 3	任务 4	任务 5	平均分

2. 关键技术技能学习认知与反思

本项目学习重点包括传感器的应用、PLC 基本程序框架搭建、PLC 顺序程序编写等，通过本项目的学习，你在技能知识方面有哪些收获与不足？请在下面列出。

3.5 学习情境相关知识点

自动化立体
仓储概述

3.5.1 自动化立体仓储介绍

1. 自动化立体仓储概述

自动化立体仓储又称高层货架仓库（简称高架仓库），是采用高层货架存放货物，以巷道堆垛机为核心，结合入库与出库的周边设备来进行自动化仓储作业的一种仓库。由于这类仓库一般采用几层、十几层乃至几十层的货架来储存单元货物，充分利用空间储存货物，故常形象地将其称为“立体仓库”。利用立体仓储可实现库房空间的有效管理，实现存取自动化，操作简便，同时有助于智能制造生产线生产效率的提高。常见自动化立体仓储如图 3-3 所示。

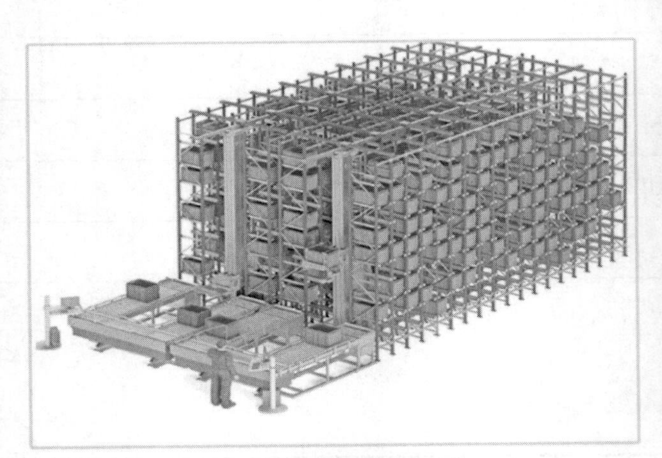
（a）典型自动化立体仓储结构

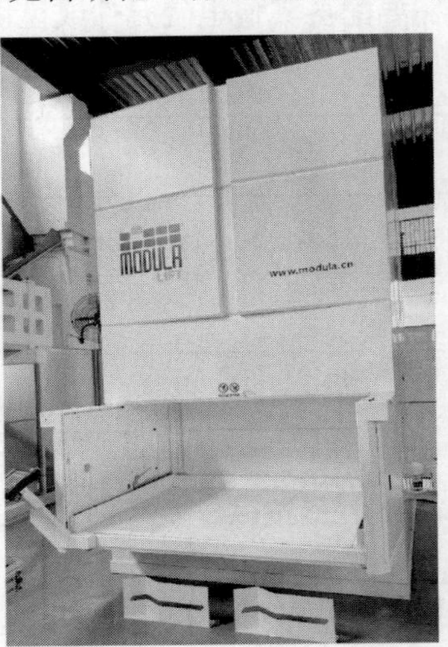

（b）自动化立体货柜

图 3-3　常见自动化立体仓储

2. 自动化立体仓储组成

自动化立体仓储的主体由货架、托盘、巷道堆垛机、输送机系统及控制管理系统等组成。

（1）货架：货架是自动化立体仓储的主体部分，以高位立体货架最为常见，其高度可达 30 米以上，实现密集存储，有效利用仓库空间。

（2）托盘：托盘是主要用于承载货物的设备，也称为工位器具，是自动化立体仓储得以实现密集存储的关键设备之一。立体货架货位多指托盘的摆放位置，一个货位实际上指的就是一个托盘的摆放位置。自动化立体仓储运用的托盘规格多是根据立体货架和货物的规格确定的，货物的存取也多以托盘为载体。

（3）巷道堆垛机：巷道堆垛机（见图 3-4）主要穿行于货架之间的巷道中，完成存取货的工作，不需要人工操作即可高效完成货物存取，同时能保证货物的安全。巷道堆垛机有不同的结构形式，可分为单立柱和双立柱结构；根据服务方式又分为直道、弯道、转移车三种。

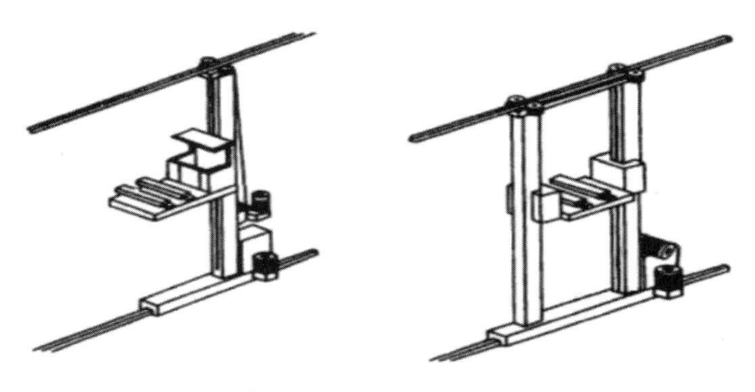

（a）单立柱和双立柱结构巷道堆垛机

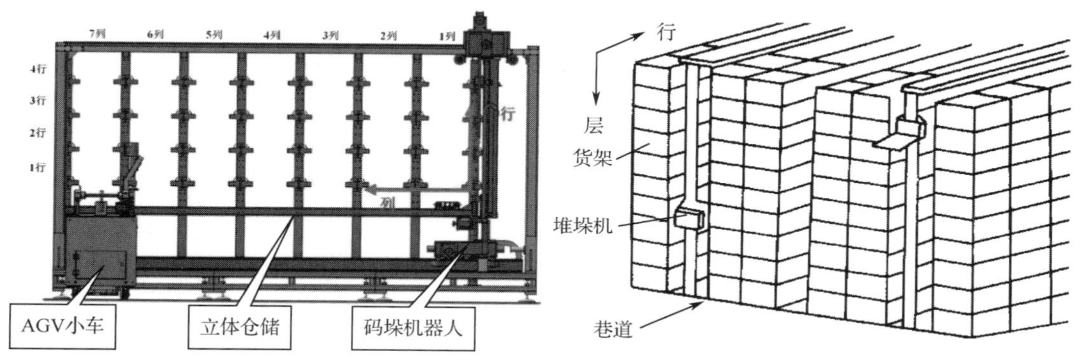

（b）巷道堆垛机应用

图 3-4 巷道堆垛机

（4）输送机系统：即立体仓储的外围设备，负责将货物运送到堆垛机或从堆垛机上将货物移走，与立体仓储组成自动化输送线。一般设置在立体货架的前方，有效地连接立体货架，用于货物的存取，可以快速把需要存取的货物送到指定的地点。输送机种类非常多，常见的有辊道输送机、链条输送机、升降台、分配车、提升机等，如图 3-5 所示。

图 3-5 常见输送机

（5）控制管理系统：控制管理系统主要采用现场总线的方式控制设备工作。控制管理系统是自动化立体仓储的软件部分，帮助自动化立体仓储实现自动化、智能化、无人化作业。例如 WMS 仓库管理系统，在其统一控制指挥下，各子系统、各种设备密切配合协作，使整个仓储系统获得较高的效益。

3. 自动化立体仓储机械与电气结构分析

本项目的汽车轮毂项目自动化立体仓储由双层六料仓结构的货架构成，每个料仓中配有一个托盘可存放一个零件；每个料仓的托盘下均设有光电传感器，料仓上方配有指示灯（指示灯可显示红色、绿色两种颜色），可检测当前料仓中是否存放有零件并将状态显示出来；料仓托盘均安装配有到位传感器的双向气缸，在电磁换向阀的配合下可实现托盘的推出，并反馈托盘状态；物料的存取则利用工业机器人来实现，以达成柔性更高的零件取放方式。仓储单元所有电磁换向阀和传感器信号均连接至远程 I/O 模块，该模块通过工业以太网传输到总控单元的 PLC。自动化立体仓储结构如图 3-6 所示，仓储单元的接线如表 3-1 所示。

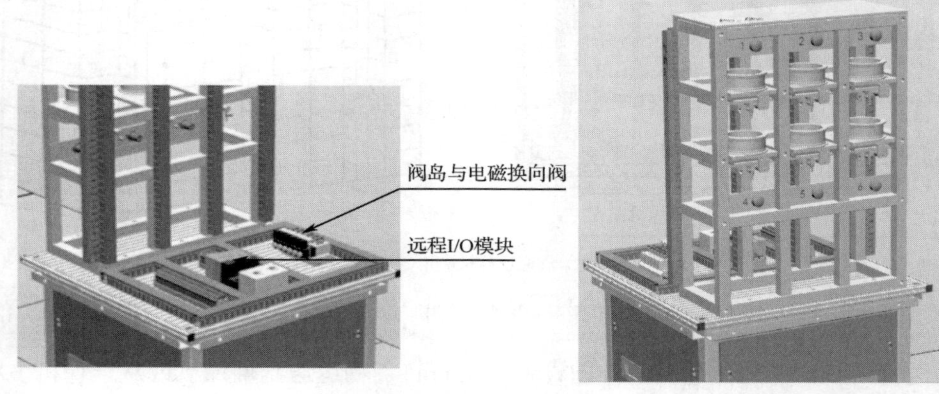

（a）立体仓储结构与核心控制单元

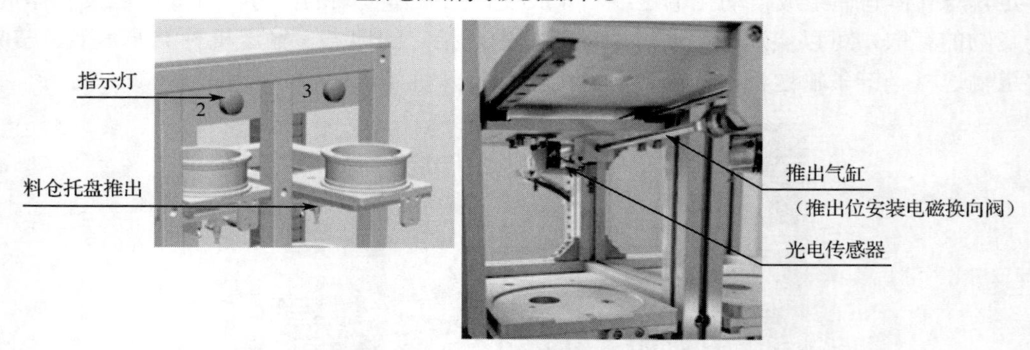

（b）立体仓储仓位机械与电气构成

图 3-6　自动化立体仓储结构

表 3-1　仓储单元的接线

电源线路的连接	仓储单元和配电单元通过航空电缆连接	仓储单元　配电单元
气路的连接	仓储单元的电磁换向阀进气管接头用气管连接至总控单元台面上的供气模块阀门开关接头，完成气路连接	总控单元　仓储单元
通信线路的连接	仓储单元以单模块使用时，将其远程 I/O 模块上的 PN IN 接口，用一根网线连接至主控单元台面上的交换机网口，完成通信线路连接	PN IN　PN OUT

3.5.2　电气设计方案

本项目主要涉及以传感器、电磁换向阀为主的电气控制技术，在项目二中已经对电磁换向阀、气缸等组成的气动控制系统进行了讲解，本项目将主要针对传感器的应用进行介绍。

1. 常见传感器的应用

传感器是一种检测装置，能感受被测量的信息，并能将感受的信息按一定规律变换成电信号或其他所需形式的信息输出，以满足信息的传输、处理、存储、显示、记录和控制等要求。在现代工业生产尤其是自动化生产过程中，要用各种传感器来监视和控制生产过程中的各个参数，使设备工作在正常状态或最佳状态，并使产品达到最佳的质量。因此可以说，若没有传感器的应用，现代化生产也就失去了基础。

在工业自动化生产中常用接近传感器来监控工程设备、生产系统和自动化设备的运行状态。接近传感器在检测中几乎不需要与被测物体接触，因此这种传感器的使用寿命长，可靠性高。接近传感器有光电传感器、感应式接近传感器、电容式接近传感器、超声波接近传感器、霍尔效应传感器、干簧管接近传感器等。

（1）光电传感器

光电传感器广泛应用于工业机器人集成系统中，实现对某一范围内是否有某个物体的检测。

光电传感器是基于光电效应，检测物体的有无和表面状态是否发生变化的传感器。光电传感器主要由投射光线的投光部和接收光线的受光部构成。如果投射的光线因检测物体不同而被遮掩或反射，到达受光部的光量将会发生变化。受光部检测出这种变化，并将其转换为电信号，进行输出。

光电传感器有 NPN 和 PNP 两种接线方式，NPN 和 PNP 代表两种不同类型的晶体管，它们在传感器中用于控制电流的流动。光电传感器原理图如图 3-7 所示。

NPN 型传感器接线方式如下。

连接电源：将传感器的棕色 Vcc 引脚连接到正极，蓝色 GND 引脚连接到负极。

连接输入信号或负载：将传感器的黑色信号输出引脚连接到一个负载（如一个 LED 或一个继电器）的正极。

接线顺序：接线时，应该先连接电源，再连接输入信号和负载。

PNP 型传感器接线方式如下。

连接电源：将传感器的棕色 Vcc 引脚连接到负极，蓝色 GND 引脚连接到正极。

连接输入信号或负载：将传感器的黑色信号输出引脚连接到一个负载（如一个 LED 或一个继电器）的负极。

接线顺序：在接线时，应该先连接电源，再连接输入信号和负载。

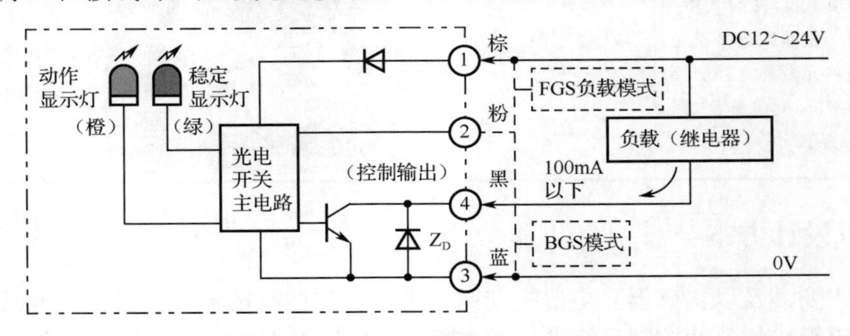

（a）NPN型传感器原理图

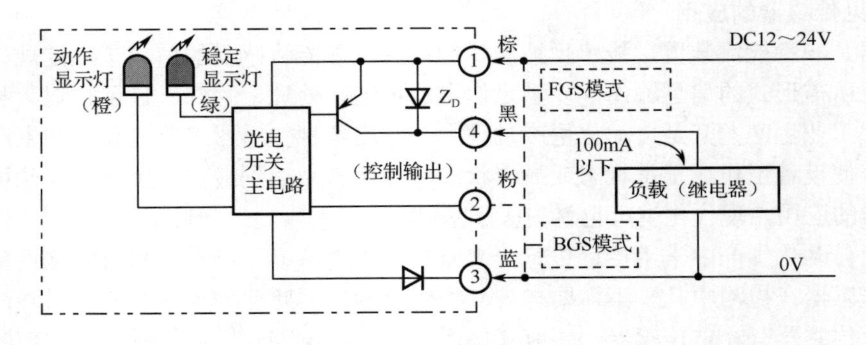

（b）PNP型传感器原理图

图 3-7　光电传感器原理图

光电传感器图形符号如图 3-8 所示。

需要注意的是，不同类型的传感器其接线方式可能有所不同，因此在使用传感器时应该仔细查看其数据手册并按照手册提供的接线方式进行接线。

图 3-8　光电传感器图形符号

① 距离设定型光电传感器。

此种传感器的受光元件为 2 比例光电二极管或位置检测元件，被检测物体反射的光在受光元件上成像，利用三角测距原理，计算出成像位置因被检测物体位置不同而产生的差异。

如图 3-9 所示是使用 2 比例光电二极管的传感器的检测方式。2 比例光电二极管接近外壳的一侧称为 N 侧，而另一侧称为 F 侧。被检测物体在设定距离的情况下，反射光将在 N 侧和 F 侧的中间点成像，两侧的二极管将受到同等的光量。此外，相对于设定距离，被检测物体靠近传感器的情况下，反射光将在 N 侧成像。相反，被检测物体远离传感器的情况下，反射光将在 F 侧成像。传感器可通过计算 N 侧与 F 侧的受光量之差来判断被检测物体的位置。传感器所能检测距离的大小，可由传感器侧面的旋钮进行设定，除了设定距离，还可通过旋转动作转换开关对入关或遮光的高低电平进行转换。

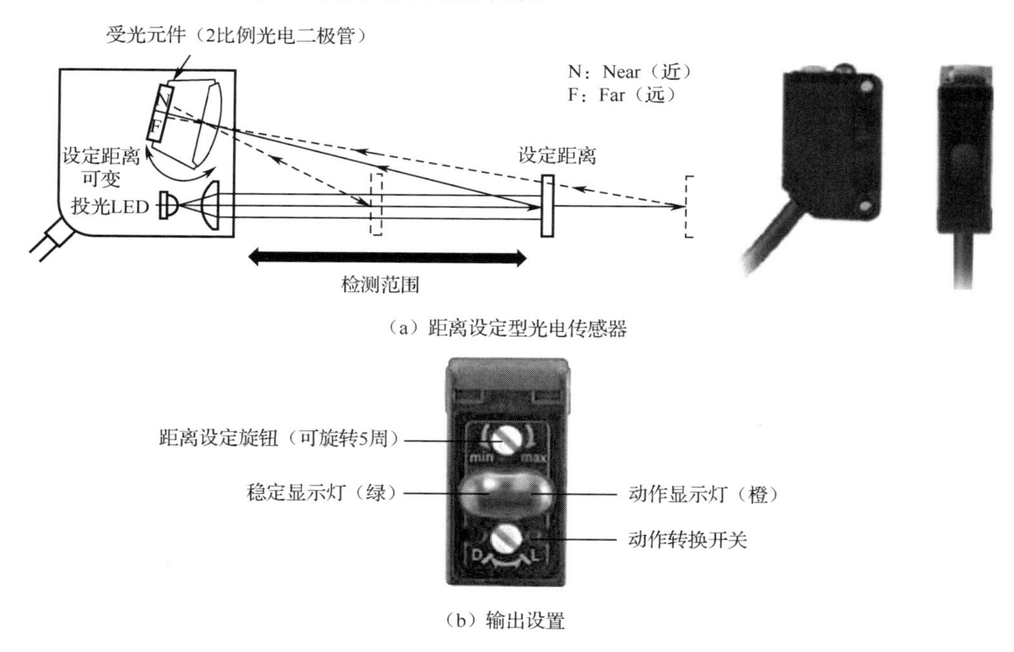

（a）距离设定型光电传感器

（b）输出设置

图 3-9　使用 2 比例光电二极管的传感器的检测方式

② 对射型光电传感器。

由一个投光器和一个受光器面对面地装在一个槽的两侧组成的对射型光电传感器称作槽形光电传感器，如图 3-10 所示。投光器能发出红外光或可见光，在无阻情况下受光器能接收到光。但当被检测物体从槽中通过时，光被遮挡，光电开关便动作，输出一个开关控制信号，切断或接通负载电流，从而完成一次控制动作。槽形开关的检测距离因为受整体结构的限制一般只有几厘米。在项目一中，此种对射型光电传感器安装在机器人下方伺服轴的两端及原点处，用作轴的硬限位及原点位开关。

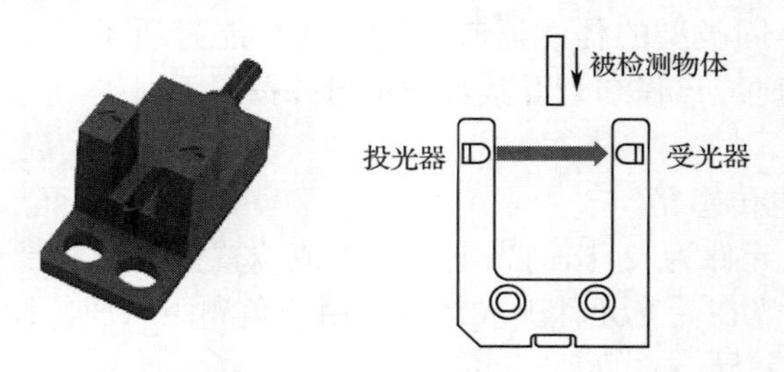

图 3-10　槽形光电传感器

若把投光器和受光器分离开，就可使检测距离加大，如图 3-11 所示。由一个投光器和一个受光器组成的光电开关就称为对射分离式光电传感器。它的检测距离可达几米乃至几十米。使用时把投光器和受光器分别装在被检测物体通过路径的两侧，被检测物体通过时阻挡光路，受光器输出一个开关控制信号。

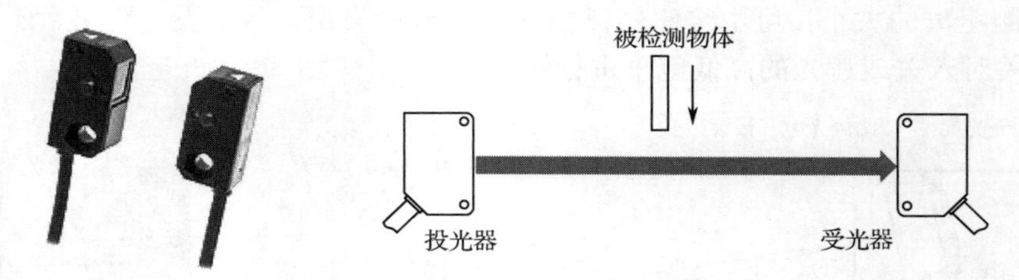

图 3-11　对射分离式光电传感器

③ 回归反射型光电传感器。

把投光器和受光器装在同一个装置内，在它的前方装一块反光板，利用反射原理完成光电控制作用的称为回归反射型光电传感器（见图 3-12）。正常情况下，投光器发出的光被反光板反射回来被受光器接收到；一旦光路被挡住，被检测物体遮蔽光线进入受光器的光量将减少，根据受光量的减少可以对当前传感器的状态进行判断，并根据当前状态输出一个开关量信号。

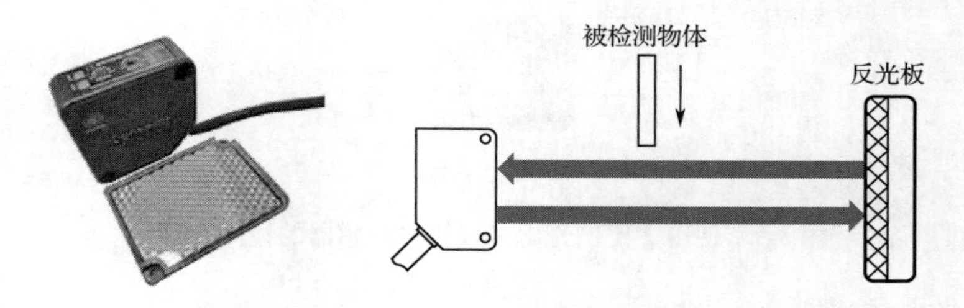

图 3-12　回归反射型光电传感器

④ 扩散反射型光电传感器。

常见的投、受光器一体型的扩散反射型光电传感器（见图 3-13），其检测头中装有一个投光器和一个受光器，但前方没有反光板。正常情况下投光器发出的光线不会返回受光器。如果投光器发出的光碰到被检测物体，被检测物体反射的光将进入受光器，受光量将增加。根

据受光量的增加可以对当前传感器的状态进行判断，并根据当前状态输出一个开关量信号。扩散反射型光电传感器一般检测距离为数厘米至数米；被检测物体的表面状态（颜色、凹凸）不同，光的反射光量会发生变化，检测稳定性也发生变化。

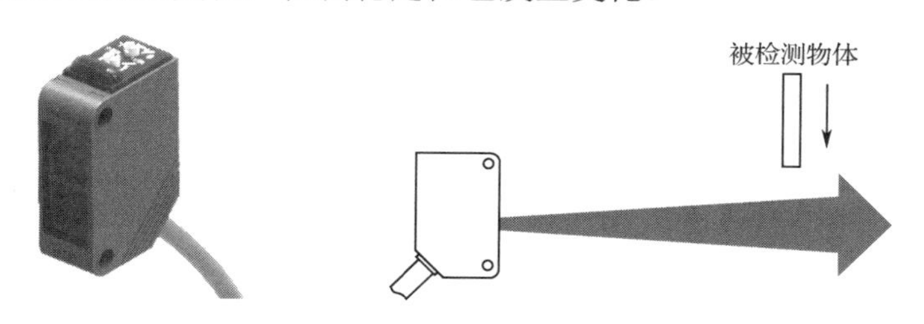

图 3-13　扩散反射型光电传感器

（2）霍尔效应传感器

根据霍尔效应，人们用半导体材料制成的元件叫霍尔元件。其具有对磁场敏感、结构简单、体积小、频率响应范围宽、输出电压变化大和使用寿命长等优点，因此，在测量、自动化、计算机和信息技术等领域得到广泛应用。

霍尔效应传感器的工作原理是当有磁性物体接近霍尔开关时，霍尔开关检测面上的霍尔元件因产生霍尔效应而使内部电路状态发生变化，由此识别出附近有磁性物体存在，进而控制开关的通和断。这种传感器的检测对象必须是磁性物体。霍尔开关具有无触电、低功耗、长使用寿命、高响应频率等特点，内部一般采用环氧树脂封灌成一体，所以能在各类恶劣环境下可靠工作。

在本项目利用气缸推出料仓的应用场景中，气缸的活塞杆上配有磁环，传感器安装在气缸两端，用来检测推出与缩回时活塞杆运动的到位情况，通常使用霍尔效应传感器（见图 3-14）。

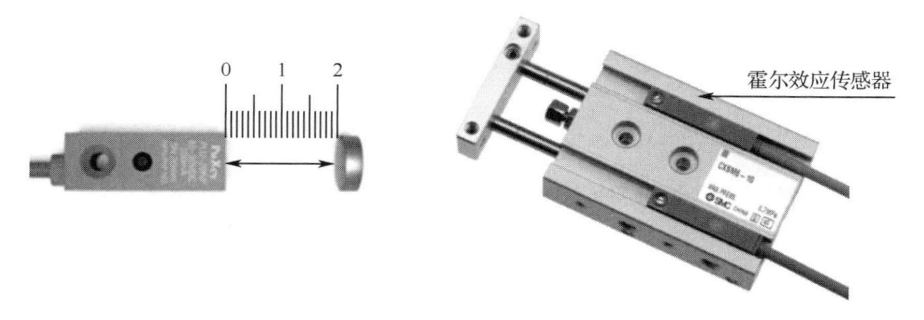

图 3-14　霍尔效应传感器

（3）干簧管接近传感器

磁性开关中的干簧管（又称磁控管，见图 3-15），是利用磁场信号来控制的一种开关元件，当无磁场时电路断开，能够用来检测机械运动或电路的状态。磁性开关未处在工作状态时，玻璃管中的两个簧片是不接触的。如果有磁性物体接近玻璃管，在磁场的作用下，两个簧片会被磁化而相互吸合在一起，从而使电路接通。当磁性物体消失后，没有外磁力的影响，两个簧片又会因为自身所具有的弹性而分开，断开电路。

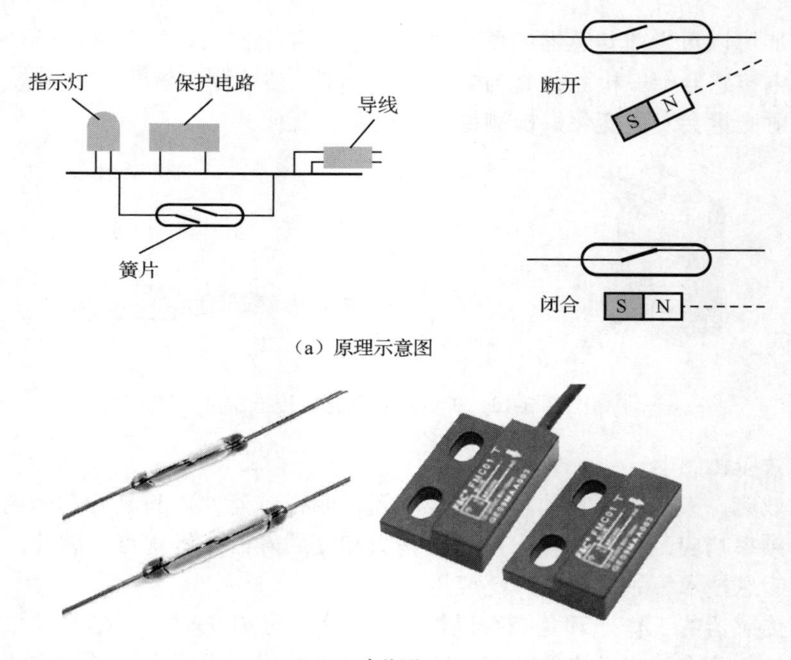

（a）原理示意图

（b）实物图

图 3-15　干簧管接近传感器

（4）感应式接近传感器

感应式接近传感器（见图 3-16）的原理是通过外部磁场，检测在导体表面产生的涡电流引起的磁性损耗，在检测线圈内产生交流磁场，并对导体产生的涡电流引起的阻抗变化进行检测。一般用来检测金属等导体。

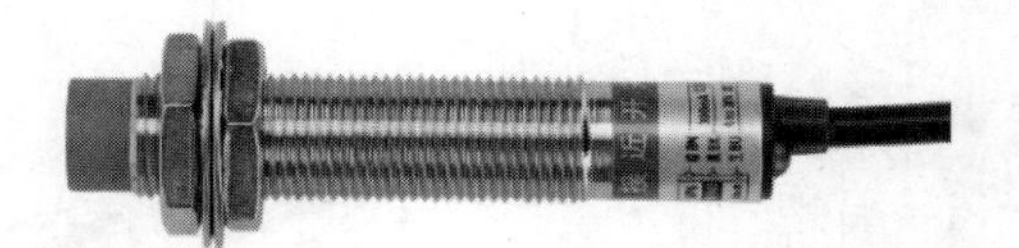

图 3-16　感应式接近传感器

在本书中感应式接近传感器一般指电感式接近传感器。感应式接近传感器原理图如图 3-17 所示。高频振荡器产生一个交变磁场，当金属物体接近这个磁场，并达到相应的检测距离时，便会在金属物体内产生涡流，而这个涡流反作用于接近传感器，使传感器振荡能力衰减，从而导致振荡衰减，直至停振。振荡器振荡及停振的变化被后级放大电路处理后转换成开关信号，触发驱动控制器件，由此识别出有无金属物体接近，进而控制开关的通和断。

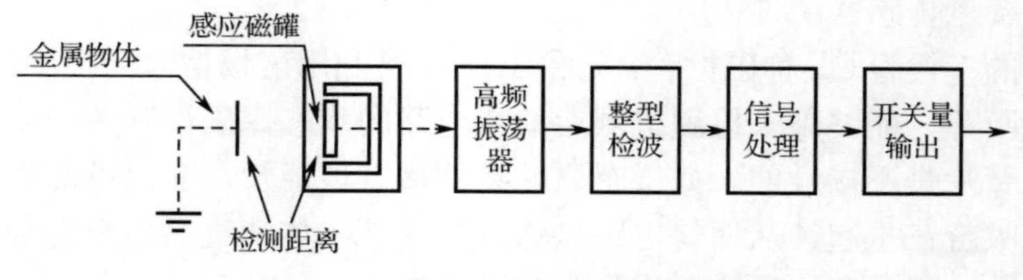

图 3-17　感应式接近传感器原理图

（5）电容式接近传感器

电容式接近传感器（见图 3-18），属于一种具有开关量输出的位置传感器，电容式接近传感器的感应面由两个同轴金属电极构成。它的测量头通常是构成电容器的一个极板，而另一个极板是被检测物体本身。当被检测物体移向电容式接近传感器时，被检测物体和接近传感器间的介电常数发生变化，使得和测量头相连的电路状态随之发生变化，由此便可控制开关的接通和关断。这种被检测物体，并不限于金属导体，也可以是绝缘的液体或粉状物体。电容式接近传感器需要确保被测环境中没有污染物，如灰尘、油污，这些因素会改变介电常数，从而改变测量结果。

图 3-18　电容式接近传感器

电容式接近传感器中包含一个高频的振荡器，并和头部的一块或两块电容极板相连，形成 RC 振荡电路，其原理图如图 3-19 所示。后半部分是比较器和输出级，这部分和电感开关、光电开关类似。

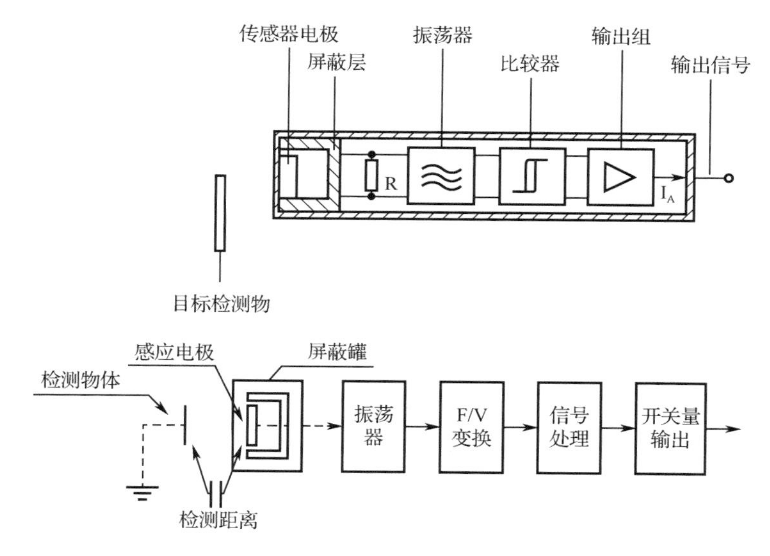

图 3-19　电容式接近传感器原理图

（6）超声波接近传感器

超声波接近传感器（见图 3-20）借助空气介质工作，用来检测可反射超声波的任何物体。其可循环发射超声波脉冲，这些脉冲被物体反射后，所形成的反射波被接收并转换成电信号。超声波接近传感器可检测到 2.5cm 至 10m 范围内的任何物体。超声波接近传感器用于检测不同材料、外形、颜色或浓度的物体，具有极佳的精确性、灵活性和可靠性。其应用范围非常广泛，可以实现液位测量或者高度测量。测量与表面的性质无关，表面可以粗

图 3-20　超声波接近传感器

糙或平滑、清洁或脏污、潮湿或干燥，且对脏物、环境光线和噪声不敏感。

2. **传感器的电路连接**

传感器分为两线制与三线制，在三线制中又分为 NPN 型与 PNP 型，不同类型的接线方式略有不同。图 3-21 所示为 PNP 型光电传感器与远程 I/O 模块输入端 FR1108 的接线图。值得注意的是，PNP 型传感器的信号输出端最终必须连接至 0V 端，而 NPN 型传感器的信号输出端必须连接至 24V 端。因此在接线时需仔细查找远程 I/O 模块的说明书，确认其公共端的接线方式，避免不必要的元件损坏。

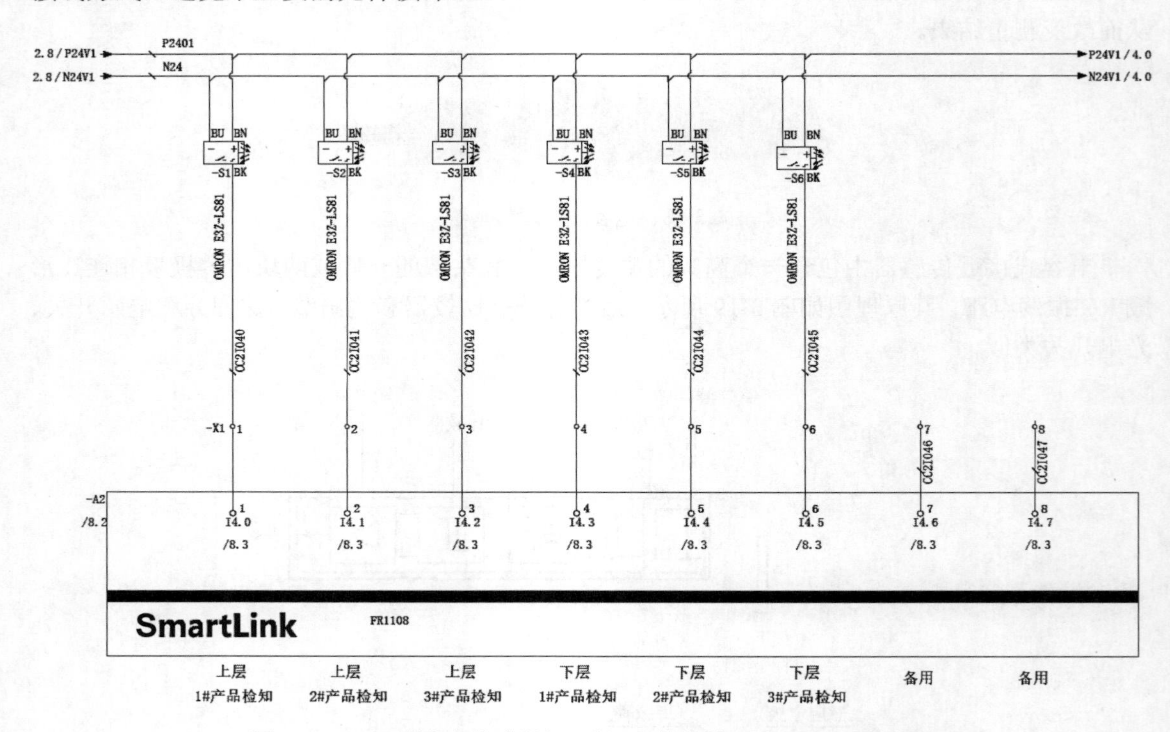

图 3-21　PNP 型光电传感器与远程 I/O 模块输入端 FR1108 接线图

3.5.3　网络通信设计方案

远程 I/O 模块的应用

1. **远程 I/O 模块的应用**

考虑到生产线柔性化及电气安装的便利性，本项目仓储单元配有远程 I/O 模块。该模块与项目一中的 DeviceNet 远程 I/O 模块类似，主控单元 S7-1200 PLC 作为仓储单元控制器。S7-1200 系列 CPU 支持连接带有 PROFINET I/O 接口的远程 I/O 设备，因此在本项目中选用支持 PROFINET 通信的远程 I/O 模块。

（1）PROFINET I/O 通信

PROFINET 由 PROFIBUS 国际组织（PROFIBUS International，PI）推出，用于在工业系统中收集并传输数据，可以实现实时数据的发送和接收，是基于工业以太网技术的自动化总线标准。

PROFINET 具有多制造商产品之间通信的能力，为自动化领域提供了一个完整的网络解

决方案，包括实时以太网、运动控制、分布式自动化、故障安全及网络安全等，并且可以兼容工业以太网和现有的现场总线（如 PROFIBUS）技术，其应用结果能够大大节省配置和调试费用。

PROFINET 网络和外部设备的通信是借由 PROFINET I/O 系统来实现的，PROFINET I/O 系统定义和现场连接的外部设备的通信功能。PROFINET I/O 系统分为 I/O 控制器、I/O 设备和 I/O 监控器。I/O 设备主要用于连接现场执行机构、检测装置，传递控制指令或采集现场数据，本项目中的远程 I/O 模块即为 I/O 设备；I/O 控制器通常用于自动化程序运行，连接至 I/O 设备进行寻址，实现现场 I/O 设备的自动化运行，本项目中的 PLC 即为 I/O 控制器；I/O 监控器是指用于调试、监控、诊断的 PG、PC 或 HMI 设备，本项目中主要使用 HMI 设备作为 I/O 监控器。

（2）PROFINET 结构

基于以太网技术的网络拓扑形式，即节点的互连形式，常见的有总线型、环形、星形和树形等。

① 总线型（或线形）：使用一条总线电缆作为传输介质，各节点通过接口接入总线，是工业通信网络中最常用的一种拓扑形式，如图 3-22 所示。

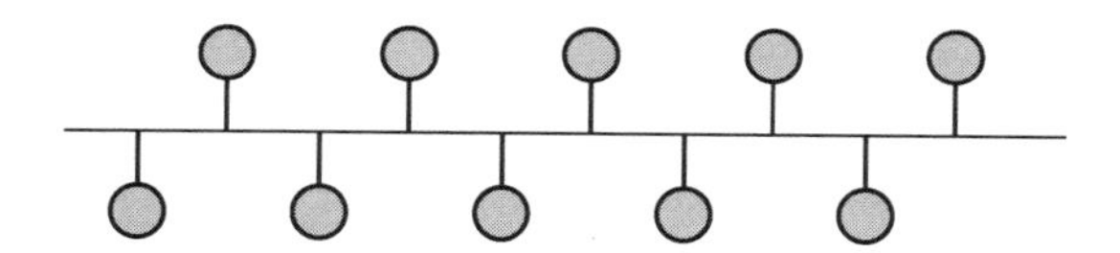

图 3-22　总线型网络拓扑形式

② 星形与树形：在星形网络拓扑形式中，每个节点通过点对点形式连接到中央节点（通常为交换机），任何节点之间的通信都通过中央节点进行；树形网络拓扑形式是星形网络拓扑形式的变种，常用于节点密集的地方，如图 3-23 所示。

③ 环形：通过网络节点点对点链路的连接，构成一个环路，信号在环路上从一个设备到另一个设备单向传输，直到到达目的地，如图 3-24 所示。

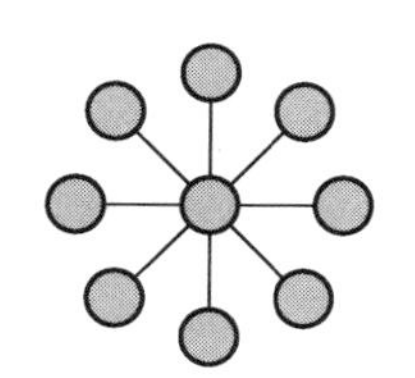

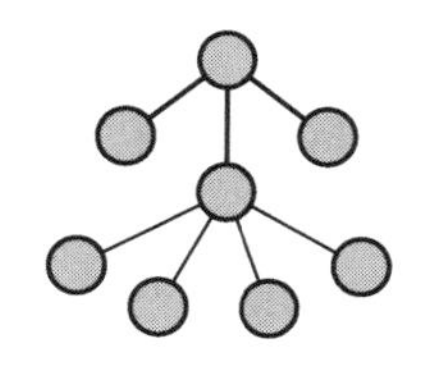

图 3-23　星形与树形网络拓扑形式

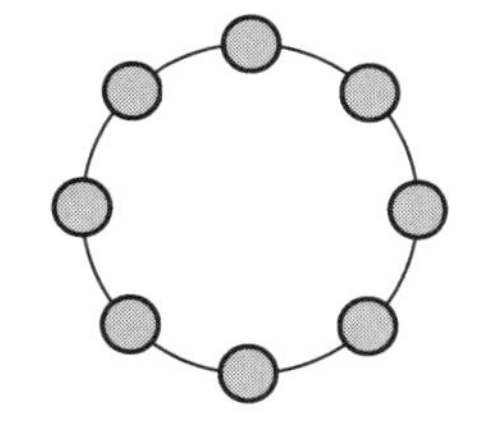

图 3-24　环形网络拓扑形式

（3）PLC 与远程 I/O 模块的 PROFINET 通信

本项目选用的 SmartLink 远程 I/O 模块由适配器、输入模块、输出模块组成。PROFINET 适配器（FR8210）如图 3-25 所示，可满足 PROFINET I/O 通信连接的同时作为该 I/O 系统的公共端电源，其侧面即可连接 I/O 模块。本项目根据仓储单元 I/O 点总数及传感器类型，选用输入模块 FR1108 及输出模块 FR2108 组装成本单元远程 I/O 模块（见图 3-26）。

图 3-25　PROFINET 适配器 FR8210

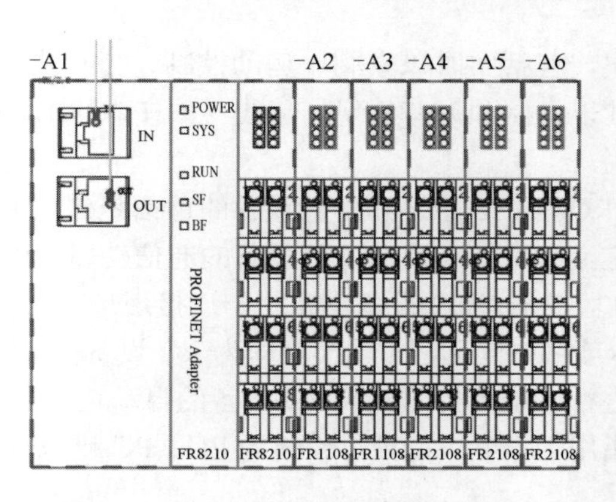

图 3-26　仓储单元远程 I/O 模块的组成

本项目中，在只考虑仓储单元的情况下，远程 I/O 模块的以太网接线，只需将适配器 IN 口与交换机使用以太网网线相连，将硬件安装完毕后，需要在 PLC 中对硬件进行组态，组态主要流程如图 3-27 所示。

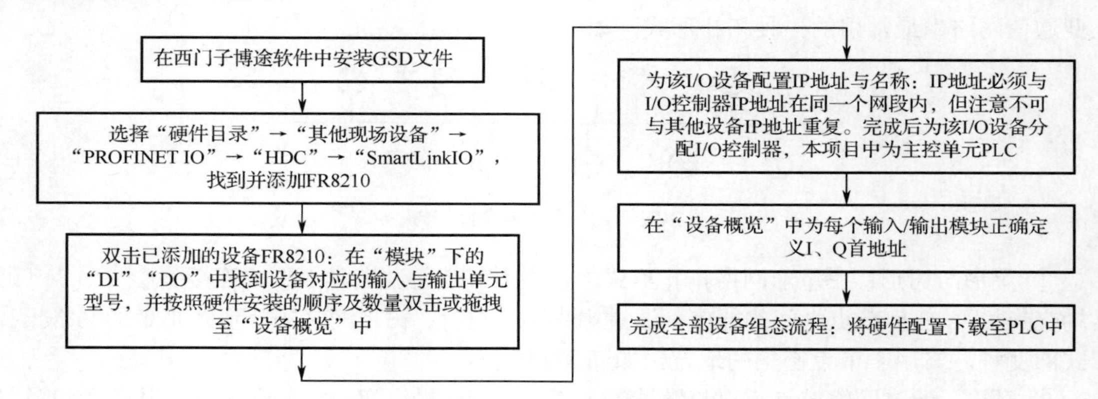

图 3-27　PROFINET I/O 设备组态主要流程

该设备的具体组态流程在设备使用手册中有详细说明，在此不过多赘述，但需注意以下几点。

① GSD 文件安装：组态流程第一步需要在博途软件中安装 GSD 文件，由于在基于 PROFINET 的通信中，主控部分需要对被控部分的设备信息有所了解，因此需要不同的被控设备提供相应文件对其进行说明，该文件即 GSD 文件，一般由设备厂商提供，其内容主要包括 I/O 设备的特性及 PROFINET 组态所需要的基本资料，文件的后缀是.xml。本项目中远程 I/O 模块对应的 GSD 文件及安装方法可在 SmartLink 官网下载。

② I、Q 首地址的定义：在“设备概览”中对输入/输出模块首地址进行定义，如图 3-28 所示，这里首地址的定义与 PLC 属性中 I、Q 地址的定义类似。定义首地址后，在 PLC 的自动化程序中，FR1108_1 的第一个输入点位即为 I1.0，FR2108_3 的第一个输出点位即为 Q3.0，以此类推。由于一个 PLC 下可挂多个远程 I/O 设备并实现自动化控制，所以在组态时需合理规划设备 I、Q 首地址，避免出现重复。

设备概览

模块	...	机架	插槽	I 地址	Q 地址	类型
HDC		0	0			FR8210
PN-IO		0	0 X1			HDC
FR1108_1		0	1	1		FR1108
FR1108_2		0	2	2		FR1108
FR2108_1		0	3		1	FR2108
FR2108_2		0	4		2	FR2108
FR2108_3		0	5		3	FR2108
		0	6			

图 3-28　输入/输出模块 I、Q 首地址定义

③ I/O 设备 IP 地址与名称的配置：在当前已装载至远程 I/O 模块的地址或名称与在博途软件中所定义的不同时，通过博途软件下载至设备无法直接对 I/O 设备进行更改。在这种情况下，需将 PLC 转至在线模式，选择“在线访问”→“在线和诊断”（见图 3-29）后对其地址与名称进行重新分配。

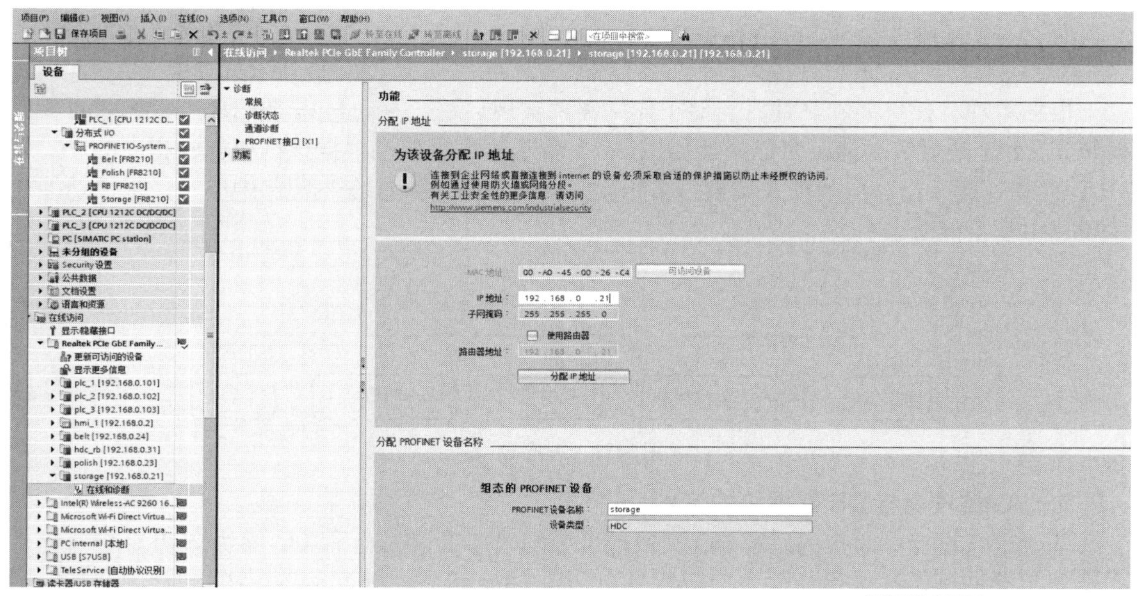

图 3-29　I/O 设备 IP 地址与名称的配置

仓储单元网络通信方案

2. 仓储单元网络通信方案

本项目中，仓储工作站的全自动出、入库需由仓储单元与机器人执行单元配合完成，两个单元之间的信号交互是实现该功能的必要条件。与项目一的情况相同，机器人控制器及其 DeviceNet 远程 I/O 模块皆不具备与主控 PLC 通信的功能，因此在本项目中应用 PROFINET 远程 I/O 模块作为机器人与 PLC 通信的“桥梁”，该模块输入/输出单元与机器人 DeviceNet 远程 I/O 模块输入/输出单元一一对应，通过点对点 I/O 接线即可实现两个模块间的通信。主控 PLC 则通过该模块实现与 PLC 信号的交互，其网络拓扑图如图 3-30 所示。

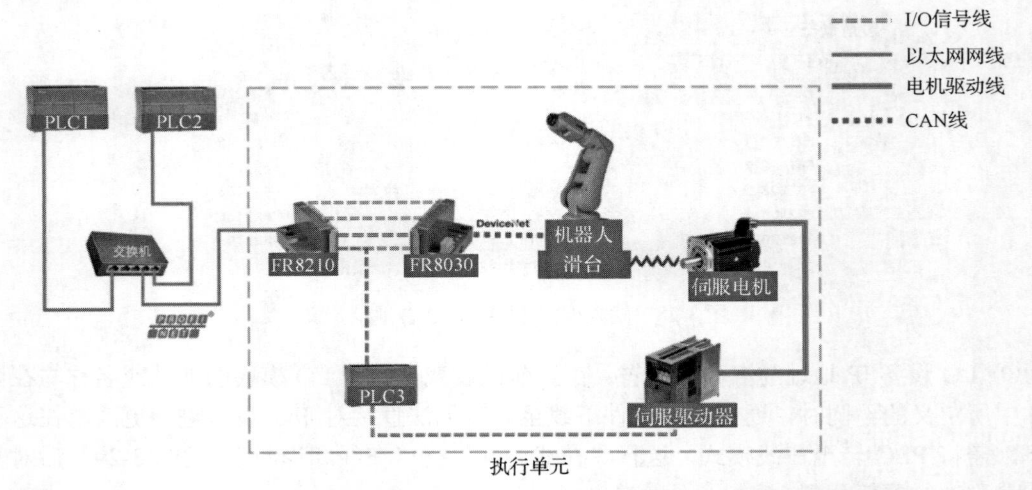

图 3-30　主控单元与机器人执行单元网络拓扑图

立体仓储工作站编程思路

3.5.4　立体仓储工作站编程思路

根据本项目任务要求，针对仓储工作站需要实现自动、手动与基础控制，报警，MES 数据统计、I/O 映射等功能，可以搭建如图 3-31 所示程序框架，根据该框架创建相应的 FC 或 FB 程序块，而手动、自动模式切换，初始化等功能可考虑直接在主程序中编写，报警功能在本项目中暂不涉及。

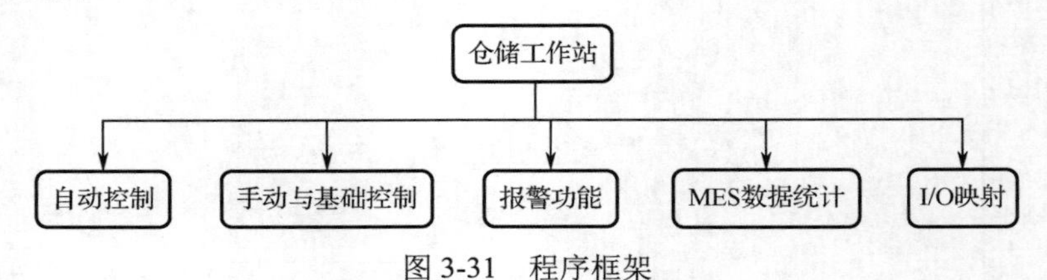

图 3-31　程序框架

1. I/O 信号表与 DB 数据块的定义

基于电气设计中给出的远程 I/O 模块地址分配表 3-2，完成远程 I/O 模块与 PLC 电气元件安装与手动调试，在博途软件中对远程 I/O 模块进行组态，分配输入/输出单元 FR1108 与 FR2108 的 I、Q 首地址，随后在 PLC 中对 I/O 信号进行定义。本项目中，按照图 3-32 所示的仓储远程 I/O 模块的 I、Q 地址分配方案，在表 3-3 中给出了部分信号分配。

表 3-2　仓储单元远程 I/O 模块地址分配表

信号输入模块				信号输出模块					
FR1108_1		FR1108_2		FR2108_1		FR2108_2		FR2108_3	
1	上层 1#原料检知	1	上层 1#气缸动点	1	上层 1#红灯	1	下层 1#红灯	1	上层 1#气缸
2	上层 2#原料检知	2	上层 2#气缸动点	2	上层 1#绿灯	2	下层 1#绿灯	2	上层 2#气缸
3	上层 3#原料检知	3	上层 3#气缸动点	3	上层 2#红灯	3	下层 2#红灯	3	上层 3#气缸
4	下层 1#原料检知	4	下层 1#气缸动点	4	上层 2#绿灯	4	下层 2#绿灯	4	下层 1#气缸
5	下层 2#原料检知	5	下层 2#气缸动点	5	上层 3#红灯	5	下层 3#红灯	5	下层 2#气缸

续表

信号输入模块				信号输出模块					
FR1108_1		FR1108_2		FR2108_1		FR2108_2		FR2108_3	
6	下层 3#原料检知	6	下层 3#气缸动点	6	上层 3#绿灯	6	下层 3#绿灯	6	下层 3#气缸
7	备用	7	备用	7	备用	7	备用	7	备用
8	备用	8	备用	8	备用	8	备用	8	备用

模块	...	机架	插槽	I 地址	Q 地址	类型
Storage		0	0			FR8210
PN-IO		0	0 X1			HDC
FR1108_1		0	1	4		FR1108
FR1108_2		0	2	5		FR1108
FR2108_1		0	3		4	FR2108
FR2108_2		0	4		5	FR2108
FR2108_3		0	5		6	FR2108

图 3-32　仓储远程 I/O 模块 I、Q 地址分配方案

表 3-3　I、Q 地址信号分配举例

I 地址信号分配		Q 地址信号分配	
上层 1#产品检知	%I4.0	Q_上层 1#气缸	%Q6.0
上层 2#产品检知	%I4.1	Q_上层 2#气缸	%Q6.1
上层 3#产品检知	%I4.2	Q_上层 3#气缸	%Q6.2
下层 1#产品检知	%I4.3	Q_下层 1#气缸	%Q6.3
下层 2#产品检知	%I4.4	Q_下层 2#气缸	%Q6.4
下层 3#产品检知	%I4.5	Q_下层 3#气缸	%Q6.5

分类创建 DB 数据块（见表 3-4）以实现某类信号的统一调用与管理，如本项目中可以创建“仓储仓位”“仓储信号交互”“自动”等 DB 数据块，其中“仓储信号交互”用来定义仓储与 WinCC 的信号交互，如图 3-33 所示，“自动”用来储存自动运行中需要的信号，而“仓储仓位”（见图 3-34）则创建 6 个时间功能块，用来定义每个仓位设有的所有物理输入/输出信号。Struct 类型是一种由多个不同数据类型元素组成的数据结构，其元素可以是基本数据类型 Int、Bool、Real 等，也可以是 Struct、数组等复杂数据类型及 PLC 数据类型（UDT）等。Struct 类型的变量在程序中可作为一个整体，也可单独使用组成该 Struct 的元素。本项目中，使用 Struct 中的元素进行逻辑编程，在 I/O 信号映射子程序中再将其与实际 I/O 地址一一对应，如图 3-35 所示，这样可以在实际工程中提高程序的通用性，便于后期修改与维护。

在完成信号定义后可开始基本功能、手动功能、状态切换等程序的编写。其中，基本功能涉及的指示灯控制较为简单，不再赘述。

表 3-4　子程序与数据块的创建

子程序	数据块
Main [OB1] IO点映射 [FC7] 报警 [FC4] 仓储手动 [FC1] 仓储自动流程 [FC2] 基础功能 [FC3]	仓储仓位 [DB1] 仓储信号交互 [DB6] 自动 [DB4]

仓储信号交互

	名称	数据类型	起始值	保持	从 HMI/OPC..	从 H...	在 HMI ...	设定值	注释
1	▼ Static			☐	☐	☐	☐	☐	
2	仓位选择1	Bool	false	☐	☑	☑	☑	☐	选择仓位号1
3	仓位选择2	Bool	false	☐	☑	☑	☑	☐	选择仓位号2
4	仓位选择3	Bool	false	☐	☑	☑	☑	☐	选择仓位号3
5	仓位选择4	Bool	false	☐	☑	☑	☑	☐	选择仓位号4
6	仓位选择5	Bool	false	☐	☑	☑	☑	☐	选择仓位号5
7	仓位选择6	Bool	false	☐	☑	☑	☑	☐	选择仓位号6
8	手动运行状态	Bool	false	☐	☑	☑	☑	☐	手动运行状态运行中
9	自动运行状态	Bool	false	☐	☑	☑	☑	☐	自动运行状态运行中
10	停止状态	Bool	false	☐	☑	☑	☑	☐	设备处于停止状态
11	初始状态	Bool	false	☐	☑	☑	☑	☐	设备处于初始状态
12	复位	Bool	false	☐	☑	☑	☑	☐	复位按钮（初始化）
13	停止	Bool	false	☐	☑	☑	☑	☐	停止按钮
14	手动	Bool	false	☐	☑	☑	☑	☐	手动模式按钮
15	自动	Bool	false	☐	☑	☑	☑	☐	自动模式按钮
16	开始入库	Bool	false	☐	☑	☑	☑	☐	开始入库按钮
17	开始出库	Bool	false	☐	☑	☑	☑	☐	开始出库按钮
18	自动步骤	Int	0	☐	☑	☑	☑	☐	自动运行步骤
19	料仓号码	Int	0	☐	☑	☑	☑	☐	料仓号码选择

图 3-33　仓储与 WinCC 的信号交互

仓储仓位

	名称	数据类型	起始值	保持	从 HMI/OPC..	从 H...	在 HMI ...
1	▼ Static			☐	☐	☐	☐
2	▼ 仓位1	Struct		☐	☑	☑	☑
3	气缸推出	Bool	false	☐	☑	☑	☑
4	产品检知	Bool	false	☐	☑	☑	☑
5	气缸推出到位	Bool	false	☐	☑	☑	☑
6	红灯	Bool	false	☐	☑	☑	☑
7	绿灯	Bool	false	☐	☑	☑	☑
8	▼ 仓位2	Struct		☐	☑	☑	☑
9	气缸推出	Bool	false	☐	☑	☑	☑
10	产品检知	Bool	false	☐	☑	☑	☑
11	气缸推出到位	Bool	false	☐	☑	☑	☑
12	红灯	Bool	false	☐	☑	☑	☑
13	绿灯	Bool	false	☐	☑	☑	☑
14	▶ 仓位3	Struct		☐	☑	☑	☑
15	▶ 仓位4	Struct		☐	☑	☑	☑
16	▶ 仓位5	Struct		☐	☑	☑	☑
17	▶ 仓位6	Struct		☐	☑	☑	☑

图 3-34　仓储仓位监控信号

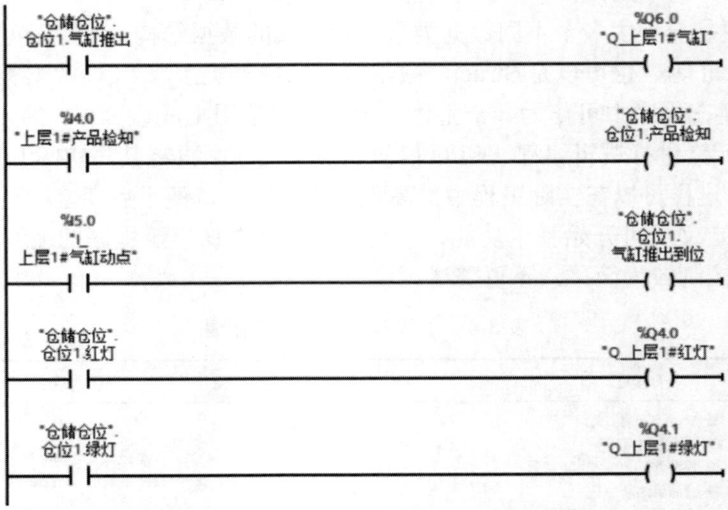

"仓储仓位".仓位1.气缸推出 —| |— ( ) %Q6.0 "Q_上层1#气缸"

%I4.0 "上层1#产品检知" —| |— ( ) "仓储仓位".仓位1.产品检知

%I5.0 "I_上层1#气缸动点" —| |— ( ) "仓储仓位".仓位1.气缸推出到位

"仓储仓位".仓位1.红灯 —| |— ( ) %Q4.0 "Q_上层1#红灯"

"仓储仓位".仓位1.绿灯 —| |— ( ) %Q4.1 "Q_上层1#绿灯"

图 3-35　1 号仓位 I/O 信号映射程序举例

2. 模式切换与初始化控制程序编写

按照任务要求，手动、自动运行状态的保持与通断控制可参考电机启保停的PLC典型控制程序，如图3-36所示，手动、自动控制形成互锁，其通断条件也可根据需要在该程序框架中进行调整，在满足手动、自动运行状态条件后即可调用对应的子程序。在初始化功能中，工作站需在停止的状态下对其进行复位，实现所有输出信号、中间控制信号、计数的复位与清零。

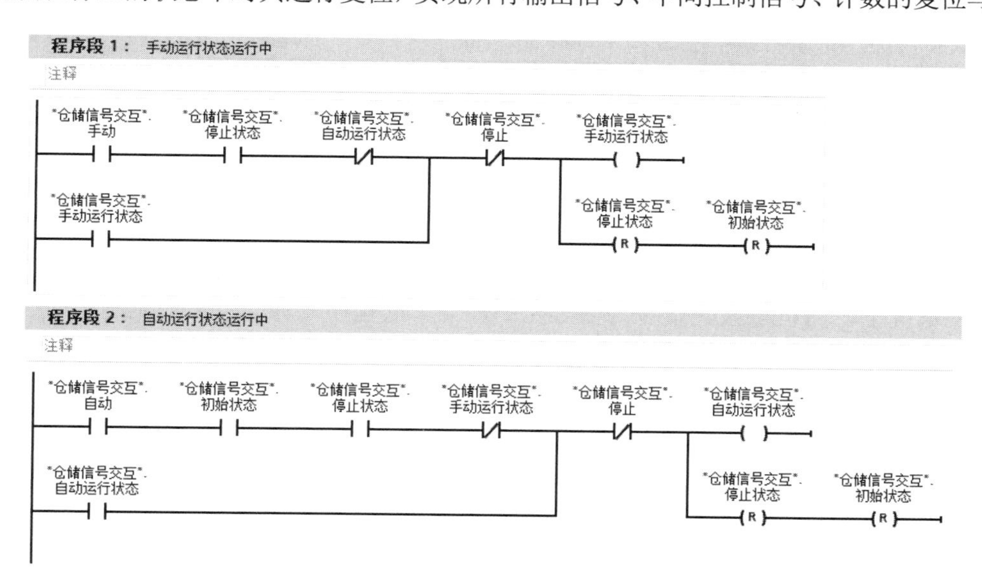

图3-36　手动、自动运行状态程序

3. 手动控制程序编写

以手动控制实现1、2号仓位气缸动作为例。手动控制实现的动作逻辑较为简单，其重点是选择手动、自动模式时相关限制条件的定义。在选择手动模式后即可对工作站进行手动操作，程序如图3-37所示。该程序有多种编写方式，考虑单控二位四通电磁阀的功能，同时为了避免自动运行程序中出现线圈复用的问题，这里选择使用SET/RESET指令。

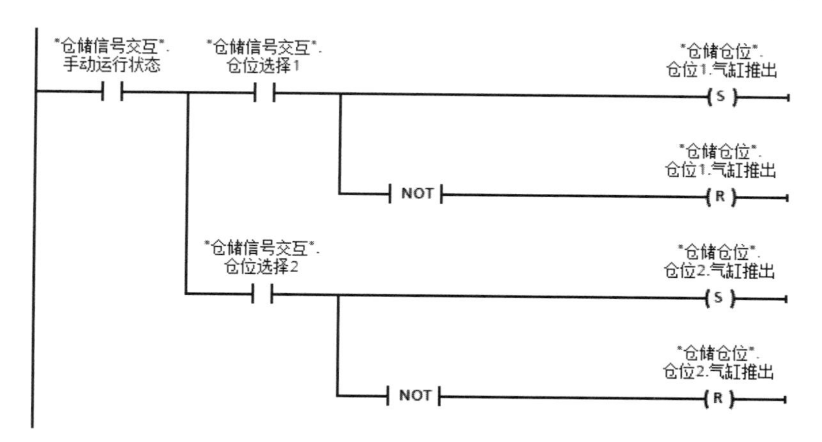

图3-37　上层1、2号仓位手动控制程序编写

4. 自动运行任务编程思路

（1）自动运行功能工艺流程分析

拓展任务中的自动运行功能需连续完成多个轮毂的自动出、入库，自动运行功能工艺流程如图 3-38 所示。

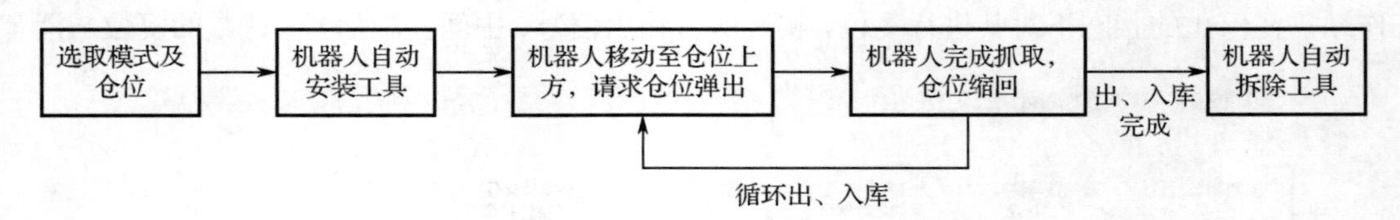

图 3-38　自动运行功能工艺流程

（2）自动控制流程分析与信号的定义

仓储单元物料自动出、入库必须通过机器人与仓储单元的信号交互实现。在工作流程较为单一的情况下，将机器人直接作为核心控制器会降低程序编写与调试的难度。但在流程与数据处理较为复杂时，以 PLC 作为自动化运行中的上位机（或控制器），将提高自动化运行的柔性程度，同时有利于后期自动下单、生产节拍监测等功能的开发。

本任务根据系统架构，以 PLC 作为核心控制器。在整个工作流程中，机器人需要接收与发出的信息，包括出、入库轮毂的料仓号码，开始出库、开始入库的信号及实施过程中抓、放动作的时机，所以 PLC 与机器人之间的信号交互主要实现以下内容。

① 向机器人发送需要出、入库的料仓号码。

② 向机器人发送出、入库任务的开始信号。

③ 接收机器人到达抓、放位置等待点的信号（机器人请求抓、放料）。

④ 向机器人反馈料仓推出、缩回到位信号。

⑤ 接收机器人已完成抓、放动作反馈信号（机器人抓、放料完成）。

以上 5 项信号交互需求，①、②、④项为 PLC 向机器人发送信号，③、⑤项则为 PLC 接收机器人反馈的信号，基于图 3-39 中 I/O 模块的首地址分配，在表 3-5 与表 3-6 中定义了主控 PLC 下 FR8210 远程 I/O 模块与机器人 FR8030 远程 I/O 模块信号交互地址分配，使其能够满足机器人与料仓出、入运动过程中的信号配合。

模块	...	机架	插槽	I 地址	Q 地址	类型
▼ RB		0	0			FR8210
▶ PN-IO		0	0 X1			HDC
FR1108_1		0	1	16		FR1108
FR1108_2		0	2	17		FR1108
FR1108_3		0	3	18		FR1108
FR1108_4		0	4	19		FR1108
FR2108_1		0	5		16	FR2108
FR2108_2		0	6		17	FR2108
FR3004_1		0	7	24...31		FR3004

图 3-39　I/O 模块的首地址分配

表 3-5　PLC 向机器人发送信号

FR8210 I/O 地址	PLC I/O 点	功能
FR2108 NO.1 第1～3个输出信号	Q16.0～Q16.2	发送料仓号码
FR2108 NO.1 第 4 个输出信号	Q16.3	发送开始出库任务的信号
FR2108 NO.1 第 5 个输出信号	Q16.4	发送开始入库任务的信号
FR2108 NO.1 第 6 个输出信号	Q16.5	发送料仓已推出到位信号
FR2108 NO.1 第 7 个输出信号	Q16.6	发送料仓已缩回到位信号

FR8030 I/O 地址	信号名称	功能	对应功能号码
FR1108 NO.1 第 1～3 个输入信号	gi1_Nstore	接收料仓号码	①
FR1108 NO.1 第 4 个输入信号	di4_StartOut	接收开始出库任务的信号	②
FR1108 NO.1 第 5 个输入信号	di5_StartIn	接收开始入库任务的信号	②
FR1108 NO.1 第 6 个输入信号	di6_StoreOut	接收料仓已推出到位信号	④
FR1108 NO.1 第 7 个输入信号	di7_StoreIn	接收料仓已缩回到位信号	④

表 3-6　PLC 接收机器人反馈的信号

FR8210 I/O 地址	PLC I/O 点	功能
FR1108 NO.2 第 6 个输入信号	I17.5	接收机器人给出的料仓推出信号
FR1108 NO.2 第 7 个输入信号	I17.6	接收机器人给出的料仓缩回信号

FR8030 I/O 地址	信号名称	功能	对应功能号码
FR2108 NO.4 第 6 个输出信号	do13_StorageOut	已到达抓、放等待点，请求料仓推出	③
FR2108 NO.4 第 7 个输出信号	do14_StorageIn	告知已完成抓、放动作，请求料仓缩回	⑤

（3）顺序功能流程图

在编程中应用顺序功能流程图可以直观地表达控制任务，编写 PLC 梯形图时可有效避免自动运行流程中的逻辑漏洞。本项目中，仓储单元与机器人配合下，轮毂自动出库的控制流程即可通过绘制顺序功能流程图，理清思路后转化为 PLC 梯形图程序。表 3-7 中以 1 号料仓为例展示了顺序功能流程图的应用，该流程即可实现自动运行任务中轮毂的自动出库。

表 3-7　自动运行流程中 PLC 程序展示与分析

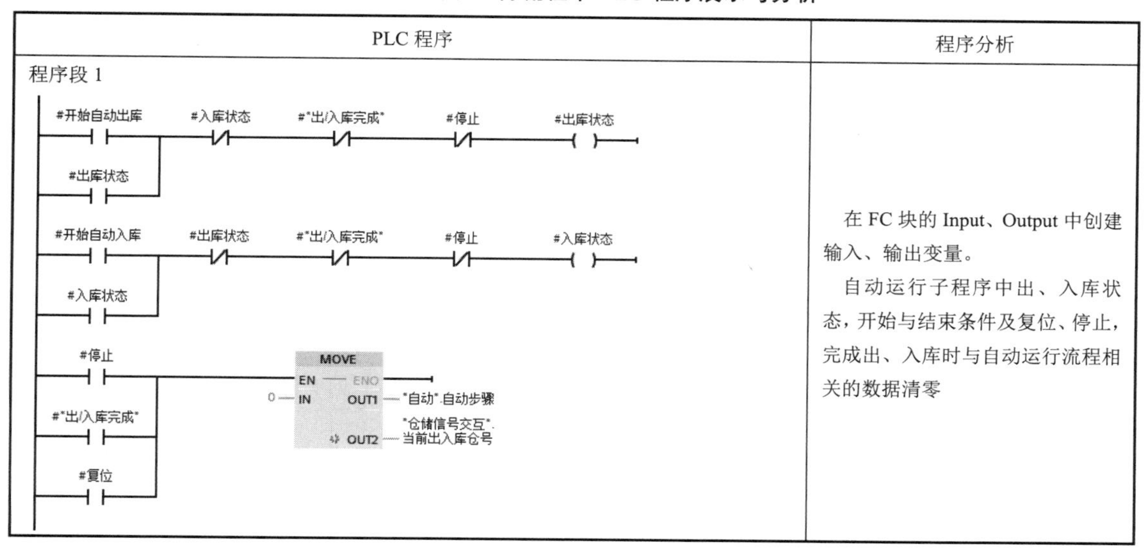

PLC 程序	程序分析
程序段 1	在 FC 块的 Input、Output 中创建输入、输出变量。 自动运行子程序中出、入库状态，开始与结束条件及复位、停止，完成出、入库时与自动运行流程相关的数据清零

续表

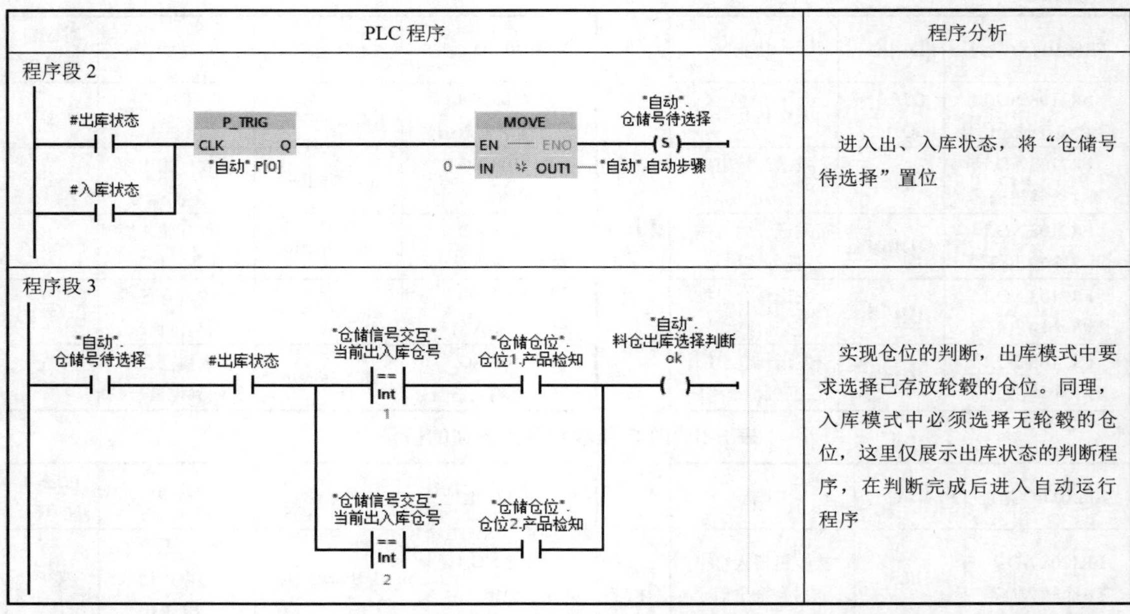

PLC 程序	程序分析
程序段 2	进入出、入库状态，将“仓储号待选择”置位
程序段 3	实现仓位的判断，出库模式中要求选择已存放轮毂的仓位。同理，入库模式中必须选择无轮毂的仓位，这里仅展示出库状态的判断程序，在判断完成后进入自动运行程序

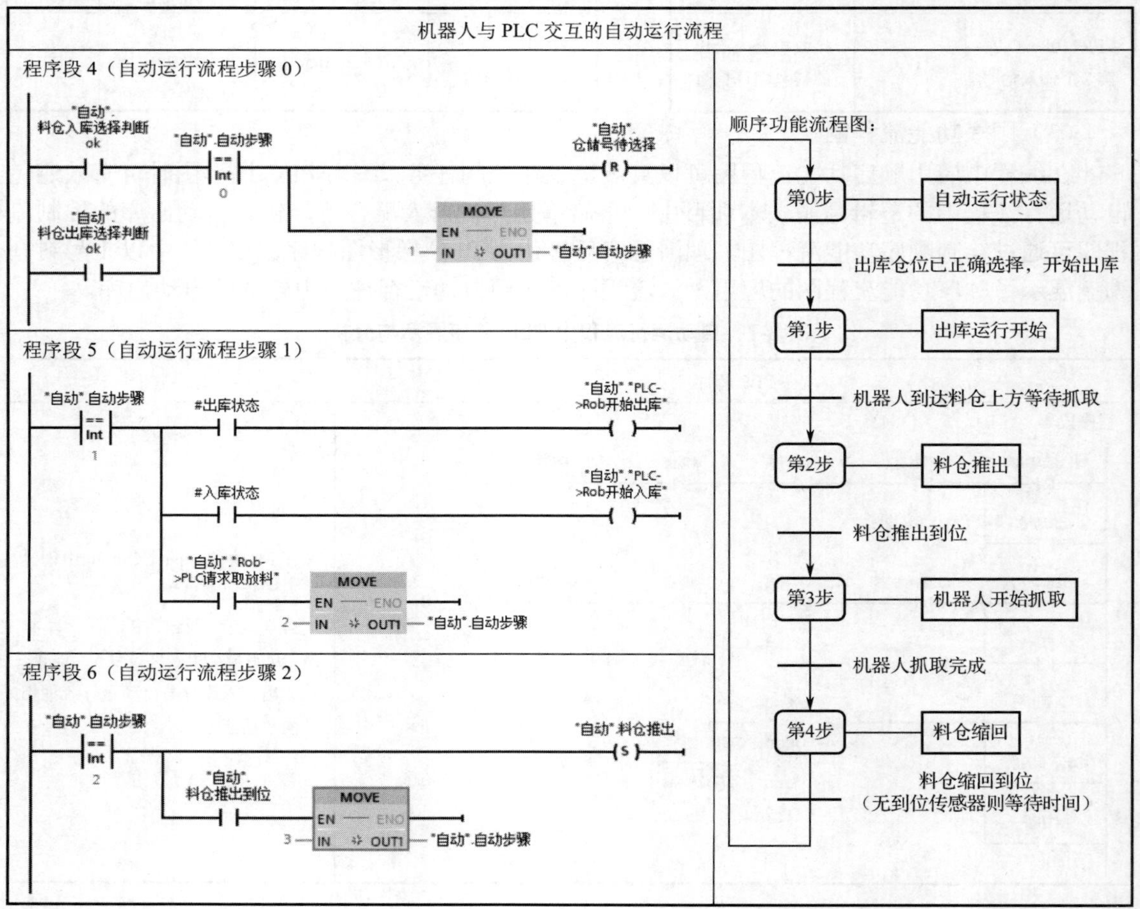

机器人与 PLC 交互的自动运行流程	
程序段 4（自动运行流程步骤 0）	顺序功能流程图：
程序段 5（自动运行流程步骤 1）	
程序段 6（自动运行流程步骤 2）	

续表

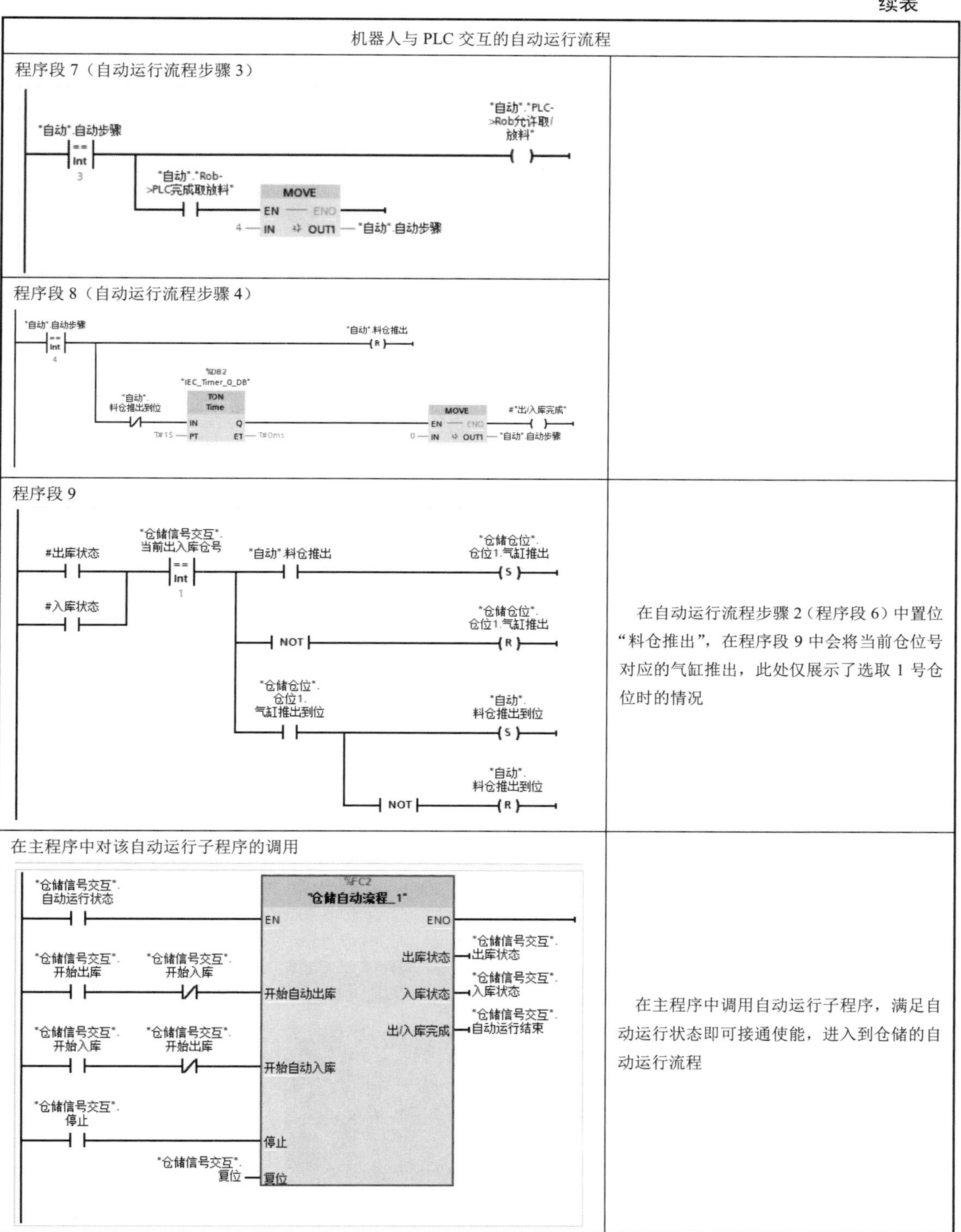

机器人与PLC交互的自动运行流程	
程序段7（自动运行流程步骤3）	
程序段8（自动运行流程步骤4）	
程序段9	在自动运行流程步骤2（程序段6）中置位“料仓推出”，在程序段9中会将当前仓位号对应的气缸推出，此处仅展示了选取1号仓位时的情况
在主程序中对该自动运行子程序的调用	在主程序中调用自动运行子程序，满足自动运行状态即可接通使能，进入到仓储的自动运行流程

DB数据块（见图3-40）中涉及的机器人与PLC的交互信号需要在“I/O映射”子程序中进行一一映射，如图3-41所示。

自动

	名称	数据类型	起始值	保持	从 HMI/OPC...	从 H...	在 HMI ...
1	▼ Static			☐	☐	☐	☐
2	自动步骤	Int	0	☐	☑	☑	☑
3	仓储号待选择	Bool	false	☐	☑	☑	☑
4	料仓已选择	Bool	false	☐	☑	☑	☑
5	PLC->Rob开始出库	Bool	false	☐	☑	☑	☑
6	PLC->Rob开始入库	Bool	false	☐	☑	☑	☑
7	PLC->Rob允许取/放料	Bool	false	☐	☑	☑	☑
8	料仓推出	Bool	false	☐	☑	☑	☑
9	料仓缩回	Bool	false	☐	☑	☑	☑
10	料仓推出到位	Bool	false	☐	☑	☑	☑
11	料仓出库选择判断ok	Bool	false	☐	☑	☑	☑
12	料仓入库选择判断ok	Bool	false	☐	☑	☑	☑
13	Rob->PLC请求取料	Bool	false	☐	☑	☑	☑
14	Rob->PLC完成取料	Bool	false	☐	☑	☑	☑

图 3-40　DB 数据块

"自动"."PLC->Rob开始出库" —| |— %Q16.3 "plc->Rb开始出库" —( )—

"自动"."PLC->Rob开始入库" —| |— %Q16.4 "plc->Rb开始入库" —( )—

%I17.6 "Rb->plc缩回料仓" —| |— "自动"."Rob->PLC完成取放料" —( )—

%I17.5 "Rb->plc推出料仓" —| |— "自动"."Rob->PLC请求取放料" —( )—

图 3-41　机器人与 PLC 交互信号的 I/O 映射

5. 机器人运动程序编程思路

（1）自动出、入库机器人程序编写

可首先创建数组用作 6 个仓位目标点的存储，如图 3-42 所示，在程序中直接使用 PLC 传输至机器人的仓位号对目标点进行调用。针对任务要求，可在机器人程序中创建机器人初始化、抓取（出库）动作、抓取（入库）动作、目标点位定义等几个子程序，以便于管理与调用。

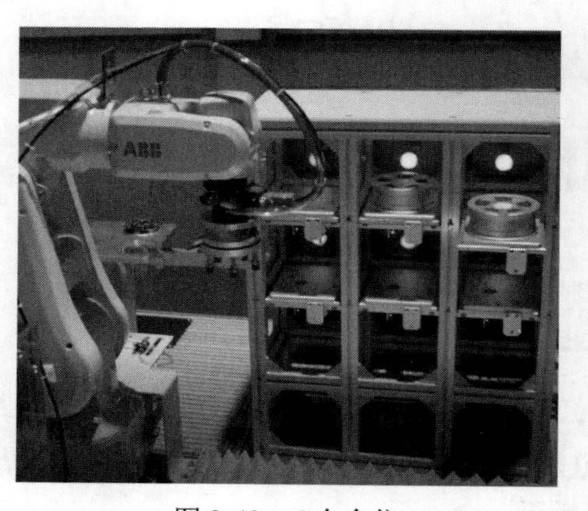

机器人运动程序编程思路

图 3-42　6 个仓位

CONST robtarget pStore{6}:=[p1,p2,p3,p4,p5,p6]; PERS num Numstore;	!建立包含 6 个元素的一维数组，元素分别是6个轮毂robtarget抓取目标点 p1、p2、p3、p4、p5、p6 !定义、储存轮毂号

PROC main()
init;
WHILE TRUE DO
IF di4_StartOut =1 THEN
rHubnum;
rStorePick;
ENDIF
ENDWHILE
ENDPROC
	
	!程序初始化
	
	!调用仓位号赋值
	!抓取轮毂

PROC rStorePick() Reset do13_StorageOut; Reset do14_StorageIn;	!rStorePick 子程序用作定义轮毂的出库流程 !复位请求取料信号 !复位完成取料信号
MoveJ pHome,v200,z50,tool0; MoveJ Offs(pStore{Numstore},120,0,40),v200,fine,tool0; MoveL Offs(pStore{Numstore},0,0,40),v50,fine,tool0;	!为机器人定义一个 pHome 点 !由于此机器人工作站布置较为紧凑，为避免机器人与仓储单元发生碰撞，其移动轨迹需合理规划
Set do13_StorageOut; WaitDI　di6_StoreOut, 1; MoveL pStore{Numstore},v20,fine,tool0; Set do_vaccumn; WaitTime 1.5; MoveL Offs(pStore{Numstore},0,0,30),v20,fine,tool0;	!发送至 PLC 请求取料信号 !等待 PLC 料仓推出信号 !吸盘吸取轮毂
Set do14_StorageIn; MoveJ Offs(pStore{Numstore},120,0,30),v200,fine,tool0; MoveJ phome, v200, z50, tool0; ENDPROC	!发送至 PLC 完成取料信号
PROC rHubnum() Numstore:= gi1_Nstore; ENDPROC	!rHubnum 子程序用作仓位号的定义 !将要抓的轮毂号通过 PLC 传输给机器人 GI 信号后赋值给 Numstore

本项目中给出的例程中没有要求在 PLC 下对机器人启动、停止等系统信号的控制，可根据实际情况，自行设计程序增加该项功能。

6. 拓展任务 PLC 程序编程思路

(1) 编写 PLC 程序实现连续运行

按照自动运行拓展任务的要求实现连续出、入库，首先需考虑连续出、入库仓位号的存储，较好的处理方法是创建一维数组，将号码依次存入其中。结合前期完成的单个仓位出、入库自动运行程序，在判断仓位号之前将数组中所存储的号码按顺序赋值给“当前出入库仓号”，如在完成一次自动出、入库流程后再将数组中的第二个存储的号码赋值给“当前出入库仓号”，开始新的流程。具体程序如表 3-8 所示。

表 3-8　拓展任务 PLC 程序展示与分析

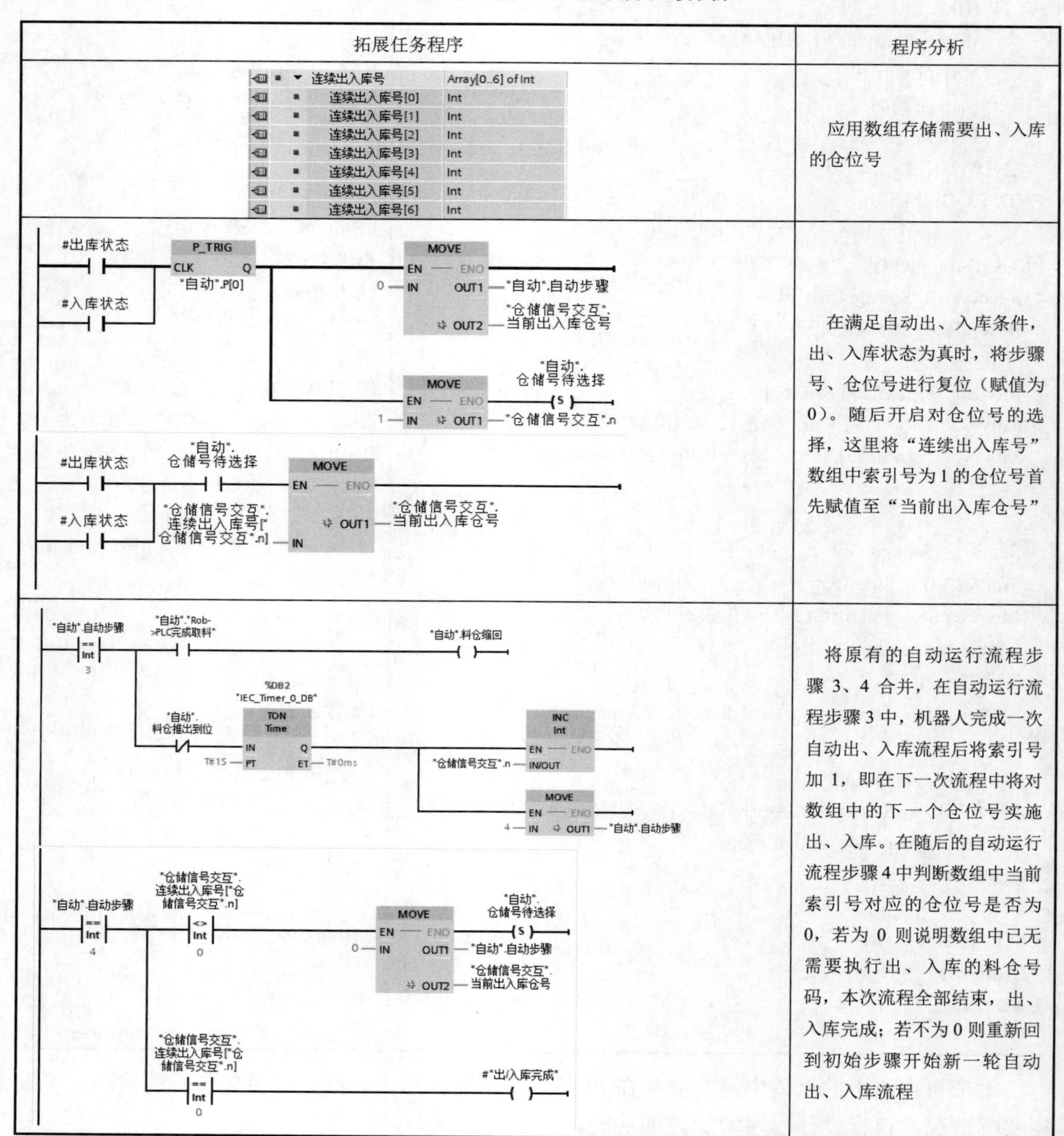

拓展任务程序	程序分析
连续出入库号 Array[0..6] of Int 连续出入库号[0] Int 连续出入库号[1] Int 连续出入库号[2] Int 连续出入库号[3] Int 连续出入库号[4] Int 连续出入库号[5] Int 连续出入库号[6] Int	应用数组存储需要出、入库的仓位号
#出库状态　#入库状态　P_TRIG CLK Q "自动".P[0] MOVE EN ENO　0 IN OUT1 "自动".自动步骤　OUT2 "仓储信号交互".当前出入库仓号 MOVE EN ENO　1 IN OUT1 "仓储信号交互".n　"自动".仓储号待选择 (S) #出库状态　#入库状态　"自动".仓储号待选择 MOVE EN ENO　"仓储信号交互".连续出入库号["仓储信号交互".n] IN　OUT1 "仓储信号交互".当前出入库仓号	在满足自动出、入库条件，出、入库状态为真时，将步骤号、仓位号进行复位（赋值为0）。随后开启对仓位号的选择，这里将“连续出入库号”数组中索引号为1的仓位号首先赋值至“当前出入库仓号”
"自动".自动步骤 == Int 3　"自动"."Rob->PLC完成取料"　"自动".料仓缩回 ( ) "自动".料仓推出到位　%DB2 "IEC_Timer_0_DB" TON Time IN Q　T#1S PT ET T#0ms INC Int EN ENO　"仓储信号交互".n IN/OUT MOVE EN ENO　4 IN OUT1 "自动".自动步骤 "自动".自动步骤 == Int 4　"仓储信号交互".连续出入库号["仓储信号交互".n] <> Int 0 MOVE EN ENO　0 IN OUT1 "自动".自动步骤　OUT2 "仓储信号交互".当前出入库仓号　"自动".仓储号待选择 (S) "仓储信号交互".连续出入库号["仓储信号交互".n] == Int 0　#"出/入库完成" ( )	将原有的自动运行流程步骤 3、4 合并，在自动运行流程步骤 3 中，机器人完成一次自动出、入库流程后将索引号加 1，即在下一次流程中将对数组中的下一个仓位号实施出、入库。在随后的自动运行流程步骤 4 中判断数组中当前索引号对应的仓位号是否为 0，若为 0 则说明数组中已无需要执行出、入库的料仓号码，本次流程全部结束，出、入库完成；若不为 0 则重新回到初始步骤开始新一轮自动出、入库流程

（2）MES 数据统计功能

数据统计功能可以选择用结构化编程语言来实现，实现拓展任务中仓储内的已存储产品的计数功能，空余仓位的号码则存入数组中。但需注意，在程序的初始需要将计数值与存储的仓位号进行初始化，避免数据重复累加。在该程序中，如果将仓位状态存储在数组中，就可利用循环指令对数组中仓位的状态进行判断，将大幅度精简程序。

```
#n := 0;                                          //计数值初始化
FOR #a := 1 TO 6 DO                               //空余仓位记录初始化
    "仓储信号交互".空余仓位[#a] := 0;
END_FOR;

IF "仓储仓位".仓位 1."产品检知" THEN
    #n := #n + 1;                                 //仓位状态判断，为真则计数值加 1
ELSE
    "仓储信号交互".空余仓位[#n + 1] := 1;          //否则将其号码记录到空余仓位
END_IF;

IF "仓储仓位".仓位 2."产品检知" THEN
    #n := #n + 1;
ELSE
    "仓储信号交互".空余仓位[#n + 1] := 2;
END_IF;

IF "仓储仓位".仓位 3."产品检知" THEN
    #n := #n + 1;
ELSE
    "仓储信号交互".空余仓位[#n + 1] := 3;
END_IF;

IF "仓储仓位".仓位 4."产品检知" THEN
    #n := #n + 1;
ELSE
    "仓储信号交互".空余仓位[#n + 1] := 4;
END_IF;

IF "仓储仓位".仓位 5."产品检知" THEN
    #n := #n + 1;
ELSE
    "仓储信号交互".空余仓位[#n + 1] := 5;
END_IF;

IF "仓储仓位".仓位 6."产品检知" THEN              //将计数值输出至“存储数量”
    #n := #n + 1;
ELSE
    "仓储信号交互".空余仓位[#n + 1] := 6;
END_IF;
    "仓储信号交互".存储数量:=#n;
```

3.6 思政养成：自动化仓储技术的过去与未来

随着工业技术的进步，自动化仓储技术在我国工厂智能化、自动化中得到了广泛应用。

20 世纪 90 年代，我国开始逐步应用自动化立体库技术，并有越来越多的企业参与其中，一些核心企业逐渐掌握了立体库的关键设备技术。1995 年，西门子的 PLC 控制技术首次应用于自动化立体库，这标志着以单片机为代表的控制技术时代结束。随着改革开放的深入，昆船集团抓住机遇，率先承担了昆明卷烟厂的物流工程项目。为此，该公司成立了物流设备研究中心，并建立了堆垛机实验室。通过引进日本的村田堆垛机技术，我国的物流技术直接与国际先进技术接轨。

进入 21 世纪，中国的互联网技术和整个物流装备行业都在迅速发展，许多新兴企业涌现，市场需求迅速增长。苏州起重机厂、太原五一机器厂等传统企业的转制催生了更多新企业的诞生。苏州起重机厂使苏州成为我国堆垛机的重要生产基地，而无锡中鼎、苏州普成机械、苏州富士德等企业继承并发扬了苏州起重机厂的技术。太原五一机器厂的改制催生了太原刚玉、太原高科、山西东杰、太原福莱瑞达等企业，使得太原成为我国另一个堆垛机的重要制造基地。

我国自动化仓储技术的发展对于经济的发展具有重要意义。自动化仓储技术的普及和应用提高了制造业和物流业的效率，降低了成本，增强了我国制造业的竞争力。未来的自动化仓储设备将会更加智能化和自适应化，可以根据不同的物流需求和场景进行灵活调整，提高仓储效率和物流运作效率。此外，自动化仓储技术可与其他技术相结合，如无人机、自动驾驶等，实现更加高效和智能的物流配送，推动物流行业的数字化和智能化发展。

项目四　机器人视觉检测工作站集成与调试

1. 知识目标

（1）了解视觉检测工作站的类型、功能与结构

（2）了解视觉系统的组成部分，电气、网络的连接，通信协议等

（3）了解视觉系统的基本设置，如 IP 地址配置等

（4）熟悉用视觉系统识别、检测颜色的方法

（5）熟悉用视觉系统识别、检测二维码的方法

2. 技能目标

（1）能通过查找视觉系统说明书完成设备接线与调试

（2）学会机器人视觉系统的 Socket 通信方法

3. 素质目标

（1）培养学生的自学能力

（2）培养学生善于发现、思考及解决问题的能力

（3）培养学生的团队协作能力

（4）培养学生的职业认同感

4. 工作任务导图

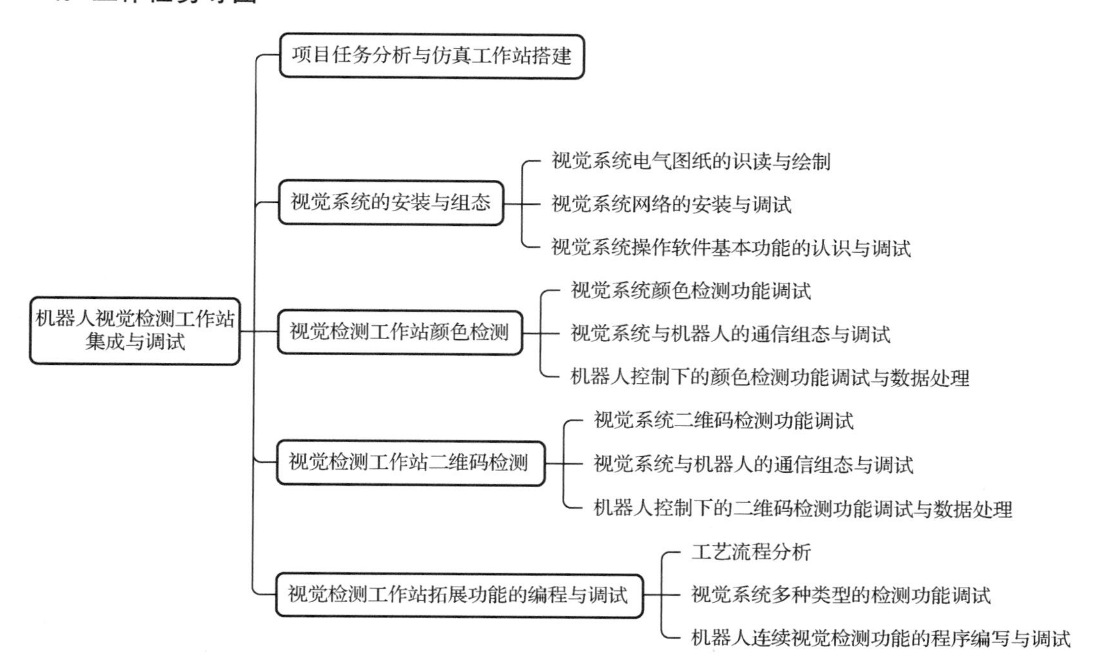

4.1 任务情境描述

基本任务要求

为了提高生产效率，现需要对视觉检测工作站进行智能化改造，并按要求对现有轮毂零件的检测工序进行升级。厂家通过粘贴颜色标签与二维码信息对不同的轮毂进行了分类：颜色与打磨工序相关，二维码对应车型编号与数控加工图案相关。现在需要利用视觉检测工作站，由机器人抓取轮毂后，利用视觉相机扫描并识别轮毂的信息，根据轮毂信息进行后续的加工与分类，从而提高轮毂的自动生产效率。轮毂视觉检测区域如图 4-1 所示。

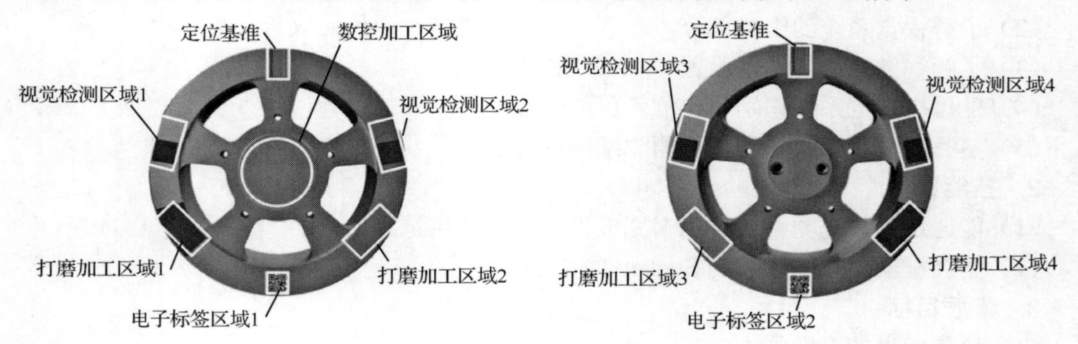

图 4-1 轮毂视觉检测区域

1. 基本任务要求

任务 1：项目任务分析与仿真工作站搭建

在仿真软件中，完成视觉检测单元与机器人执行单元的三维环境搭建，要求机器人能够抓取轮毂到达视觉检测区域，完成视觉检测的动作流程。

任务 2：视觉系统的安装与组态

依照设计布局，完成视觉检测工作站的位置调整，以及硬件拼装固定，各工作站间通过连接板固连。平台底柜内部连通、无门板遮挡，外部安装门板，多余门板放置在 U 形支架内。完成视觉系统的电气、网络连接。

任务 3：视觉检测工作站颜色检测

对视觉控制器进行操作与编程，配置视觉系统的工艺流程，对于轮毂零件表面所贴的视觉检测区域颜色（绿色/红色）进行识别、检测，输出产品状态（绿色为合格/红色为不合格）。

任务 4：视觉检测工作站二维码检测

对于轮毂零件表面所贴的产品车型编号（二维码）进行识别、检测，输出产品车型编号（P01～P03），车型编号也可根据实际情况对二维码进行自定义。

任务 3、4 中，要求使用机器人夹持轮毂至视觉检测区域，通过机器人程序触发视觉检测功能，完成检测后通过机器人接收结果。

2. 拓展任务要求

任务 5：视觉检测工作站拓展功能的编程与调试

任意选择轮毂某一表面实施视觉检测，在机器人已抓取轮毂的情况下，由工作原点出发移动至视觉检测区域，通过机器人程序触发视觉检测功能，并连续完成该表面视觉检测区域 1、2 与电子标签区域 1 的检测（见图 4-1）；如果轮毂的另一面朝向视觉检测区域，则对视觉

检测区域 3、4，电子标签区域 2 进行检测，完成后通过机器人显示检测结果。

4.2　工程案例分析

（1）视觉检测工作站主要应用在哪些行业？有哪些典型的应用？

（2）结合自动化视觉检测案例填写表格。

视觉系统组成单元名称	功能描述

（3）为了提高生产线的智能化水平，在分拣、码垛、装配、焊接等典型工程应用场景中，有哪些特征可以通过机器视觉系统进行检测与分析？请在下方列出。

4.3　汽车轮毂项目工作过程实践

基于真实的机器人集成项目的一般工作流程，本项目按照工作站仿真设计、视觉系统安装与组态、视觉系统检测流程设置、机器人视觉系统控制程序编写与调试的顺序设计了 5 个任务，具体包括：项目任务分析与仿真工作站搭建、视觉系统的安装与组态、视觉检测工作站颜色检测、视觉检测工作站二维码检测及视觉检测工作站拓展功能的编程与调试。

4.3.1 任务1：项目任务分析与仿真工作站搭建

1. 信息收集

（1）视觉检测单元功能分析

分析项目要求，结合本项目对相关知识的介绍，填写视觉检测组成单元及其功能。

常规视觉检测组成单元	本项目使用的视觉检测组成单元	功能描述
图像采集单元（如光源系统、镜头等）		
图像处理单元		
网络通信装置		

（2）视觉检测工作站项目分析

根据项目要求并结合实际项目实施流程，列出本项目中主要涉及的任务环节，并结合自身情况对每个环节的难度进行标记。

（3）视觉检测工作站问题分析

如在视觉检测过程中出现识别结果不准确的情况，有哪些可能的原因？请结合视觉检测的基本原理进行分析并列出。

（4）视觉检测仿真工作站搭建

对视觉检测工作站的自动运行流程进行仿真测试，其对于项目的实施起到哪些作用？请列出。

2. 方案制定

工作站机械模型已由甲方单位给出，请根据任务要求在工艺流程仿真软件（如 PQART、PDPS 等）中设计工作站布局并完成工作站模型的搭建，在方案中需要给出一至两种不同的工作站布局方案。要求尽量在不移动机器人导轨（第七轴）的情况下，确保机器人从工作原点出发，能以合理轨迹运动至视觉检测区域，实现产品检测的功能。在该方案中请注意视觉相机的安装位置。请在 A4 纸上画出设备布局图。

3. 方案决策

（1）各小组派代表展示仿真工作站的搭建，并针对收集的信息内容进行讨论。

（2）各小组针对其他小组的设备布局方案，结合该方案下机器人的运动姿态提出自己的看法，将本小组方案中存在的问题或有待完善的地方记录下来，并在教师点评及小组讨论后选定一个工作站布局的最佳方案。

4. 方案实施

（1）工艺流程模拟仿真

根据项目的要求，在仿真软件中完成视觉检测工作站的自动运行流程仿真，注意工作过程中机器人轨迹的合理性。记录仿真过程中出现的问题。

（2）视觉检测工作站工作节拍规划

视觉检测单元对于工作节拍有较为严格的要求，在仿真软件中可通过调整机器人的运行速度对工作节拍进行调整。在已完成的视觉检测仿真工作站中对运行时间进行调试并填写表格。

<table>
<tr><td>工作流程</td><td>机器人运行速度</td><td>运行时间</td></tr>
<tr><td rowspan="2">产品检测</td><td></td><td></td></tr>
<tr><td></td><td></td></tr>
</table>

5. 验收与评价

（1）验收与考核评分表

<table>
<tr><td>任务</td><td colspan="2">项目要求</td><td>配分</td><td>学生自评</td><td>学生互评</td><td>教师评分</td></tr>
<tr><td rowspan="4">视觉检测单元系统集成基础验收（60分）</td><td rowspan="3">系统集成方案设计（50分）</td><td>在虚拟仿真软件中完成环境搭建，系统布局方案合理，布局图绘制标准</td><td>15</td><td></td><td></td><td></td></tr>
<tr><td>在虚拟仿真软件中完成轮毂零件检测，每出现一次设备干涉扣1分</td><td>20</td><td></td><td></td><td></td></tr>
<tr><td>在虚拟仿真软件中视觉检测流程工作节拍合理</td><td>15</td><td></td><td></td><td></td></tr>
<tr><td>仿真工作流程展示（10分）</td><td>成功展示视觉检测流程得10分，每展示一次不成功扣3分</td><td>10</td><td></td><td></td><td></td></tr>
<tr><td rowspan="2">展示与汇报（10分）</td><td>方案制作展示（5分）</td><td>能将方案进行有效、清晰的展示</td><td>5</td><td></td><td></td><td></td></tr>
<tr><td>小组汇报（5分）</td><td>积极参加汇报，能做好在小组汇报中分配的工作，汇报质量较好</td><td>5</td><td></td><td></td><td></td></tr>
<tr><td rowspan="2">职业素养（20分）</td><td>安全与文明生产（10分）</td><td>1．未遵守教学场所规章制度扣3分
2．出现人为设备损坏扣5分
3．未遵守实训室5S管理规定扣3分</td><td>10</td><td></td><td></td><td></td></tr>
<tr><td>综合素质（10分）</td><td>1．沟通、表达能力较强，能与组员有效交流
2．有较强学习能力与解决问题的能力
3．有较强的责任心</td><td>10</td><td></td><td></td><td></td></tr>
<tr><td rowspan="2">附加（10分）</td><td>创新能力（5分）</td><td>方案设计或仿真流程有独创性</td><td>5</td><td></td><td></td><td></td></tr>
<tr><td>其他加分（5分）</td><td>在教学中由教师自定，如学生课堂表现情况、进步情况等</td><td>5</td><td></td><td></td><td></td></tr>
<tr><td colspan="3">总分</td><td>100</td><td></td><td></td><td></td></tr>
<tr><td colspan="3">综合得分
分数加权建议：
自评分数×10%+互评分数×10%+教师评分×80%</td><td colspan="4"></td></tr>
</table>

（2）验收情况记录

验收问题记录	原因分析	整改措施

续表

验收问题记录	原因分析	整改措施

6. 复盘与思考

（1）经验反思。

有效的经验与做法	
总结反思	

（2）在视觉检测工作站的仿真过程中，对自动任务的运行时间进行调整，机器人的运行速度应该如何设置？除了运行速度还有哪些参数会对其有影响？

4.3.2　任务 2：视觉系统的安装与组态

本任务需完成视觉系统的基本安装与组态调试，通过对相机拍摄模式、亮度等基本参数进行调试，在视觉系统的图像窗口中获取清晰的检测图像。

1. 信息收集

（1）视觉控制器上有哪些接口？结合任务 1 中的项目分析，本项目所采用的视觉控制器中各接口的作用是什么？

（2）本项目采用欧姆龙 FH-L550 视觉系统。请查找该设备的使用说明书并填写参数信息至表格中。

相机型号	
像素	
接口	
灰阶	
动态范围	
支持通信协议	

（3）在视觉系统中如何获得清晰的检测图像？如果出现图像不清晰的情况，应该从哪几个方面进行调整？

______

______

______

（4）欧姆龙 FH-L550 视觉系统与机器人之间如何实现数据的传输？

______

______

______

2. 方案制定

（1）视觉检测工作站电气接线图的绘制

下图为本项目视觉系统控制器的电气接线图，请在图中标出各接线端的功能。

视觉系统电气接线图

（2）视觉系统电气安装完成后，如何对其基本功能进行检测以确定安装的正确性？

（3）视觉检测工作站网络拓扑图的绘制。

请在下方绘制视觉系统（包含 PLC、机器人）的网络接线图。

（4）视觉系统通信设置。

为了实现视觉系统的自动化控制，首先需要完成通信设置，请结合设备说明书填写表格。

通信协议	
视觉系统 IP 地址	
视觉系统名称	
视觉系统端口号	

（5）完成网络安装后，如何对其功能进行检测以确定网络安装与组态的正确性？

3. 方案决策

（1）各小组派代表对方案中的电气、网络接线图，视觉系统通信设置与测试方法等进行展示。

（2）各小组对其他小组的设计方案提出自己不同的看法，将本小组方案中存在的问题或有待完善的地方记录下来，在教师点评及小组讨论后对方案进行复盘与优化，确定本小组的最佳方案。

（3）本项目在考虑任务的并行实施时，可把任务分为电气与网络安装、视觉系统通信设置两个部分，合理分配人员，尽可能实现多任务并行以加快项目进度。根据选出的最佳方案，以小组为单位填写表格。

步骤	工作内容	时间	负责人
1			
2			
3			
4			
5			

（4）请与组员讨论后，列出该视觉系统安装、组态、配置、测试等步骤。

调试单元	调试步骤
视觉系统安装与组态	
CCD 相机检测画面	

4．方案实施

（1）根据已制定的方案完成视觉系统的安装与基本调试，记录在工作过程中遇到的问题及解决方案。

设备	问题	解决方案

续表

设备	问题	解决方案

（2）完成 CCD 视觉相机的调试，对视觉系统通信进行初步设置。记录在工作过程中遇到的问题及解决方案。

问题	解决方案

5. 验收与评价

（1）验收与考核评分表

任务	项目要求		配分	学生自评	学生互评	教师评分
视觉检测单元硬件与网络集成验收（60 分）	机械与电气动集成（50 分）	各单元布局合理且安装牢固稳定	10			
		视觉检测工作站连接正确、安装合理	20			
		视觉检测工作站相机电路及控制线的连接正确、安装合理	20			
	动作展示（10 分）	通过视觉系统软件成功触发视觉检测并呈现清晰的图像	10			
展示与汇报（10 分）	方案制作展示（5 分）	能将方案进行有效、清晰的展示	5			
	小组汇报（5 分）	积极参加汇报，能做好在小组汇报中分配的工作，汇报质量较好	5			
职业素养（20 分）	安全与文明生产（10 分）	1．未遵守教学场所规章制度扣 3 分 2．出现人为设备损坏扣 5 分 3．未遵守实训室 5S 管理规定扣 3 分	10			
	综合素质（10 分）	1．沟通、表达能力较强，能与组员有效交流 2．有较强学习能力与解决问题的能力 3．有较强的责任心	10			
附加（10 分）	创新能力（5 分）	方案设计或实施中对问题的解决方案具有独创性	5			
	其他加分（5 分）	在教学中由教师自定，如学生课堂表现情况、进步情况等	5			
总分			100			
综合得分 分数加权建议： 自评分数×10%+互评分数×10%+教师评分×80%						

（2）验收情况记录

验收问题记录	原因分析	整改措施

6. 复盘与思考

（1）经验反思。

本任务中有效的经验与做法	
总结反思	

（2）除了该型号相机，还可以选择哪些型号的视觉相机？请列出品牌、型号及其检测方式供后期项目参考。

____

____

____

____

4.3.3 任务 3：视觉检测工作站颜色检测

在本任务中，需要使用机器人程序触发视觉系统对标签颜色（红色/绿色）进行识别检测，并将结果传送回机器人。

1. 信息收集

（1）项目任务分析

请对标签颜色检测任务进行分析并填写表格。

基本任务	任务分析
机器人控制下的颜色检测功能	需要在欧姆龙 FH-L550 视觉系统中实现： 需要使用机器人示教与编程实现：

（2）在欧姆龙 FH-L550 自带的图像处理软件中，针对视觉系统颜色识别的处理，在检测流程搭建中需要用到哪几项图像处理项目？

（3）为了实现机器人控制下的视觉检测流程，会用到欧姆龙 FH-L550 视觉系统的哪些默认系统通信代码？

（4）在本次任务中，机器人端需要使用哪些 Socket 通信指令以触发欧姆龙 FH-L550 视觉系统的检测流程？

（5）在本次任务中，通过机器人程序触发并完成视觉检测流程后，需要使用哪些 Socket 通信指令接收欧姆龙 FH-L550 视觉系统的检测结果？接收到的检测结果为哪种类型的数据？还需要使用哪些指令对接收到的结果进行二次处理？

2. 方案制定

（1）视觉系统与机器人的基本参数设置

确定欧姆龙 FH-L550 视觉系统与机器人的网络参数配置方案，将以太网 IP 地址、端口号等参数记录在下方。

（2）欧姆龙 FH-L550 视觉系统颜色检测方案

本项目通过欧姆龙 FH-L550 视觉系统对轮毂标签的颜色进行检测。请首先分析欧姆龙 FH-L550 视觉系统完成颜色检测的流程及每个流程需要设置的参数，并记录下来。

（3）制定用视觉系统检测未知轮毂标签颜色的机器人程序编写方案

结合欧姆龙 FH-L550 视觉系统所设置的场景、结果输出等参数，制定机器人触发视觉检测进行轮毂标签颜色判定的程序编写方案。

3. 方案决策

（1）各小组派代表对视觉检测流程的参数设置与机器人程序编写方案进行展示。

（2）各小组对其他小组的设计方案提出自己不同的看法，将本小组方案中存在的问题或有待完善的地方记录下来，在教师点评及小组讨论后对方案进行复盘与优化，确定本小组的最佳方案。

（3）本项目在考虑任务的并行实施时，可把任务分为视觉系统标签颜色检测、机器人通信设置与程序编写两个部分，合理分配人员，尽可能实现多任务并行以加快项目进度。根据选出的最佳方案，以小组为单位填写表格。

步骤	工作内容	时间	负责人
1			
2			
3			
4			
5			

（4）请与组员讨论后在下方列出调试步骤。

调试单元	调试步骤
视觉系统标签颜色检测	
机器人通信设置与程序编写	

4. 方案实施

（1）在视觉系统中对标签的颜色进行检测。

调试情况	问题	解决方案

（2）根据方案中的欧姆龙FH-L550视觉系统与机器人系统的组态、程序编写方案，对未知轮毂的标签颜色视觉检测功能实施联调，并记录调试过程中遇到的问题及解决方案。

功能	调试情况	问题	解决方案
机器人与视觉系统的通信功能			
机器人控制下视觉系统自动运行功能			
机器人数据的接收与处理			

（3）在完成视觉检测未知轮毂打磨工序（即标签颜色）的基础上，根据调试情况优化视觉检测轮毂的程序，并进行记录。

5. 验收与评价

（1）验收与考核评分表

<table>
<tr><th>任务</th><th colspan="2">项目要求</th><th>配分</th><th>学生自评</th><th>学生互评</th><th>教师评分</th></tr>
<tr><td rowspan="3">视觉检测工作站自动运行功能验收（60分）</td><td rowspan="2">基本调试（30分）</td><td>展示欧姆龙FH-L550视觉系统与机器人之间的数据交互</td><td>10</td><td></td><td></td><td></td></tr>
<tr><td>通过欧姆龙FH-L550视觉系统手动控制，任意展示视觉检测轮毂的打磨工序(即标签颜色)</td><td>20</td><td></td><td></td><td></td></tr>
<tr><td>机器人控制下视觉检测功能展示（30分）</td><td>通过运行机器人程序成功展示判断轮毂车型编号30分，每展示一次不成功扣5分，发生碰撞扣8分</td><td>30</td><td></td><td></td><td></td></tr>
<tr><td rowspan="2">展示与汇报（10分）</td><td>方案制作展示（5分）</td><td>能将方案进行有效、清晰的展示</td><td>5</td><td></td><td></td><td></td></tr>
<tr><td>小组汇报（5分）</td><td>积极参加汇报，能做好在小组汇报中分配的工作，汇报质量较好</td><td>5</td><td></td><td></td><td></td></tr>
<tr><td>职业素养（20分）</td><td>安全与文明生产（10分）</td><td>1. 未遵守教学场所规章制度扣3分
2. 出现人为设备损坏扣5分
3. 未遵守实训室5S管理规定扣3分</td><td>10</td><td></td><td></td><td></td></tr>
</table>

续表

<table>
<tr><th>任务</th><th colspan="2">项目要求</th><th>配分</th><th>学生自评</th><th>学生互评</th><th>教师评分</th></tr>
<tr><td>职业素养
（20分）</td><td>综合素质
（10分）</td><td>1. 沟通、表达能力较强，能与组员有效交流
2. 有较强学习能力与解决问题的能力
3. 有较强的责任心</td><td>10</td><td></td><td></td><td></td></tr>
<tr><td rowspan="2">附加
（10分）</td><td>创新能力
（5分）</td><td>方案设计或程序编写有独创性且逻辑正确</td><td>5</td><td></td><td></td><td></td></tr>
<tr><td>其他加分
（5分）</td><td>在教学中由教师自定，如学生课堂表现情况、进步情况等</td><td>5</td><td></td><td></td><td></td></tr>
<tr><td colspan="3">总分</td><td>100</td><td></td><td></td><td></td></tr>
<tr><td colspan="3">综合得分
分数加权建议：
自评分数×10%+互评分数×10%+教师评分×80%</td><td colspan="4"></td></tr>
</table>

（2）验收情况记录

验收问题记录	原因分析	整改措施

6. 复盘与思考

（1）经验反思。

本任务中有效的经验与做法	
总结反思	

（2）在环境光线不同的情况下对同一颜色标签进行检测的结果是否一致？如不一致其可能的原因有哪些？应该如何避免这一类的问题？

（3）本任务中涉及两种颜色的检测，对于两种以上颜色的视觉检测功能，应该如何实现？

4.3.4 任务 4：视觉检测工作站二维码检测

在本任务中，需要使用机器人触发视觉系统对二维码进行识别、检测，并将结果传送回机器人。

1. 信息收集

（1）项目任务分析

请对二维码检测任务进行分析，并填写下表。

基本任务	任务分析
机器人控制下的二维码检测功能	需要在欧姆龙 FH-L550 视觉系统中实现： 需要使用机器人示教与编程实现：

（2）在欧姆龙 FH-L550 视觉系统的图像处理软件中，针对二维码进行识别，在检测流程搭建中需要用到哪些图像处理项目？

（3）二维码有哪些不同的类型，相应的视觉检测流程有哪些区别？

（4）为了实现机器人控制下的二维码视觉检测流程，会用到欧姆龙 FH-L550 视觉系统的哪些默认通信代码？

（5）在本次任务中，通过机器人程序触发并完成视觉检测流程后，需要使用哪些 Socket 通信指令接收欧姆龙 FH-L550 视觉系统检测的结果？除此之外，还需要使用哪些指令对接收到的结果进行二次处理？该任务与颜色检测任务在数据处理方面有什么区别？

2. 方案制定

（1）视觉系统与机器人的基本参数设置

确定欧姆龙 FH-L550 视觉系统和机器人的网络参数配置方案，将以太网 IP 地址、端口号等参数记录在下方。

（2）欧姆龙 FH-L550 视觉系统二维码检测方案

本任务首先需要通过欧姆龙 FH-L550 视觉系统完成对轮毂二维码的识别、检测。请分析视觉系统针对二维码进行识别、检测的流程及每个流程的参数设置，并记录下来。

(3) 制定用视觉系统检测未知轮毂二维码信息的机器人程序编写方案

结合欧姆龙 FH-L550 视觉系统中二维码识别的场景、结果输出等参数设置，制定机器人触发视觉检测与接收二维码信息识别结果的程序编写方案。

3. 方案决策

(1) 各小组派代表对视觉检测流程参数设置与机器人程序编写方案进行展示。

(2) 各小组对其他小组的设计方案提出自己不同的看法，将本小组方案中存在的问题或有待完善的地方记录下来，在教师点评及小组讨论后对方案进行复盘与优化，确定本小组的最佳方案。

(3) 本项目在考虑任务的并行实施时，可把任务分为视觉系统二维码检测、机器人通信设置与程序编写两个部分，合理分配人员，尽可能实现多任务并行以加快项目进度。根据选出的最佳方案，以小组为单位填写表格。

步骤	工作内容	时间	负责人
1			
2			
3			
4			
5			

(4) 请与组员讨论后在下方列出调试步骤。

调试单元	调试步骤
视觉系统二维码检测	
机器人通信设置与程序编写	

4. 方案实施

（1）在视觉系统中对二维码的检测实施调试。

调试情况	问题	解决方案

（2）根据方案中欧姆龙 FH-L550 视觉系统与机器人系统的组态与程序编写方案，对未知轮毂的二维码视觉检测功能实施联调，并记录调试过程中遇到的问题及解决方案。

功能	调试情况	问题	解决方案
机器人与视觉系统的通信功能			
机器人控制下视觉系统自动运行功能			
机器人数据的接收与处理			

（3）在完成视觉检测轮毂二维码信息的基础上，根据调试情况优化视觉检测轮毂的机器人自动化程序，并在下方进行记录。

5. 验收与评价

（1）验收与考核评分表

<table>
<tr><th>任务</th><th colspan="2">项目要求</th><th>配分</th><th>学生自评</th><th>学生互评</th><th>教师评分</th></tr>
<tr><td rowspan="3">视觉检测工作站自动运行功能验收（60分）</td><td rowspan="2">基础调试（30分）</td><td>展示欧姆龙 FH-L550 视觉系统与机器人之间的数据交互</td><td>10</td><td></td><td></td><td></td></tr>
<tr><td>通过欧姆龙 FH-L550 视觉系统手动控制，任意展示视觉检测轮毂的车型编号（即二维码信息）</td><td>20</td><td></td><td></td><td></td></tr>
<tr><td>机器人控制下视觉检测功能展示（30分）</td><td>通过运行机器人程序成功展示判断轮毂车型编号 30 分，每展示一次不成功扣 5 分，发生碰撞扣 8 分</td><td>30</td><td></td><td></td><td></td></tr>
<tr><td rowspan="2">展示与汇报（10分）</td><td>方案制作展示（5分）</td><td>能将方案进行有效、清晰的展示</td><td>5</td><td></td><td></td><td></td></tr>
<tr><td>小组汇报（5分）</td><td>积极参加汇报，能做好在小组汇报中分配的工作，汇报质量较好</td><td>5</td><td></td><td></td><td></td></tr>
<tr><td rowspan="2">职业素养（20分）</td><td>安全与文明生产（10分）</td><td>1．未遵守教学场所规章制度扣 3 分
2．出现人为设备损坏扣 5 分
3．未遵守实训室 5S 管理规定扣 3 分</td><td>10</td><td></td><td></td><td></td></tr>
<tr><td>综合素质（10分）</td><td>1．沟通、表达能力较强，能与组员有效交流
2．有较强学习能力与解决问题的能力
3．有较强的责任心</td><td>10</td><td></td><td></td><td></td></tr>
<tr><td rowspan="2">附加（10分）</td><td>创新能力（5分）</td><td>方案设计或程序编写有独创性且逻辑正确</td><td>5</td><td></td><td></td><td></td></tr>
<tr><td>其他加分（5分）</td><td>在教学中由教师自定，如学生课堂表现情况、进步情况等</td><td>5</td><td></td><td></td><td></td></tr>
<tr><td colspan="3">总分</td><td>100</td><td></td><td></td><td></td></tr>
<tr><td colspan="3">综合得分
分数加权建议：
自评分数×10%+互评分数×10%+教师评分×80%</td><td colspan="4"></td></tr>
</table>

（2）验收情况记录

验收问题记录	原因分析	整改措施

6. 复盘与思考

（1）经验反思。

本任务中有效的经验与做法	

续表

总结反思	

（2）当二维码中的信息量较大时，如“P01N02C02”是由字符与数字组成的较长字符串，应如何对其进行处理实现字符与数字的单独提取？字符串中的数字是否可以转化为num型的数据？

____

____

____

____

____

____

4.3.5　任务5：视觉检测工作站拓展功能的编程与调试

在完成基本任务全部工作流程后，基于已调试完成的程序制定拓展任务的方案，以提高方案的可行性。

1. 信息收集

（1）拓展任务中对两种特征的视觉检测提出了要求，请对任务进行分析并绘制工艺流程图。

（2）在欧姆龙FH-L550视觉系统的图像处理软件中，为实现多种类型的特征识别，是否需要创建多个“场景”？

____

____

（3）在本次拓展任务中实现机器人控制下的视觉检测流程，可能会用到欧姆龙 FH-L550 视觉系统的哪些默认系统通信代码？

（4）在本次拓展任务中，机器人通过 Socket 通信指令触发视觉检测的程序与基本任务相比，有哪些区别？

（5）本任务需要通过机器人运动程序配合视觉检测触发实现轮毂表面多个标签的检测，在该过程中机器人目标点的示教与运动程序编写需要注意哪些问题？

2. 方案制定

（1）视觉系统特征检测方案

请针对两种类型特征检测的要求，进行场景、检测流程与参数的设置。

（2）机器人程序方案制定

按照任务要求，以基本任务中的机器人程序为基础，对程序进行规划，使其能够实现多种类型特征检测的工作流程（在该方案中，可按照功能创建相应的子程序，根据检测特征的识别顺序在主程序中进行调用）。

3. 方案决策

（1）各小组派代表对方案中的机器人程序进行展示。

（2）各小组对其他小组的设计方案提出自己不同的看法，将本小组方案中存在的问题或有待完善的地方记录下来，在教师点评及小组讨论后对方案进行复盘与优化，确定本小组的最佳方案。

（3）本项目可考虑任务的并行实施，如可把任务分为欧姆龙 FH-L550 视觉系统设置、机器人程序调试、自动化联调 3 个部分，合理分配人员，尽可能实现多任务并行以加快项目进度。根据选出的最佳方案，以小组为单位填写表格。

步骤	工作内容	时间	负责人
1			
2			
3			
4			
5			
6			

（4）请与组员讨论后列出该视觉检测工作站拓展功能的调试步骤。

功能	调试步骤

欧姆龙 FH-L550 视觉系统设置	
机器人程序调试	
自动化联调	

（5）在后期调试中，对不同特征检测的结果数据在储存与处理上可能存在哪些问题？

______

______

______

______

4. 方案实施

（1）基本功能调试

在进行基本功能调试时，应对轮毂的颜色与二维码标签分别进行单个功能的调试。在每个功能的调试过程中，可首先在机器人不运动的情况下对欧姆龙 FH-L550 视觉系统进行调试，在基本确定其流程无误的基础上再结合机器人子程序触发视觉检测进行联调。将调试过程中遇到的问题及解决方案记录下来。

功能	调试情况	问题	解决方案
颜色标签检测			
二维码标签检测			
机器人触发视觉系统与输出视觉检测结果			

（2）拓展功能调试

在单独测试机器人子程序功能无误的情况下，对主程序进行调试并填写表格。在调试过程中需注意不同标签类型的检测顺序及对应视觉系统处理流程的正确调用。

功能	调试情况	问题	解决方案
颜色标签检测			
二维码标签检测			

5. 验收与评价

（1）验收与考核评分表

任务	项目要求		配分	学生自评	学生互评	教师评分
视觉检测工作站拓展功能验收（60分）	手动与基本功能展示（30分）	正确调用机器人子程序展示颜色标签检测功能	15			
		正确调用机器人子程序展示二维码标签检测功能	15			
	拓展功能展示（30分）	运行机器人程序成功展示检测颜色与二维码信息，每展示一次不成功扣3分	30			
展示与汇报（10分）	方案制作展示（5分）	能将方案进行有效、清晰的展示	5			
	小组汇报（5分）	积极参加汇报，能做好在小组汇报中分配的工作，汇报质量较好	5			
职业素养（20分）	安全与文明生产（10分）	1. 未遵守教学场所规章制度扣3分 2. 出现人为设备损坏扣5分 3. 未遵守实训室5S管理规定扣3分	10			
	综合素质（10分）	1. 沟通、表达能力较强，能与组员有效交流 2. 有较强学习能力与解决问题的能力 3. 有较强的责任心	10			
附加（10分）	创新能力（5分）	程序编写有独创性且逻辑正确	5			
	其他加分（5分）	在教学中由教师自定，如学生课堂表现情况、进步情况等	5			
总分			100			
综合得分 分数加权建议： 自评分数×10%+互评分数×10%+教师评分×80%						

（2）验收情况记录

验收问题记录	原因分析	整改措施

6. 复盘与思考

（1）经验反思。

本任务中有效的经验与做法	
总结反思	

（2）如在本任务中不知道当前需检测的特征为二维码或颜色标签时应如何处理？

____

____

____

____

____

____

（3）该视觉系统除了能够与机器人通信，能否直接与 PLC 通信？

____

____

____

____

____

____

4.4 项目总结

1. 项目得分汇总

任务 1	任务 2	任务 3	任务 4	任务 5	平均分

2. 关键技术技能学习认知与反思

本项目学习重点包括欧姆龙 FH-L550 视觉系统的应用、机器人 Socket 通信协议的应用及程序编写等，通过本项目的学习，你在技能知识方面有哪些收获与不足？请在下方列出。

____

____

____

____

____

____

____

4.5 学习情境相关知识点

4.5.1 视觉检测单元介绍

视觉系统的工业应用

1. 视觉系统的工业应用

机器视觉是人工智能领域的一个重要分支，机器视觉系统（简称视觉系统）一般由光源、镜头、工业相机、相机控制器、图像处理软件 5 个部分组成，其中工业相机又包括 CMOS（或 CCD）传感器、DSP 处理器、通信接口 3 个模块。相机控制器用于对光源、工业相机的参数（亮度、拍摄模式等）进行配置和管理；光源为拍摄图像提供有利的现场光学环境；镜头决定了拍摄的分辨率、对比度、景深、像差等基本参数；进行拍摄后，利用图像中的像素分布和亮度、颜色等信息，将被检测的目标转换成数字化的信号，传送给专用的图像处理软件，图像处理软件对数字化的信号进行各种运算来抽取目标特征，得到被拍摄目标的形态信息（数量、颜色、尺寸、位置、面积等），进而根据视觉检测的结果来引导现场的机器人/机床等设备采取相应的动作。

近年来，随着卷积神经网络和深度学习算法的突破性发展，视觉系统的部署调试时间缩短、检测速度与识别准确性大幅提高，在电子、汽车制造、机器人、新能源、激光、半导体、医药、食品、纺织、包装等多个行业得到了广泛的应用。在工业应用中，视觉系统按照技术领域可划分为检测、测量、定位、读码与识别 4 种应用类型。

（1）检测。即查找被测产品是否存在瑕疵或其他异常，如产品有无漏装、错装，表面是否有划痕、斑点缺陷等。检测时通过图像采集装置获得产品的数字化图像，利用视觉算法处理软件和图像分析软件，获取相关的检测信息，形成对被测产品的判断决策，最后将该决策信息结果发送给控制装置或执行机构，完成下一步的剔除或分拣动作。

检测功能的典型应用包括汽车零件漏装检测，锂电池的异物、划痕、压痕、污染、腐蚀、标识检测，PCB 电路板的零件漏装、反装、错装和漏焊检测，食品包装的破损、黑点等外观检测，矿泉水瓶的液位检测等，视觉检测能够有效地提高上述产品的生产质量和生产效率。

（2）测量。即计算物体上两个或多个几何特征（点、线、弧线）之间的距离，并确认这些测量值是否符合规格。测量主要应用在产品的质检阶段，利用视觉测量方法，对产品的尺寸、平面度等加工数据是否合格进行自动化检测。尺寸 2D 测量主要应用于检测各种平面尺寸，如半径、宽度、长度、角度、轮廓度等。平面度 3D 测量主要用于检测被测物体实际表面相对其理想平面的变动量。

（3）定位。定位功能可确定元件的方位和关键特征，从而进行引导组装等工作。视觉定位技术能够自动判断产品或工件位置，通过识别物体的特征姿态，找到被检测产品或工件的具体位置后，把工件的姿态数据传递给机器人，从而进行下一步的动作。视觉定位的应用场景有全自动装配、生产，如自动焊接、自动包装、自动喷涂等。

（4）读码与识别。其功能是读取元件、标签和包装上印刷的代码、DM 码、OCR 字符。通过对图像进行采集、处理、分析，可以识别各种不同模式的条码类型，通常包括条码识别、颜色识别、读码和 OCR 字符识别。典型的应用场景有物品分拣、颜色分拣、一维码和二维码读取、字符读取等。

2. 视觉系统工作流程

视觉系统的主要功能包括：图像的获取、图像的处理和分析、图像的输出或显示。其工作流程主要由图像采集单元、图像处理单元、图像处理软件和网络通信装置予以执行，如图 4-2（a）所示。常见的与视觉系统配套使用的上位控制设备有 PLC、PC、机器人等，其中，视觉系统与机器人的组合较为成熟，已被广泛应用在工业生产中。视觉系统相关硬件如图 4-2（b）所示。

（1）图像采集单元：图像采集单元包括光源、镜头和工业相机等部分，其相当于普通意义上的 CCD/CMOS 相机和图像采集卡，可将光学图像转换为模拟/数字图像，并输出至图像处理单元。

光源用于为待检测元件照明，使元件的关键特征清晰地呈现在工业相机的检测范围内，确保工业相机能够清楚地获取元件的关键特征；镜头用于采集图像，并将图像的信息传输给传感器；工业相机负责将处理后的图像信息传输至图像处理单元。

（2）图像处理单元：图像处理单元类似于图像采集卡/处理卡，是重要的 I/O 单元，用于对图像进行高速传输，也可对图像采集单元的图像数据进行实时存储，并在图像处理软件的支持下对图像进行数字化处理。

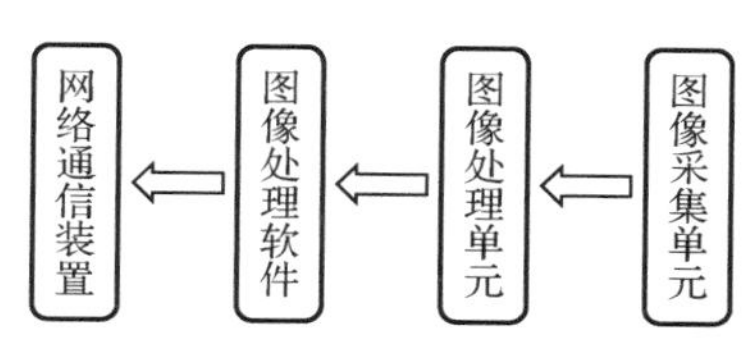

（a）视觉系统工作流程

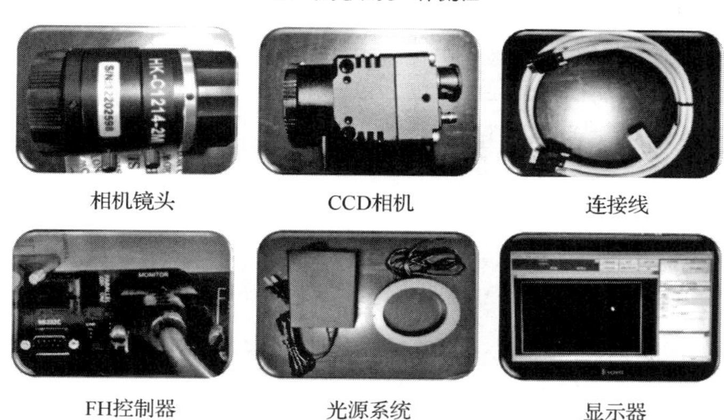

（b）视觉系统相关硬件

图 4-2 视觉系统工作流程与相关硬件

（3）图像处理软件：图像处理软件主要用于在图像处理单元硬件环境的支持下完成图像处理功能，如几何边缘的提取、Blob、灰度直方图、OCV/OVR、简单的定位和搜索等。在智能相机中，以上算法都被封装成固定的模块，用户可直接使用。

（4）网络通信装置：网络通信装置主要用于完成控制信息、图像数据的通信。工业相机均内置了以太网通信装置，支持多种标准网络和总线协议，因此可使多台工业相机构成更大的视觉系统。

3. 视觉检测单元构成

本项目所使用的视觉检测单元可根据需求对零件进行识别和检测，是智能制造单元系统集成应用平台的功能单元之一，由工作台、视觉系统、结果显示器等构成，如图 4-3 所示。其中，视觉系统由欧姆龙 L440 高速处理控制器、欧姆龙 FS 系列 CCD 相机和变焦镜头等组成，可根据程序设置，实现密码识别、形状匹配、颜色检测、尺寸测量等功能，并在结果显示器中实时显示操作过程和检测结果。视觉检测单元的程序选择、检测执行和结果输出通过工业以太网传输至机器人执行单元，并将执行结果信息传递到总控单元从而决定后续工作流程。

光源
视觉系统
结果显示器
工作台

图 4-3 视觉检测单元

视觉检测单元组成

4.5.2 视觉系统操作界面介绍

视觉系统操作界面及窗口功能如图 4-4 所示。

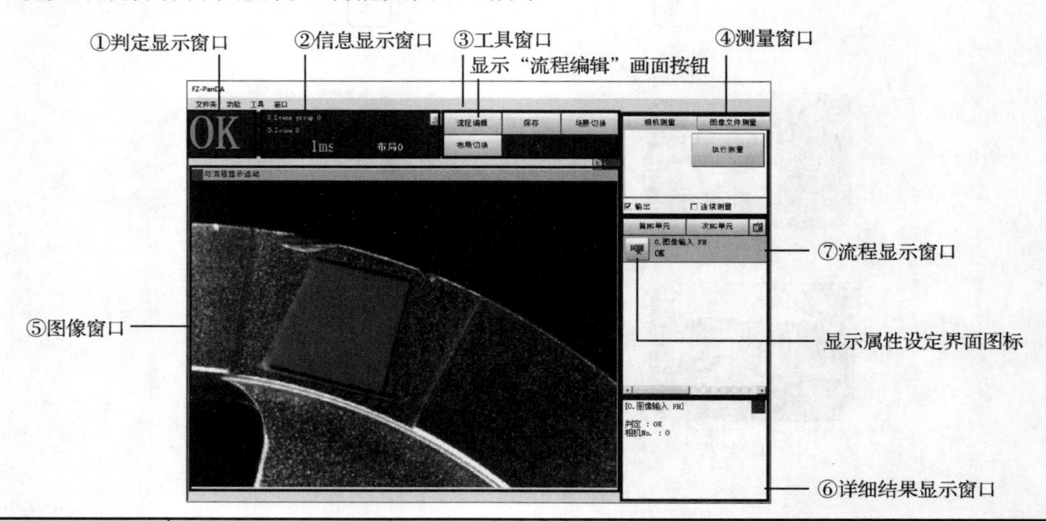

显示窗口	窗口功能
判定显示窗口	用于显示场景的综合判定结果（OK/NG，即合格/不合格）。在场景的综合判定显示处理单元群中，如果任意判定结果为 NG，则判定显示窗口显示 NG
信息显示窗口	布局：显示当前的布局编号。 处理时间：显示测量处理所花费的时间。 场景组、场景：分别显示当前的场景组编号、场景编号
工具窗口	“流程编辑”按钮：启动用于设定测量流程的流程编辑画面。 “保存”按钮：用于将设定数据保存到控制器的闪存中。变更任意设定后，请务必单击此按钮，保存设定。 “场景切换”按钮：用于切换场景组或场景，可以使用 128（场景数）×32（场景组数）=4096 个场景。 “布局切换”按钮：用于切换布局编号
测量窗口	“相机测量”按钮：用于对图像进行试测量。 “图像文件测量”按钮：用于测量、保存图像。 “输出”复选框：如果需将调整画面中的试测量结果输出到外部，则应勾选该复选框。若不将调整画面中的测量结果输出到外部，仅进行传感器控制器单独的试测量，则应取消勾选该复选框。这个设定用于在显示主画面时临时变更设定。切换场景或布局后，将不保存测量窗口中设定为“输出”的内容，而是应用布局中设定为“输出”的内容。 “连续测量”复选框：如果在调整画面时需要进行连续测量，则应勾选该复选框。勾选“连续测量”复选框并单击“执行测量”按钮后，将连续重复执行测量操作
图像窗口	用于显示已测量的图像、选中的处理单元名。单击处理单元名左侧的图标，可显示图像窗口的属性设定界面
详细结果显示窗口	用于显示试测量结果
流程显示窗口	用于显示测量处理的内容。单击各处理项目的图标，将显示处理项目的参数等重要属性设定界面

图 4-4 视觉系统操作界面及窗口功能

4.5.3　视觉系统与机器人的通信

1. 欧姆龙 FH-L550 视觉系统通信方式

（1）并行通信

通过组合多个实际接点的ON/OFF信号，可实现外部装置和传感器控制器之间的数据交换。

（2）PLC Link

PLC Link是欧姆龙图像传感器的通信协议。它将传感器内部保存的控制信号、命令/响应、测量数据的区域分配到PLC的I/O存储器中，通过周期性地共享数据，实现PLC和图像传感器的数据交换。

（3）EtherNet/IP

EtherNet/IP是开放式通信协议，在与传感器控制器通信时，使用标签数据链路。在PLC上创建与传感器内部控制信号、命令/响应、测量数据对应的结构型变量，并将其作为标签，在标签数据链路中进行输入/输出，进而实现PLC和传感器控制器的数据交换。

（4）EtherCAT（仅FH）

EtherCAT是开放式通信协议。在与传感器控制器通信时，使用PDO（过程数据）通信。PLC事先准备与控制信号、命令/响应、测量数据对应的I/O端口，利用分配到这些端口的变量，进行PDO通信的输入/输出，进而实现PLC和传感器控制器的数据交换。

（5）无协议通信

无协议通信即不使用特定的协议，向传感器控制器发送命令帧，然后从传感器控制器接收响应帧。通过收发ASCII格式或二进制格式的数据，在PLC、PC等外部装置与传感器控制器之间实现数据交换。

2. 视觉系统与机器人的网络连接

本项目中视觉检测单元与机器人单元通过TCP/IP协议连接，CCD相机作为服务器，机器人单元作为客户端。通过网线将相机上的Ethernet端口与机器人的LAN端口连接，ABB机器人的WAN、LAN、LAN2端口都可以作为TCP/IP通信端口，具体选择根据实际接线而定，如图4-5所示。

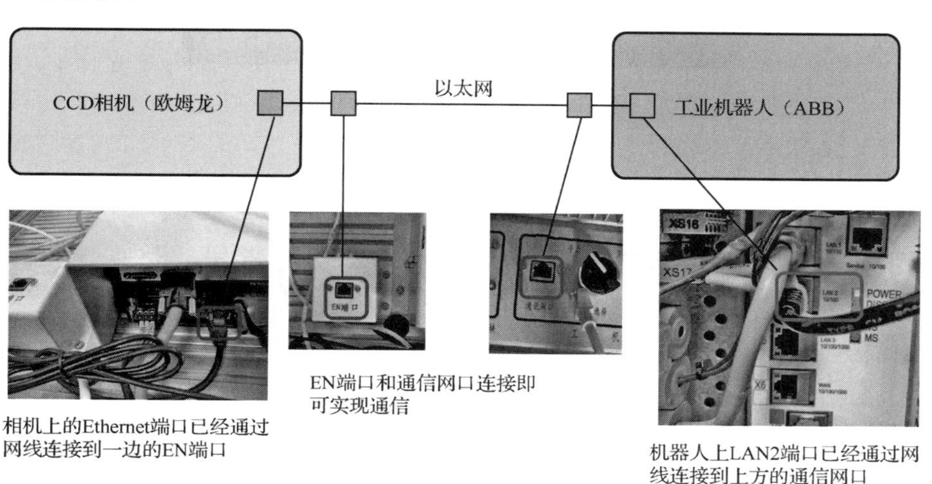

图4-5　相机与机器人的网络连接

3. 视觉系统通信工作与组态流程

视觉系统与 PLC 或机器人等外部装置连接，从外部装置输入测量命令后，传感器控制器对相机所拍摄的物体进行测量处理，然后向外部装置输出测量结果，如图 4-6 所示。

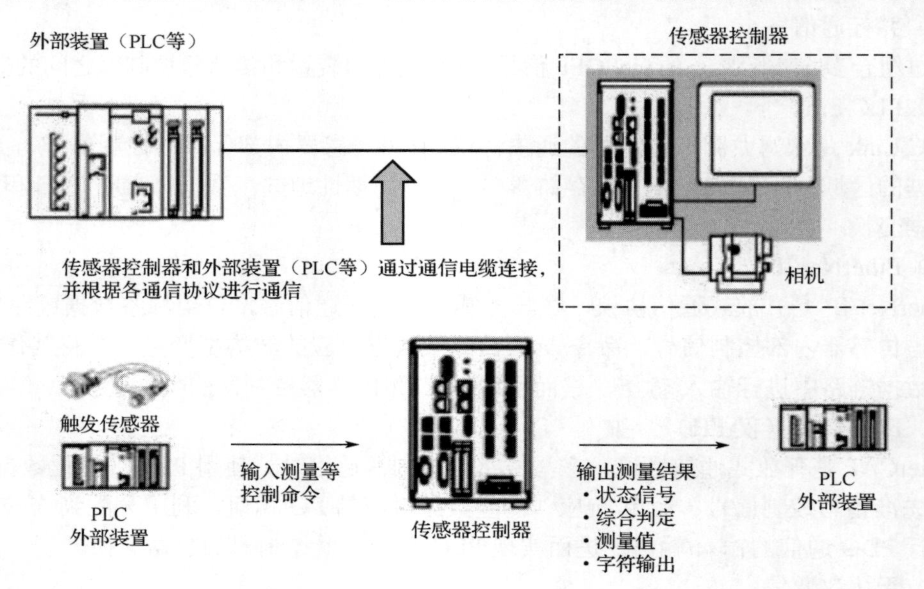

图 4-6　视觉系统通信工作流程

视觉系统通信工作与组态流程

视觉系统设置流程如下。

① 首先将视觉控制器与上位机通过网线连接。

② 打开视觉系统主界面，选择“工具”→“系统设置”命令，如图 4-7 所示。

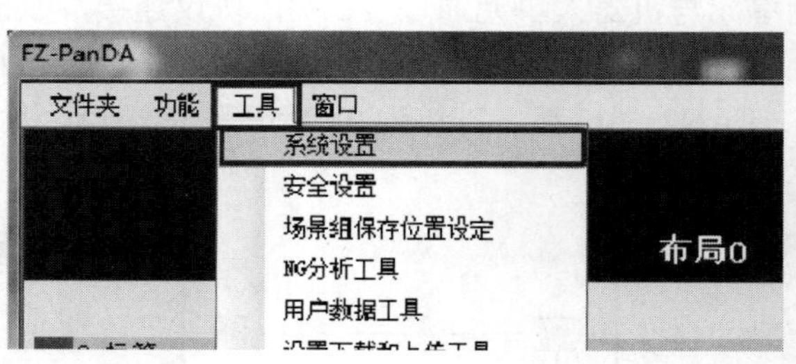

图 4-7　视觉系统的设置

③ 打开如图 4-8 所示“系统设置”对话框，选择“启动设定”→“通信模块”→“通信模块选择”，设置完成后，单击“适用”按钮，再单击“关闭”按钮。其中，通信模块需根据与传感器控制器连接的通信形态和连接目标单元，选择表 4-1 中的选项。

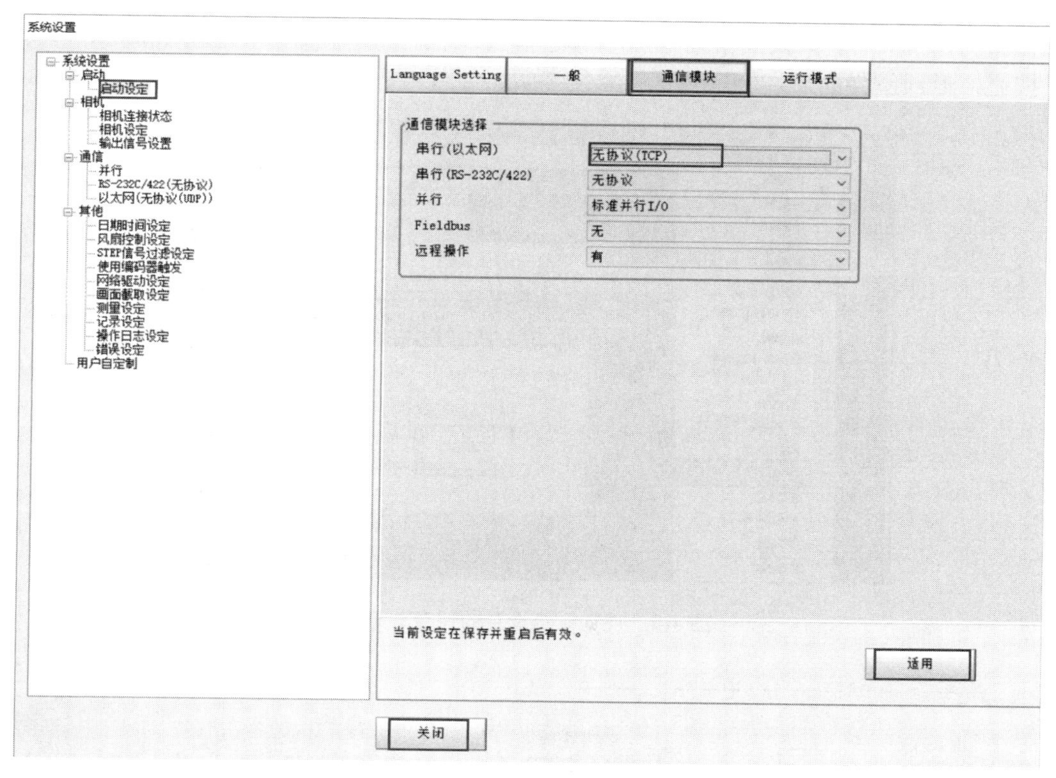

图 4-8 “系统设置”对话框

表 4-1　通信模块种类及其内容

通信模块种类	内容
串行（以太网）	通过以太网进行无协议通信
无协议（UDP）	通过 UDP 通信方式与外部装置进行通信
无协议（TCP）	通过 TCP 通信方式与外部装置进行通信
无协议（TCP Client）	通过 TCP 客户端与外部装置进行通信
无协议（UDP）（Fxxx 系列方式）	通过 UDP 通信方式及 Fxxx 系列方式，与外部装置进行通信
串行（RS-232C/422）	通过 RS-232C/422 方式进行无协议通信
无协议	通过 RS-232C/422 方式进行通信
无协议（Fxxx 系列方式）	通过 Fxxx 系列方式与外部装置进行通信

④ 返回主界面，单击“保存”按钮，再单击“确定”按钮，选择“功能”→“系统重启”命令，如图 4-9 所示，等待视觉系统重启完成。

⑤ 重新打开“系统设置”对话框，选中“以太网（无协议（UDP））”选项，对 IP 地址和端口号进行设置，如图 4-10 所示。

在“地址设定 2”栏中，输入传感器控制器的 IP 地址。IP 地址格式为 a.b.c.d，其中，a 为 1～223；b 为 0～255；c 为 0～255；d 为 2～254。“子网掩码”是系统自动生成的。在“输入/出设定”栏中，“输入/出端口号”是用于与传感器控制器进行数据输入的端口号，设为与主机侧相同的端口号，其设定值为0～65535。本项目中主机即机器人。设置完成后，单击“适用”按钮，返回主界面后，一定要保存系统参数。

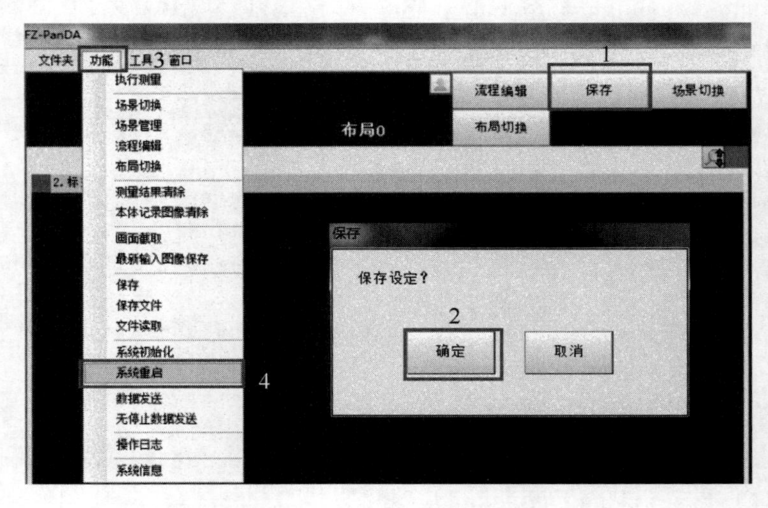

图4-9 视觉系统设置的保存与重启

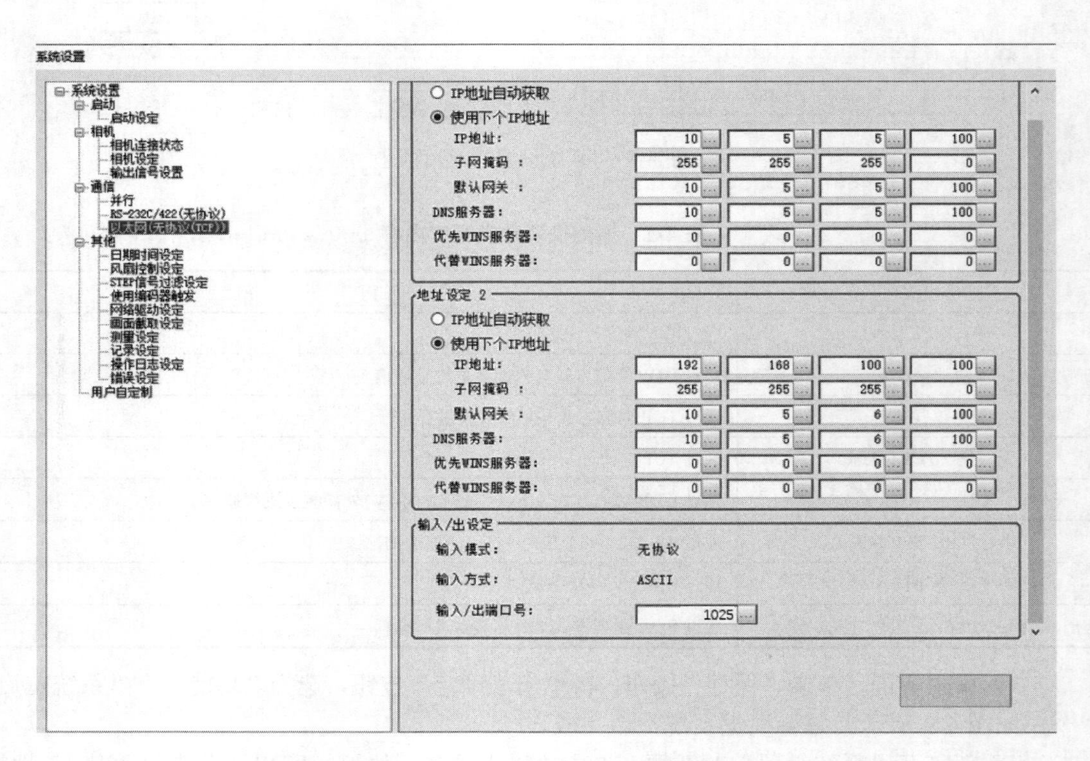

图4-10 视觉系统IP地址和端口号设置

4.5.4 视觉系统颜色特征与二维码的识别方法

颜色特征与二维码的识别方法

在欧姆龙视觉系统中，针对颜色特征与二维码的识别流程如表4-2、表4-3所示。

表 4-2　针对颜色特征的识别流程

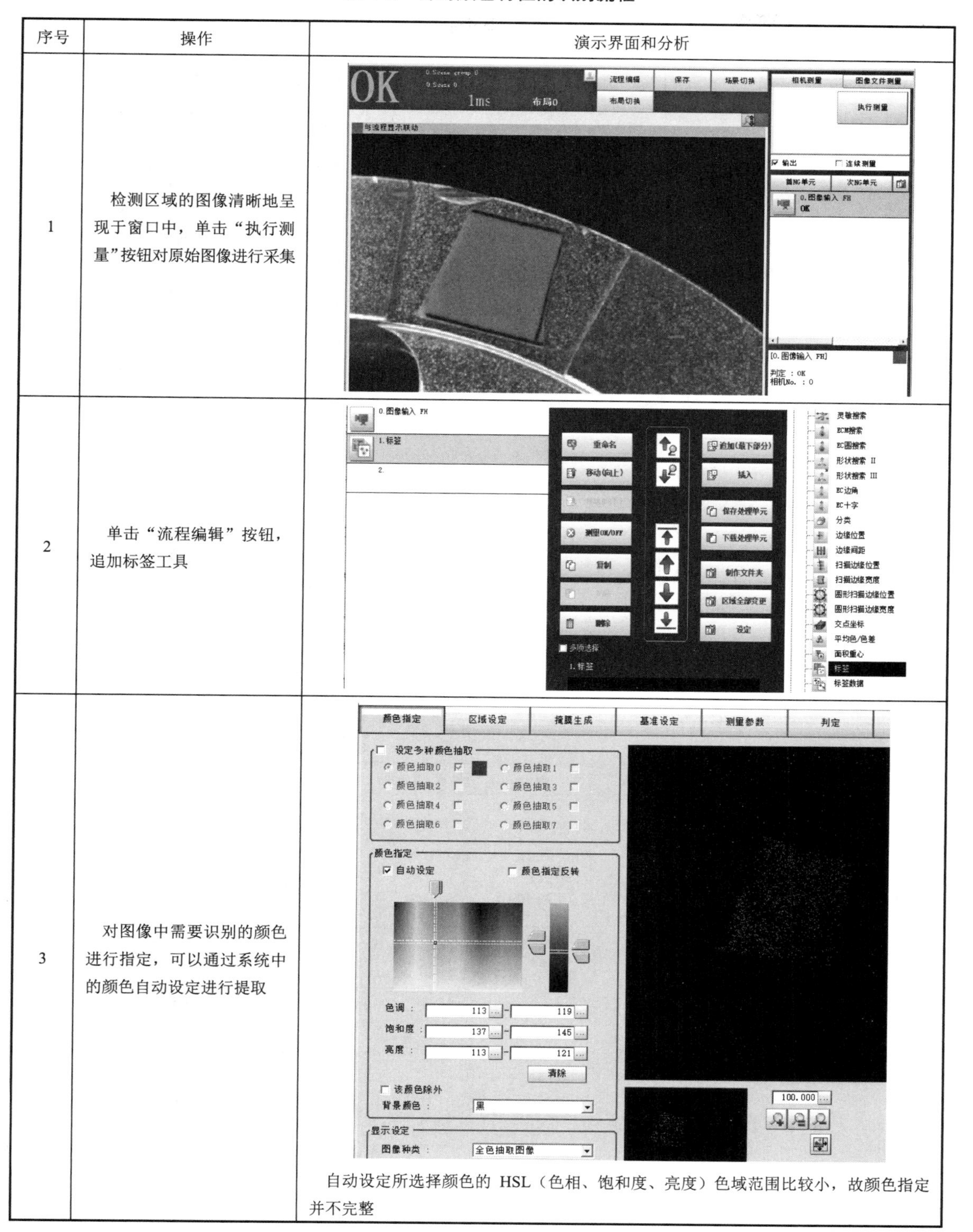

序号	操作	演示界面和分析
1	检测区域的图像清晰地呈现于窗口中，单击“执行测量”按钮对原始图像进行采集	
2	单击“流程编辑”按钮，追加标签工具	
3	对图像中需要识别的颜色进行指定，可以通过系统中的颜色自动设定进行提取	自动设定所选择颜色的 HSL（色相、饱和度、亮度）色域范围比较小，故颜色指定并不完整

续表

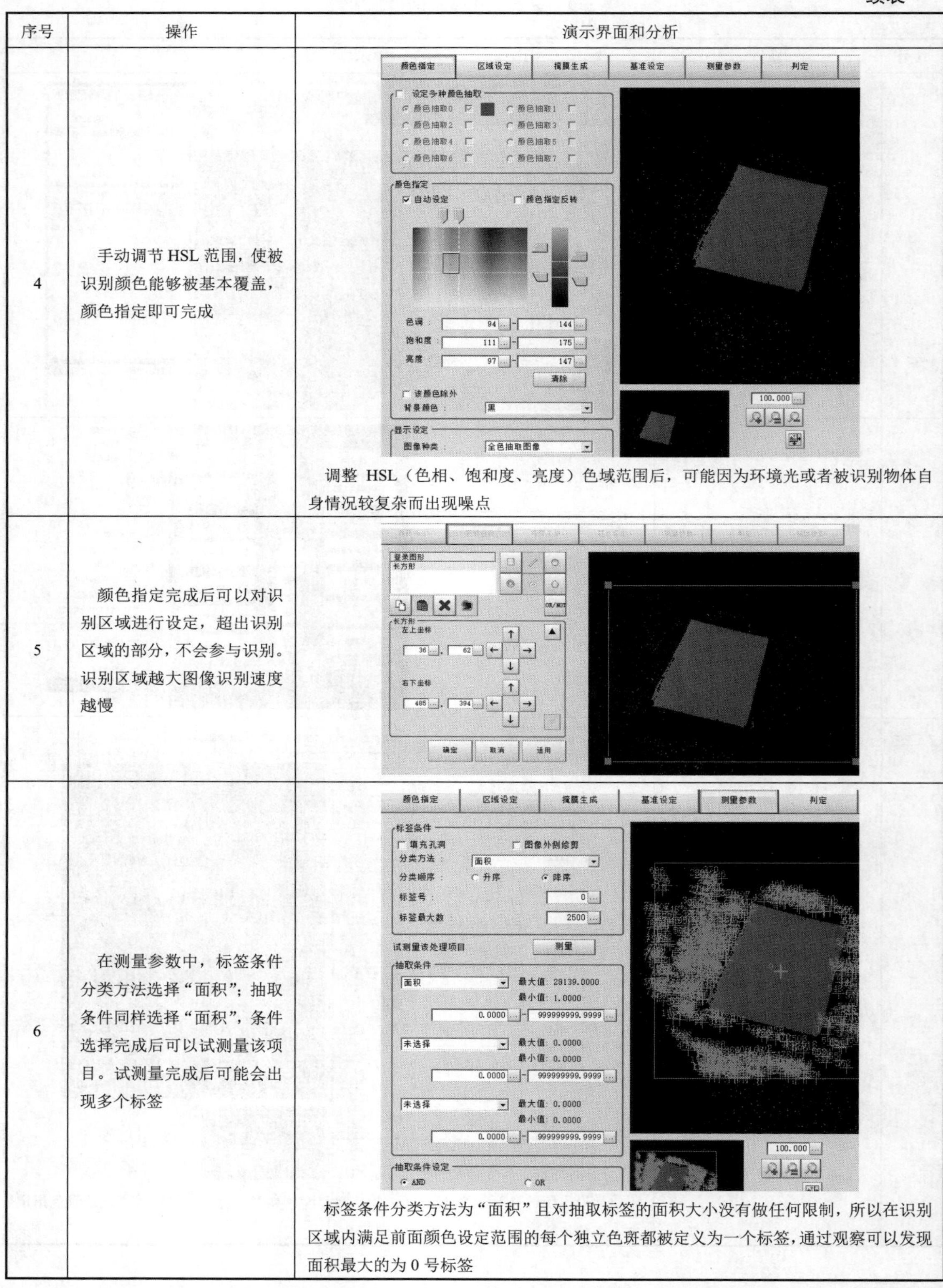

序号	操作	演示界面和分析
4	手动调节 HSL 范围，使被识别颜色能够被基本覆盖，颜色指定即可完成	调整 HSL（色相、饱和度、亮度）色域范围后，可能因为环境光或者被识别物体自身情况较复杂而出现噪点
5	颜色指定完成后可以对识别区域进行设定，超出识别区域的部分，不会参与识别。识别区域越大图像识别速度越慢	
6	在测量参数中，标签条件分类方法选择“面积”；抽取条件同样选择“面积”，条件选择完成后可以试测量该项目。试测量完成后可能会出现多个标签	标签条件分类方法为“面积”且对抽取标签的面积大小没有做任何限制，所以在识别区域内满足前面颜色设定范围的每个独立色斑都被定义为一个标签，通过观察可以发现面积最大的为 0 号标签

续表

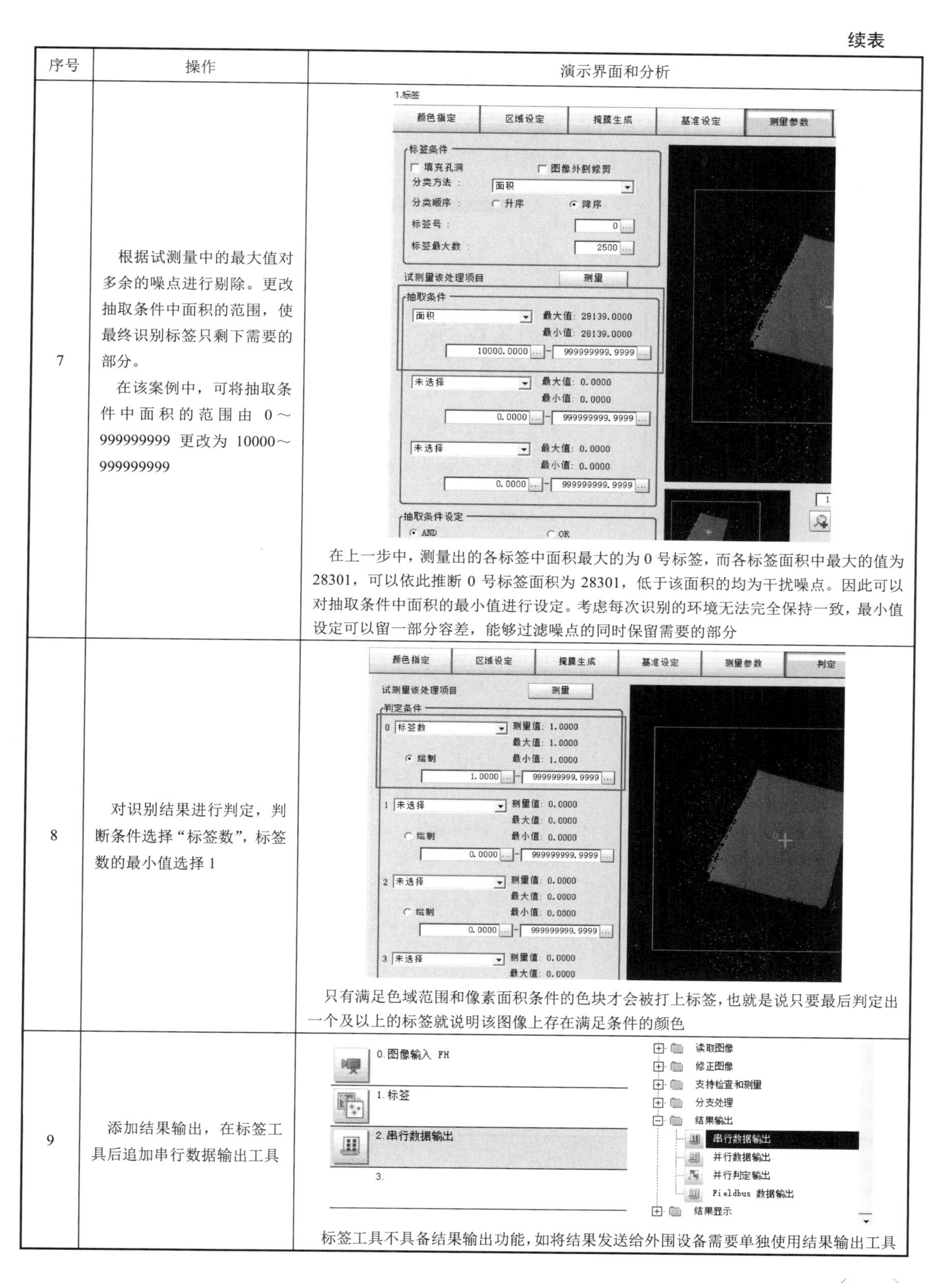

序号	操作	演示界面和分析
7	根据试测量中的最大值对多余的噪点进行剔除。更改抽取条件中面积的范围，使最终识别标签只剩下需要的部分。 在该案例中，可将抽取条件中面积的范围由 0～999999999 更改为 10000～999999999	在上一步中，测量出的各标签中面积最大的为 0 号标签，而各标签面积中最大的值为 28301，可以依此推断 0 号标签面积为 28301，低于该面积的均为干扰噪点。因此可以对抽取条件中面积的最小值进行设定。考虑每次识别的环境无法完全保持一致，最小值设定可以留一部分容差，能够过滤噪点的同时保留需要的部分
8	对识别结果进行判定，判断条件选择“标签数”，标签数的最小值选择 1	只有满足色域范围和像素面积条件的色块才会被打上标签，也就是说只要最后判定出一个及以上的标签就说明该图像上存在满足条件的颜色
9	添加结果输出，在标签工具后追加串行数据输出工具	标签工具不具备结果输出功能，如将结果发送给外围设备需要单独使用结果输出工具

续表

序号	操作	演示界面和分析
10	在串行数据输出的表达式中选择标签的判定结果，上方会自动生成该选项表达式“U1.JG”	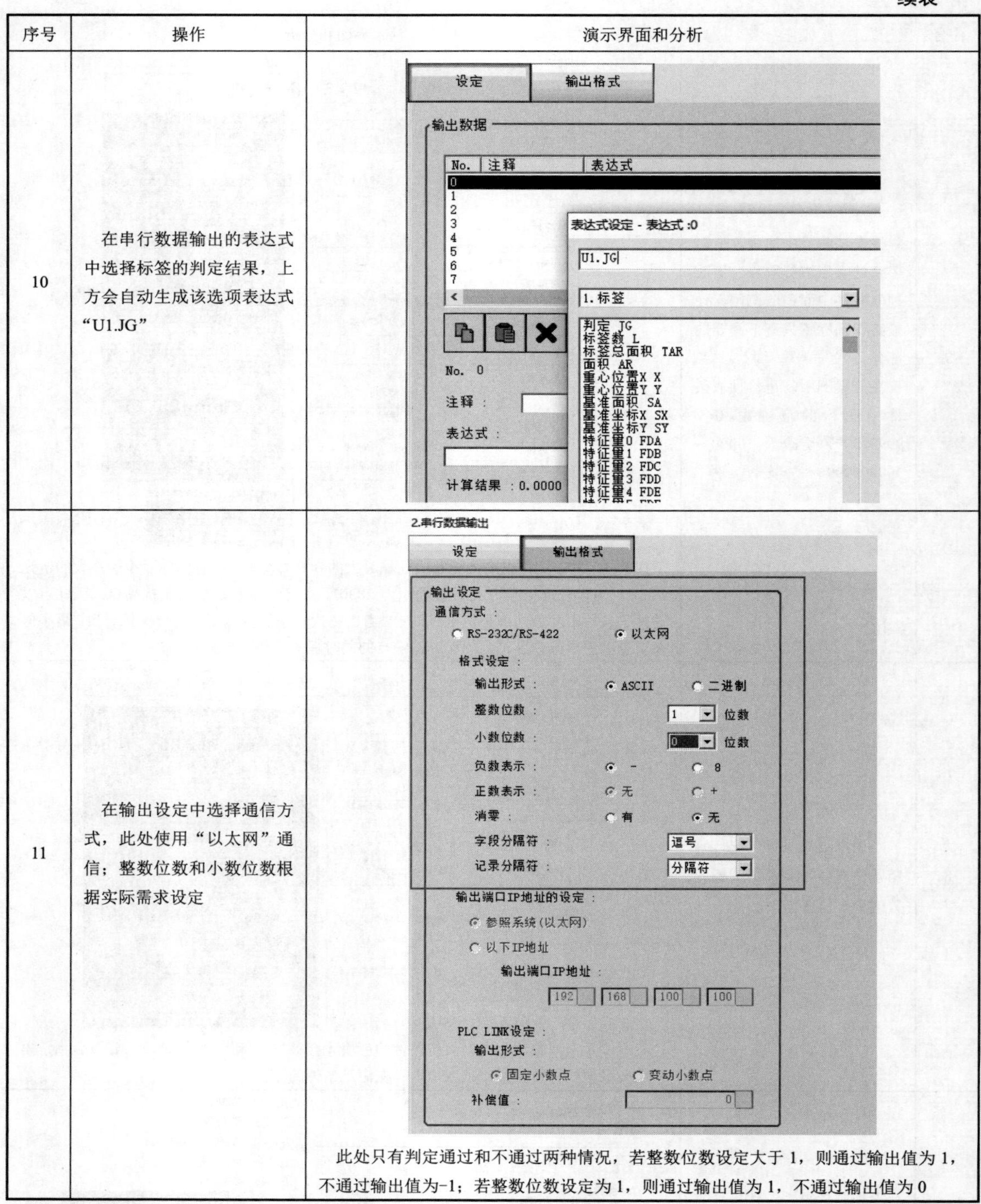
11	在输出设定中选择通信方式，此处使用“以太网”通信；整数位数和小数位数根据实际需求设定	此处只有判定通过和不通过两种情况，若整数位数设定大于 1，则通过输出值为 1，不通过输出值为-1；若整数位数设定为 1，则通过输出值为 1，不通过输出值为 0

续表

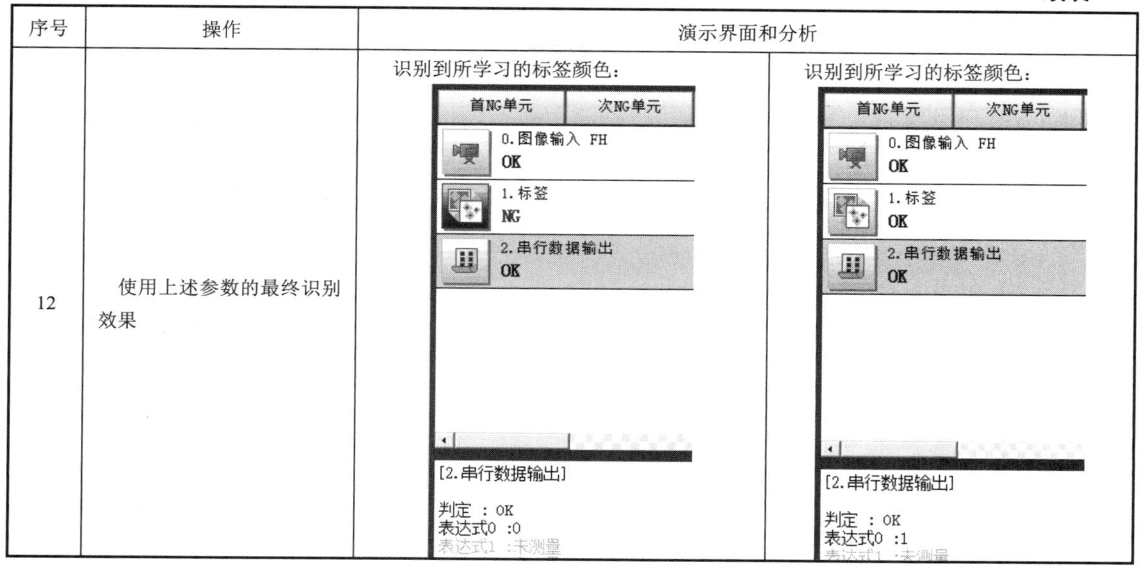

序号	操作	演示界面和分析	
12	使用上述参数的最终识别效果	识别到所学习的标签颜色：	识别到所学习的标签颜色：

表 4-3　针对二维码的识别流程

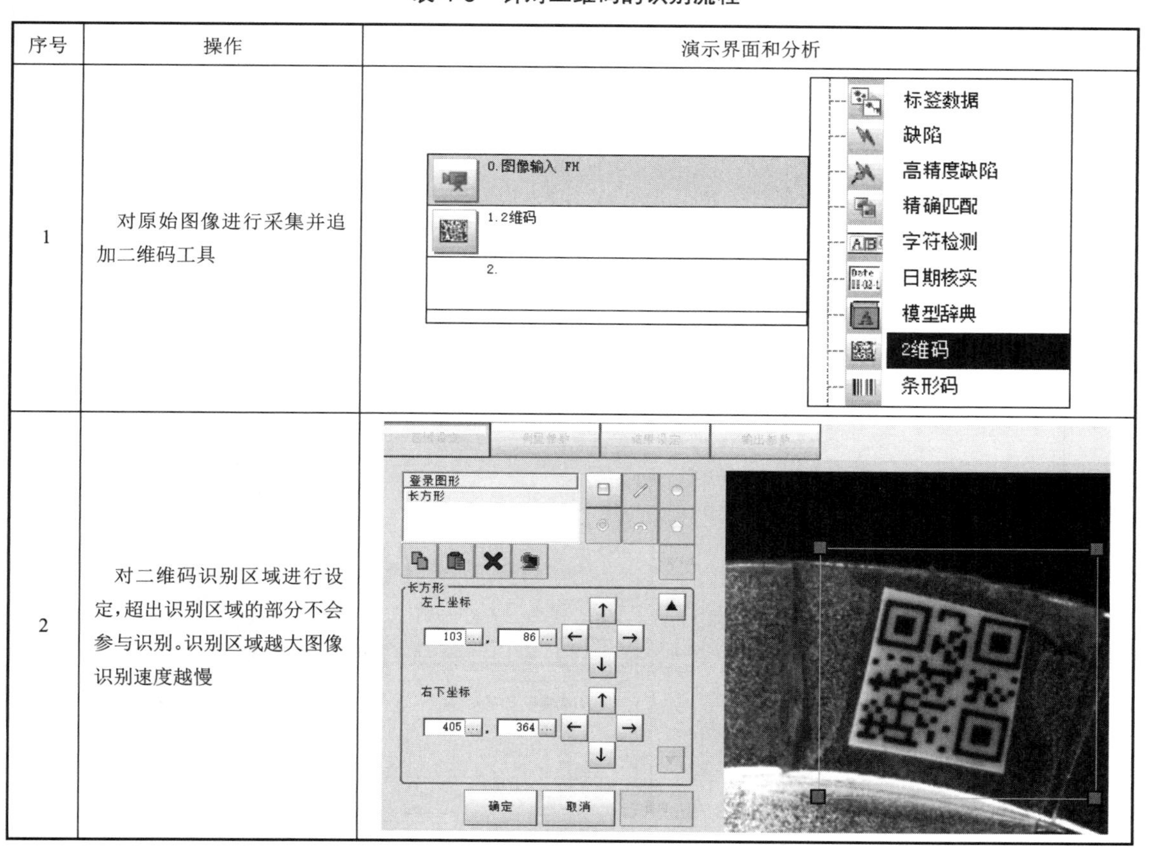

序号	操作	演示界面和分析
1	对原始图像进行采集并追加二维码工具	
2	对二维码识别区域进行设定，超出识别区域的部分不会参与识别。识别区域越大图像识别速度越慢	

续表

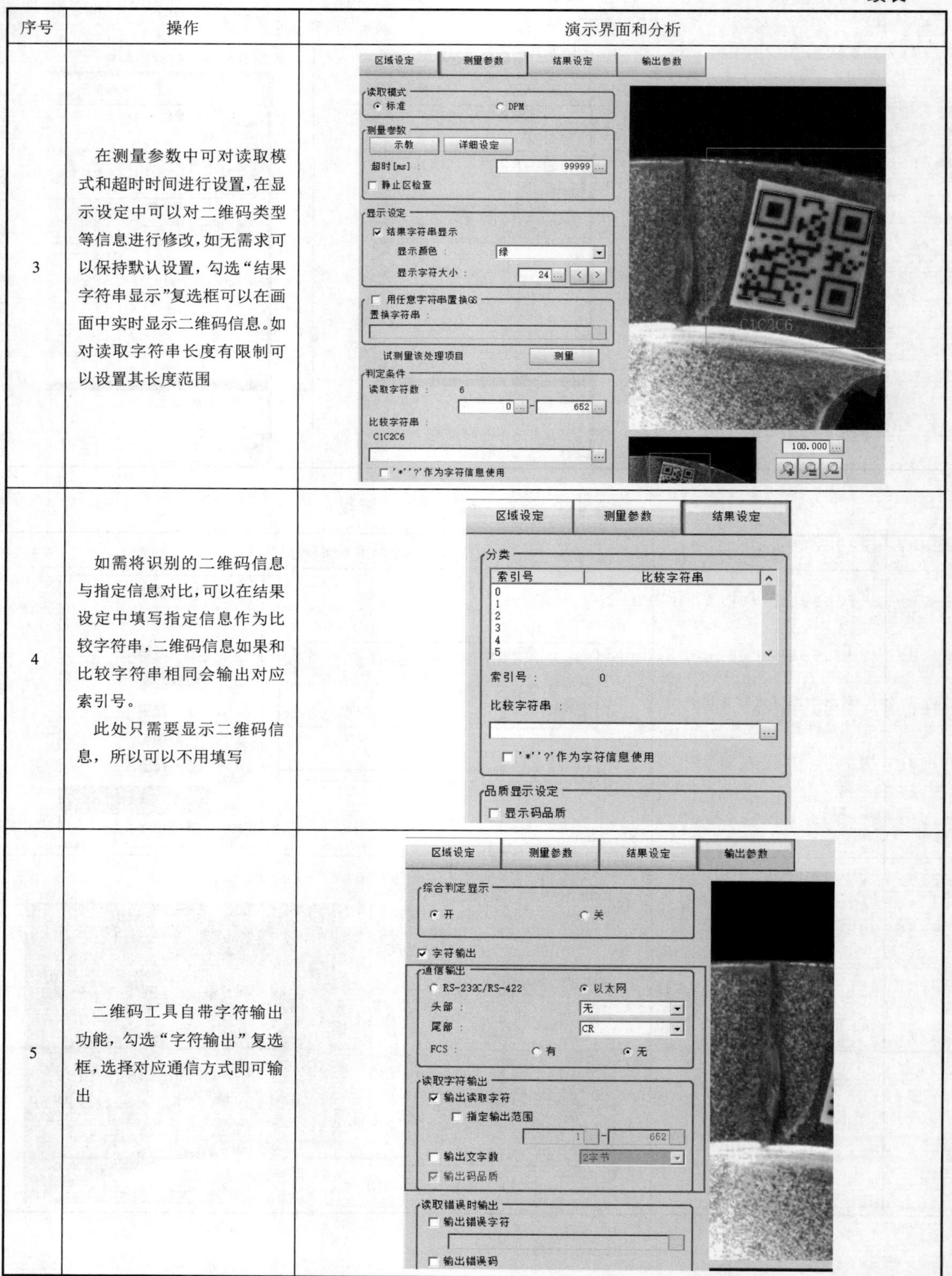

序号	操作	演示界面和分析
3	在测量参数中可对读取模式和超时时间进行设置，在显示设定中可以对二维码类型等信息进行修改，如无需求可以保持默认设置，勾选“结果字符串显示”复选框可以在画面中实时显示二维码信息。如对读取字符串长度有限制可以设置其长度范围	
4	如需将识别的二维码信息与指定信息对比，可以在结果设定中填写指定信息作为比较字符串，二维码信息如果和比较字符串相同会输出对应索引号。 此处只需要显示二维码信息，所以可以不用填写	
5	二维码工具自带字符输出功能，勾选“字符输出”复选框，选择对应通信方式即可输出	

续表

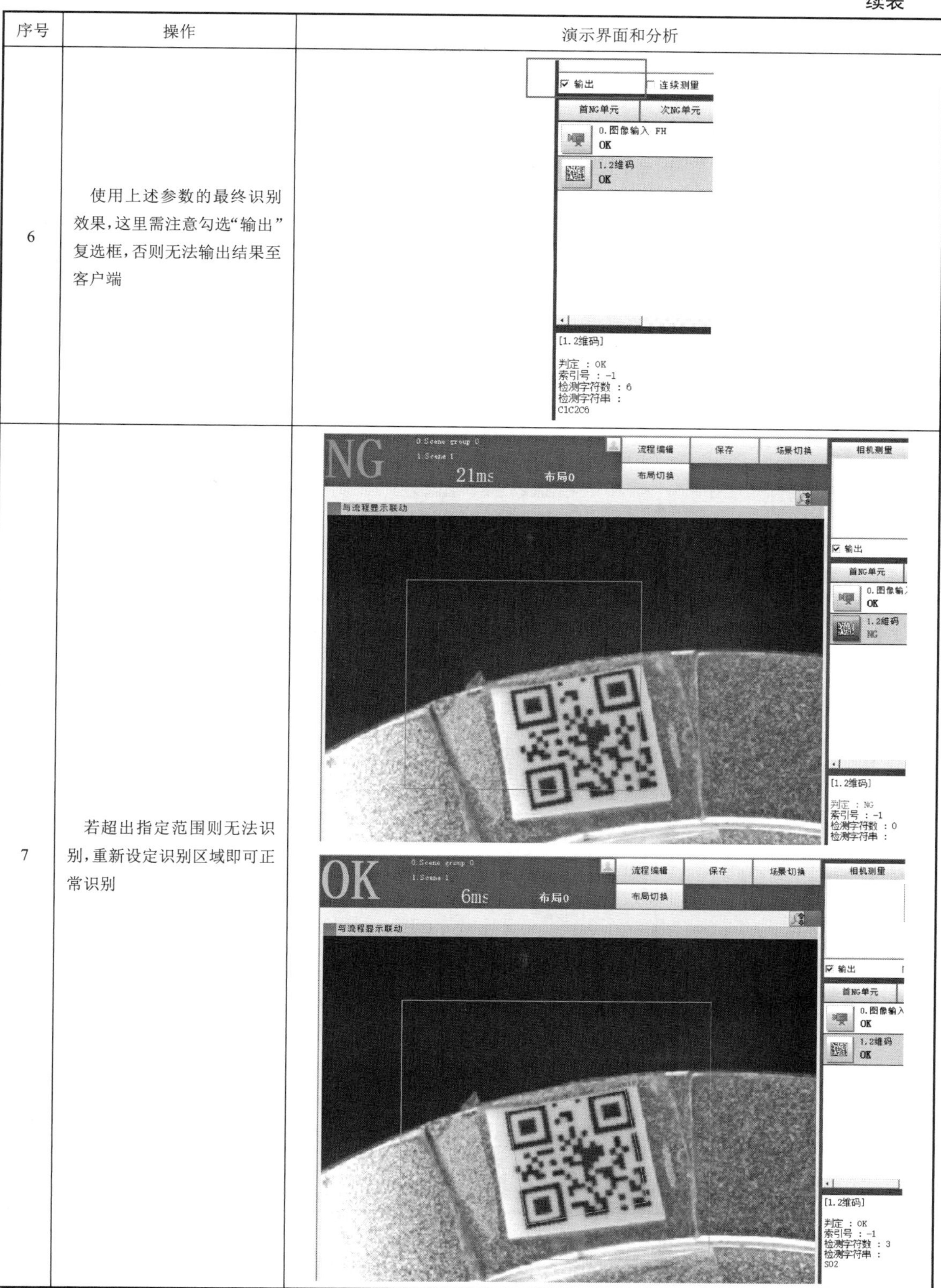

序号	操作	演示界面和分析
6	使用上述参数的最终识别效果，这里需注意勾选“输出”复选框，否则无法输出结果至客户端	
7	若超出指定范围则无法识别，重新设定识别区域即可正常识别	

4.5.5 机器人的网络组态与通信程序的应用

1. 机器人网络组态

机器人与相机通过 Socket（套接字）连接来实现通信，Socket 是应用层与 TCP/IP 协议簇通信的中间软件抽象层，它是一组接口并不是一种协议，Socket 连接是计算机网络中的一种通信机制，它允许两个程序在不同计算机上通过网络进行通信。在使用 Socket 进行通信时，一个程序作为客户端，另一个程序作为服务器，它们通过创建和使用 Socket 进行数据传输。可以将 Socket 理解为网络通信的接口，它提供了一种标准的通信方式，使得不同的程序能够在网络上进行数据交换。

ABB 机器人原厂并不带 Socket 连接方法，如需使用必须选购 616-1 PC Interface 功能包，并在机器人创建系统中勾选“616-1 PC Interface”。其通信配置流程如表 4-4 所示。

表 4-4 机器人通信配置流程

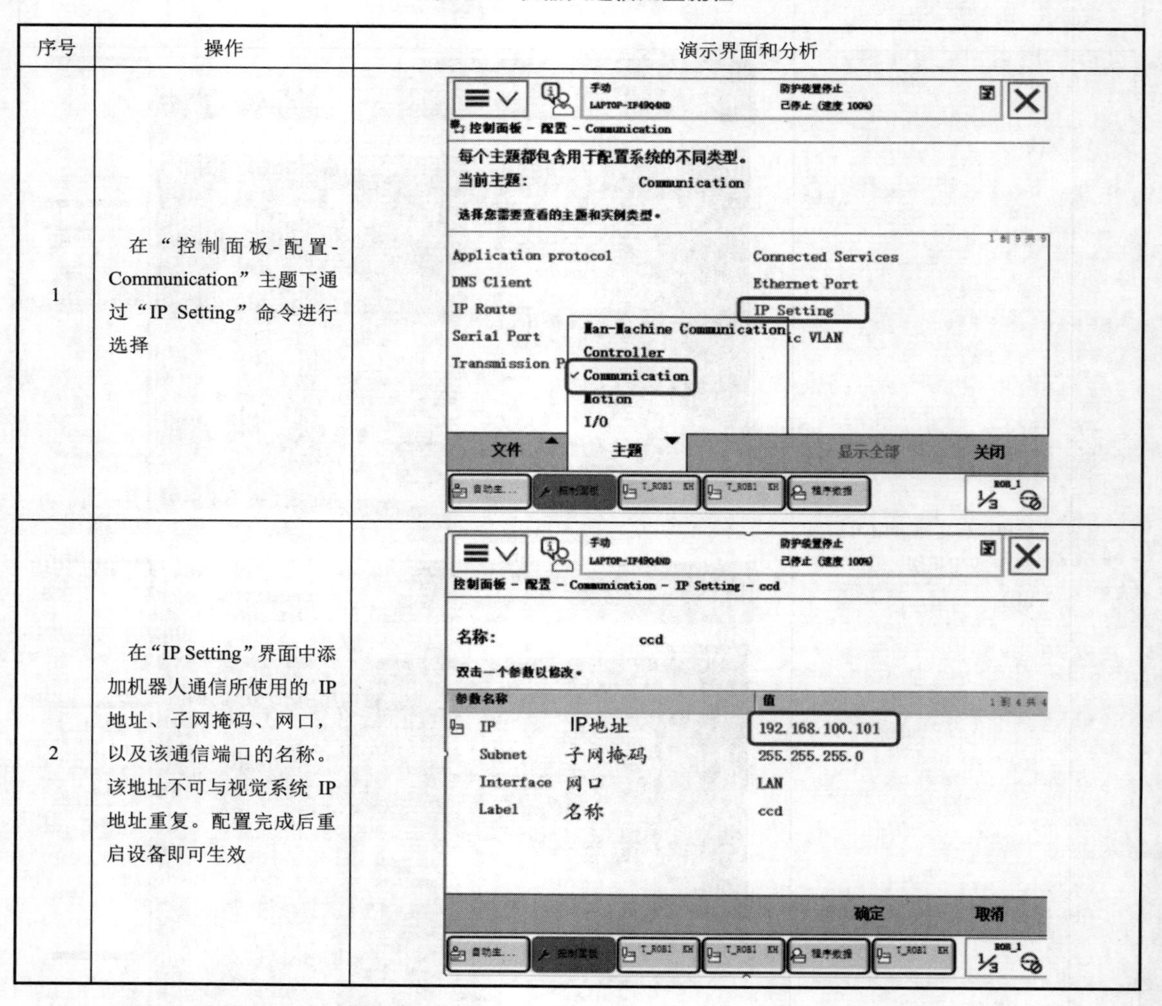

序号	操作	演示界面和分析
1	在“控制面板-配置-Communication”主题下通过“IP Setting”命令进行选择	
2	在“IP Setting”界面中添加机器人通信所使用的 IP 地址、子网掩码、网口，以及该通信端口的名称。该地址不可与视觉系统 IP 地址重复。配置完成后重启设备即可生效	

2. 机器人程序中 Socket 的应用

客户端和服务器使用的 Socket 可能不同。在客户端中，需要创建一个 Socket 并指定连接

目标的 IP 地址和端口，然后向服务器发送连接请求。在服务器中，需要创建一个 Socket 并绑定到一个指定的端口上，然后等待客户端的连接请求，其工作流程如图 4-11 所示。

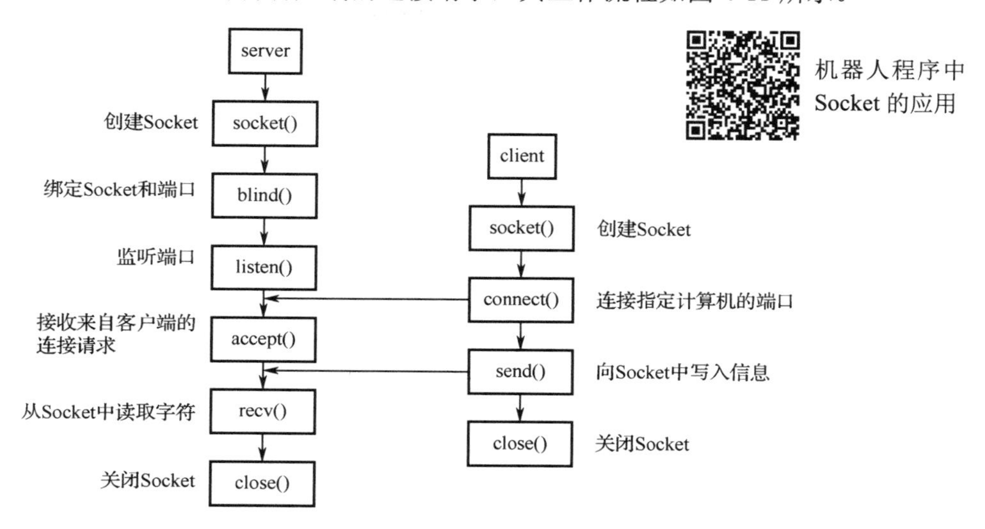

图 4-11　使用 Socket 工作流程

视觉系统的端口号和 IP 地址在图 4-10 中已经配置完成，视觉系统作为服务器已经做好 Socket 的处理，FH 系列相机在出厂时已定义默认系统通信代码，通过客户端发送对应的代码即可执行相机功能。如图 4-12 所示为本项目中常用的三种通信代码，在视觉系统接收到“SCNGROUP 0”或缩写 “SG 0”信息时，处理流程会切换至 0 号场景组；在视觉系统接收到“SCENE 0”或缩写“S 0”信息时，处理流程会切换至 0 号场景；在视觉系统接收到“MEASURE”或缩写“M”信息时，则会在当前场景执行一次测量。完成正常测量后，视觉系统会反馈当前处理状态和测量结果，在未完成正常测量时会反馈错误状态。在完成相关功能后返回的响应状态（如“OK”）和测量信息都会使用 CR（回车符号）分隔，在对返回结果进行处理时需要额外注意。

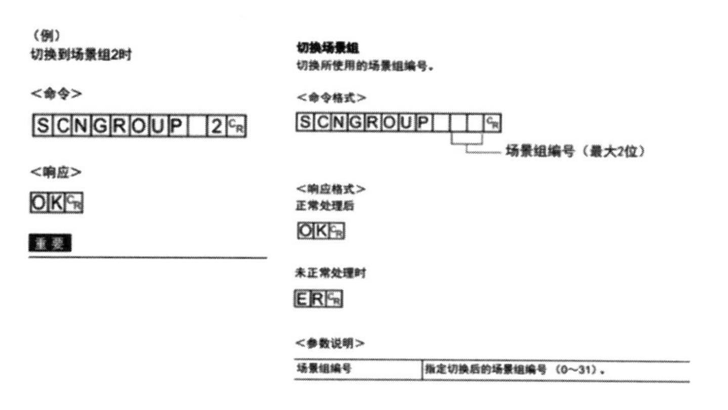

图 4-12　本项目中常用的三种通信代码

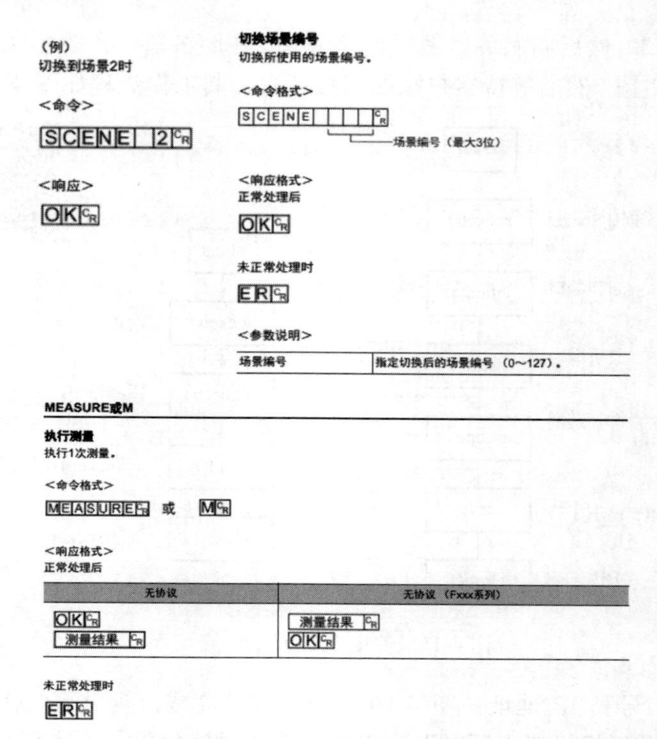

图 4-12 本项目中常用的三种通信代码（续）

利用通信代码对机器人客户端进行 Socket 代码的编写，即可实现机器人控制下的视觉检测流程，机器人 Socket 连接代码如表 4-5 所示。

表 4-5 机器人 Socket 连接代码

代码	注释
MODULE Module1	
VAR socketdev socket1;	!定义套接字变量 socket1
VAR string sRecv:="";	!定义字符串变量 sRecv
VAR string sResult:="";	!定义字符串变量 sResult
PROC communication()	!Socket 连接程序
SocketClose socket;	!Socket 关闭（初始化）
SocketCreate socket1;	!创建套接字 socket1
SocketConnect socket1, "192.168.100.100", 1025;	!连接服务器，地址为相机 IP 地址，端口为相机预留端口
WaitTime 0.2;	！等待 0.2s，待服务器连接完成
SocketSend socket1\Str:="SG 0";	！发送“SG 0”，切换至 0 号场景组
WaitTime 0.2;	！等待 0.2s，待场景组切换完成
SocketSend socket1\Str:="S 0";	！发送“S 0”，切换至 0 号场景
WaitTime 0.2;	！等待 0.2s，待场景切换完成
SocketSend socket1\Str:="M";	！发送“M”，触发拍照
WaitTime 0.2;	！等待 0.2s，待拍照完成
SocketReceive socket1\Str:=sRecv;	！接收服务器数据并将数据存储至变量 sRecv 中
sResult := StrPart(sRecv,10,1);	！将原始数据进行分离，拆分出有效数据
ENDPROC	！程序完成
ENDMODULE	

部分默认系统通信命令及功能如表 4-6 所示。

表 4-6　部分默认系统通信命令及功能

命令	缩写	功能
BRUNCHSTART	BFU	分支到流程最前面（0 号处理单元）
CLRMEAS	—	清除当前所有场景的测量值
CPYSCENE	CSD	复制场景数据
DATASAVE	—	将系统+场景数据保存到本体内存中
DELSCENE	DSD	删除场景数据
ECHO	EEC	按原样返回外部机器发送的任意字符串
IMAGEFIT	EIF	将显示位置和显示倍率恢复为初始值
IMAGESCROLL	EIS	按指定的移动量平行移动图像
IMAGEZOOM	EIZ	按指定的倍率放大/缩小显示图像
MEASURE	M	执行 1 次测量
		开始连续测量
		结束连续测量
MEASEREUNIT	MTU	执行指定单元的试测量
MOVSCENE	MSD	移动场景数据
REGIMAGE	RID	将指定的图像数据作为登录图像登录
		将指定的登录图像作为测量图像读取
RESET	—	重启控制器
TIMER	TMR	经过指定的等待时间后，执行相应的命令字符串
UPDATEMODEL	UMD	用当前图像重新登录
USERACCOUNT	UAD	在指定的用户组 ID 中追加用户账户
		删除指定的用户账户
SCENE	S	切换使用中的场景
SCNGROUP	SG	切换场景组

3. 相机数据的处理

以检测颜色标签为例，执行表 4-5 中代码，最终将接收到如图 4-13 所示的字符串。其中“OK”为视觉系统正常执行后向机器人发送的反馈结果，该结果字符串中仅有标识出来的“1”为实际有用的反馈结果。

OK/ODOK/ODOK/OD1/ODOK

图 4-13　相机反馈测试结果字符串

在这种情况下，可使用机器人中的 StrPart 功能对字符串进行提取。StrPart 用作字符串的拆分，在其后面的括号中需定义从第几个字符开始进行拆分及需要拆分出来的长度，如图 4-14 所示。值得注意的是，本例反馈结果中的“/OD”并不表示三个字符，而是合并起来代表一个回车符，仅计一个字符的长度。当对字符“1”进行拆分时，其需要被拆分出的字符长度（Len）为1，开始拆分位置（ChPos）则为从左至右的第10位字符，而非第16位。

String2 := StrPart (Str , ChPos , Len)

拆分结果　　　　待拆分字符串　开始拆分位置　字符长度

图4-14　StrPart功能的使用说明

4.6　思政养成：中科新松开启“机器人+视觉”智能制造新时代

机器人和视觉智能制造的结合将引领制造业迈入新的时代。随着机器人技术的不断成熟和视觉技术的快速发展，“机器人+视觉”智能制造已经成为制造业智能化转型的重要方向。

中科新松提出了一种解决方案，该方案基于协作机器人和视觉技术。使用DUCO Mind智能控制器，通过深度学习算法对多个传感器收集到的信息进行有效处理和融合，从而为协作机器人提供稳定、持续的3D视觉柔性化定位。以鞋底制造为例，其协作机器人和视觉技术能实现精准的不同鞋型鞋底边缘轮廓提取，以及协同和互换，同时不影响最终性能和效果。中科新松DUCO Core机器人控制系统具有卓越的稳定性和重复定位精度，机器人可以搭载胶枪沿鞋底涂胶，保证不断变化的三维曲线涂胶均匀出胶，满足鞋底涂胶面积和胶量的均匀性要求。该产品体积小、柔性化，可以在现场应用时不修改原产线进行部署，同时具有图形化编程功能，编程方式简单，可以在不同鞋型间随意切换作业，降低客户的使用成本。

在分拣场景中，中科新松与武汉诺得佳科技共同打造的机器人无人免税店是一个很好的例子。协作机器人的主动安全和被动安全系统最大限度地解决了免税店机器人安全问题。通过采用“机器人+视觉”的解决方案，DUCO Mind控制器提供稳定的视觉支持，让协作臂能够智能、精准地取货。由于协作机器人系统支持二次开发，免税店从下单到得货的效率高，速度快，提高了客户的满意度。

中科新松的DUCO Mind是一款集成了2D、3D和深度学习功能的智能应用控制器。该控制器的软件算法完全由中科新松自主开发，可用于各种应用场景，如搬运、上料、拣选、分类、定位、涂胶、装配、检测等。它具有性价比高、开放性强、易于部署和实施的优势。中科新松将基于其自主研发的DUCO Mind智能应用控制器及完善的协作机器人产品矩阵，实现机器人与视觉技术、其他传感器及人工智能的融合，使其成为智能制造的重要工具，为各行各业迈向智能化提供支持，让视觉技术与机器人共同开启智能制造的大门。

项目五　机器人工作站综合集成与调试

1. 知识目标

（1）掌握多工作站远程 I/O 模块的设备组态

（2）掌握机器人中断功能的使用方法

（3）掌握机器人与 PLC 信号交互的程序编写与调试

2. 技能目标

（1）能完成多工作站的设备组态

（2）能完成电气设备的综合调试

（3）能搭建程序框架，编写综合性较强的 PLC 控制程序

（4）能针对各工作站功能合理规划机器人程序及路径

3. 素质目标

（1）培养学生从事工作岗位的专业能力

（2）培养学生具备全面的知识体系

（3）培养学生终生学习的能力

（4）培养学生的职业认同感

4. 工作任务导图

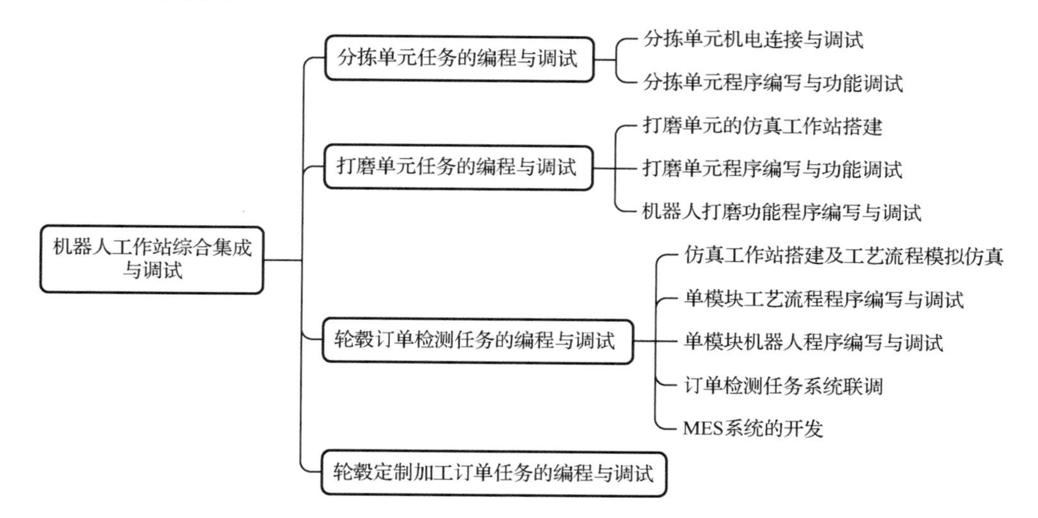

5.1 任务情境描述

任务情境描述

次大陆公司需要对现有轮毂零件的生产单元进行升级改造，以满足不同类型轮毂零件的共线生产，以智能制造技术为基础，实现柔性化、智能化生产。请根据具体任务要求和硬件条件，完成智能制造单元改造的集成设计、安装部署、编程调试，并实现试生产验证。

机器人智能制造综合实训平台由 ABB IRB 120 型机器人执行单元、总控单元、仓储单元、打磨单元、分拣单元、快换工具单元、视觉检测单元等组成，各单元布局示意图如图 5-1 所示。生产对象为汽车行业的轮毂零件，是完成粗加工后的半成品铸造铝制零件。

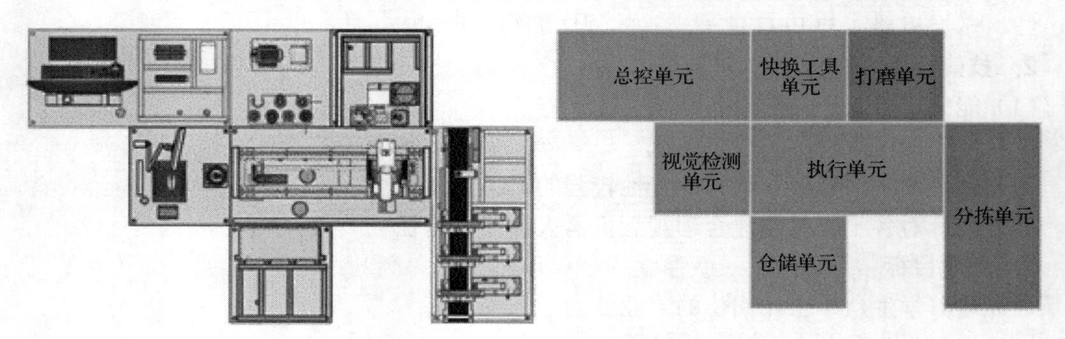

图 5-1 智能制造各单元布局示意图

1. 分拣与打磨单元单模块调试任务

任务 1：分拣单元任务的编程与调试

按照图 5-1 所示，完成分拣单元的机械安装、电气与网络连接。在 PLC 端的分拣单元编写 FB 块程序，在分拣单元传送带的右端（分拣起始位）手工放置 3 次轮毂，分拣单元能够将其分拣到 1～3 号工位。

任务 2：打磨单元任务的编程与调试

仿真工作站工艺流程模拟仿真：将打磨单元、总控单元与机器人执行单元，在仿真软件中根据实际情况完成三维环境搭建，要求机器人实现轮毂打磨与旋转工位的放置、抓取、打磨及清理模组的动作流程。

任务要求：将打磨单元、总控单元与机器人执行单元基于仿真工作站的搭建完成布局。机器人将加工后的轮毂反向夹持，放置在定位模组中的旋转工位定位，使用打磨头对打磨加工区域 3、4 进行 2s 的打磨加工处理，处理完成后，由翻转模组翻转并放置在定位模组中的打磨工位上定位，对打磨加工区域 1、2 继续进行 2s 的打磨加工处理，处理完成后，由机器人搬运至清理模组中进行碎屑清理。在清理流程中，机器人夹持轮毂，轮毂可沿自身中轴线偏转一定角度进入吹屑工位，并保持 2s，以实现“吹屑”的功能，轮毂的正反面不限。工作流程中机器人必须由工作原点出发，完成任务后回到工作原点。

在本任务中，初始状态下轮毂可由人工送至机器人夹爪处夹紧，在打磨流程中机器人工具可根据任务需要由技术人员进行手动更换。轮毂打磨加工区域示意图如图 5-2 所示。

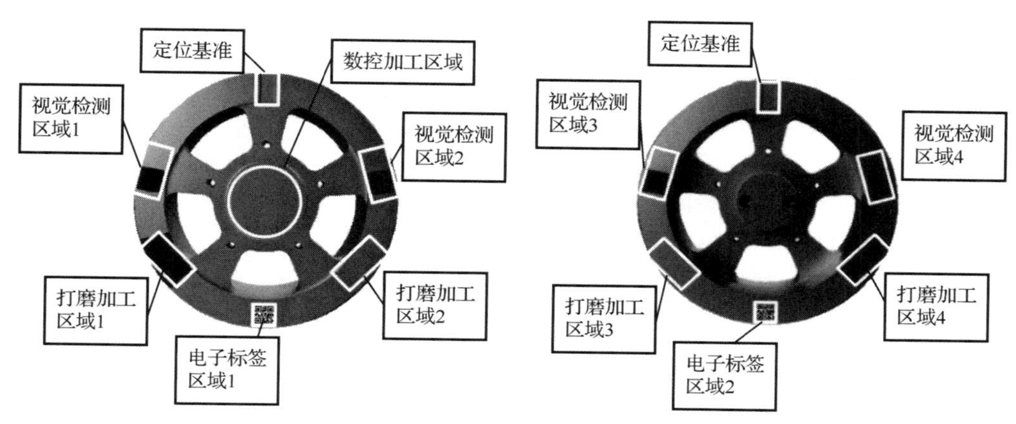

图 5-2　轮毂打磨加工区域示意图

2. 综合任务的工艺流程分析与 MES 系统开发

本任务中涉及多模块的工艺流程调试，在后面的工艺流程分析中对单元模块工艺流程要求进行了单独编号及分析，任务 3 订单检测任务与任务 4 定制加工任务都以流程图的形式提出了完整工艺流程要求。此外，在完成工艺流程的基础上还需对 MES 系统进行开发。

1）单元模块工艺流程分析

（1）仓储单元工艺流程（A1、A2 流程）要求

A1 流程要求如下。

① 机器人从仓储单元中将轮毂零件取出。

② 轮毂取出顺序：按从小到大的仓位顺序选择轮毂。

③ 若仓位中的轮毂零件已被加工检测过，或者仓位中无轮毂零件，则跳过该仓位。

A2 流程要求如下。

① 机器人将轮毂零件放回仓储单元。

② 轮毂放回顺序：按从大到小的顺序选择空仓位。

（2）视觉检测单元工艺流程（B1、B2 流程）要求

B1 流程要求如下。

① 轮毂零件的当前面朝向相机的视觉检测区域。

② 视觉检测结果为红色即表示其为残缺件，进入后序右侧流程。

③ 视觉检测结果为绿色即表示其为合格件，进入后序左侧流程。

B2 流程要求如下。

① 轮毂零件的当前面朝向相机的电子标签区域。

② 视觉检测结果为 01 系列件，进入后序左侧流程。

③ 视觉检测结果为 02 系列件，进入后序右侧流程。

（3）打磨单元工艺流程（C1、C2 流程）要求

C1 流程要求如下。

① 机器人将轮毂零件放置到吹屑工位内部，轮毂零件完全进入吹屑工位，夹爪不松开。

② 吹屑 2s，同时使轮毂零件在吹屑工位内顺时针旋转 90°，确保碎屑被完全清除。

③ 机器人将轮毂零件由吹屑工位取出。

C2 流程要求如下。

① 翻转工装到打磨工位一侧。

② 机器人将所夹持轮毂零件放置到旋转工位上。

③ 对位于旋转工位上的轮毂零件的打磨加工区域 3 进行打磨加工。

④ 机器人由旋转工位将轮毂零件取出。

（4）分拣单元工艺流程（D1～D4 流程）要求

D1 流程要求：将轮毂零件分拣到分拣单元传送带起始端。

D2 流程要求：将轮毂零件分拣到分拣道口 1。

D3 流程要求：将轮毂零件分拣到分拣道口 2。

D4 流程要求：将轮毂零件分拣到分拣道口 3。

2）MES 应用平台界面开发要求

针对该硬件设备搭建界面，下面所给出的界面样式可做参考和开发依据。

（1）欢迎界面（见图 5-3）

图 5-3　欢迎界面

① 利用博途软件，在 WinCC 中新建界面，并将其设定为启动界面。

② 对控件进行布局和开发，可以通过单击按钮实现进入“监控界面”“手动管理”，并能够实现在各界面之间的切换。

（2）手动管理

① 利用博途软件，在 WinCC 中新建界面，可通过“欢迎界面”的相关控件打开，且可由该界面退回到“欢迎界面”。

② 对控件进行布局和开发，可以实现对由总控单元 PLC 板载 I/O、各单元的远程 I/O 模块、执行单元 PLC 板载 I/O 和扩展 I/O 模块所控制的电磁阀、伺服电机、传感器等的监控，方便应用平台调试动作配合和在出现危险状况时手动恢复设备。参照图 5-4 所示的手动控件设计必要的远程 I/O 模块，手动操作控件并实现其功能。

（3）监控界面

① 利用博途软件，在 WinCC 中新建界面，可通过“欢迎界面”的相关控件打开，且可由该界面退回到“欢迎界面”。

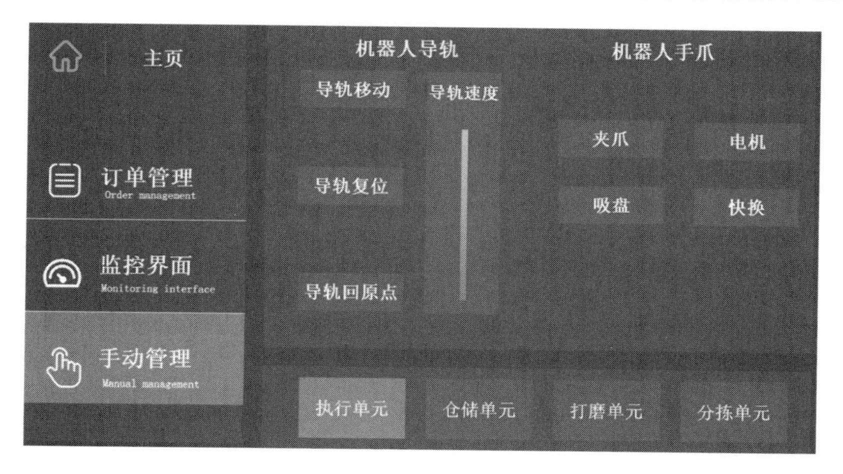

图 5-4　手动管理

② 在“监控界面”中可以监控仓储单元各仓位状态，以及机器人导轨位置，同时显示工作站运行时间。

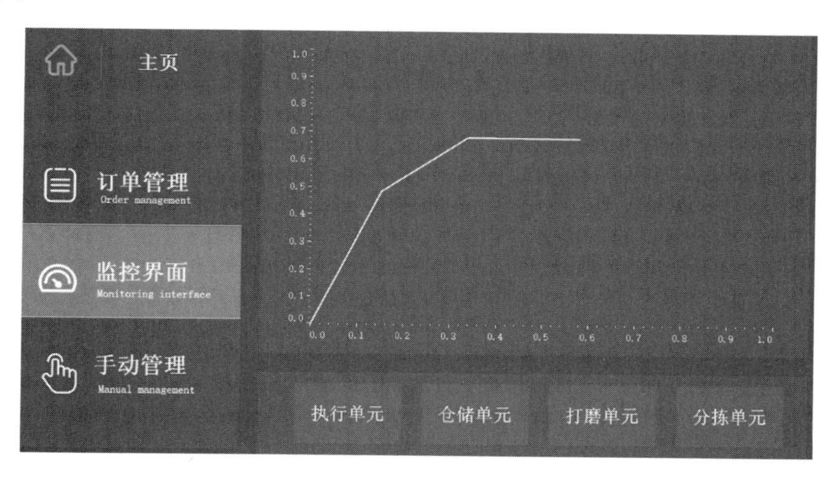

图 5-5　监控界面

（4）订单管理

① 利用博途软件，在 WinCC 中新建界面，可通过“欢迎界面”的相关控件打开，且可由该界面退回到“欢迎界面”。

②“订单管理”中，可以单击按钮选择不同的订单生产模式，如可以选择“检测订单”和“加工订单”。

③ 可以通过该界面选择开始订单和结束订单。

任务 3：轮毂订单检测任务的编程与调试

仿真工作站工艺流程模拟仿真：将快换工具单元、仓储单元、打磨单元、分拣单元、执行单元与总控单元，在仿真软件中根据实际情况完成三维环境搭建，要求机器人实现单元模块工艺流程中所涉及的工具的拆装，以及 A、B、C、D 流程要求。

图 5-6　订单界面

订单检测任务要求：订单检测任务流程如图 5-7 所示，基于仿真工作站的搭建完成布局。要求设备开始时处于初始化状态，在“订单管理”中选择“检测订单”模式并按下“开始订单”按钮后，机器人移动至快换工具单元对工具进行安装，完成后移动至仓储单元工位，通过仓储单元 A1 功能抓取轮毂。轮毂抓取完成后移动至视觉检测单元工位进行识别，通过视觉检测单元 B1 功能获得轮毂的质量信息。若轮毂为合格件，机器人移动至分拣单元工位将轮毂放置于分拣单元传送带起始位；若轮毂为残缺件，机器人移动至仓储单元同时执行 A2 流程将轮毂放回仓储单元相应位置。轮毂放置完成后机器人回到工作原点，单次流程执行完毕。

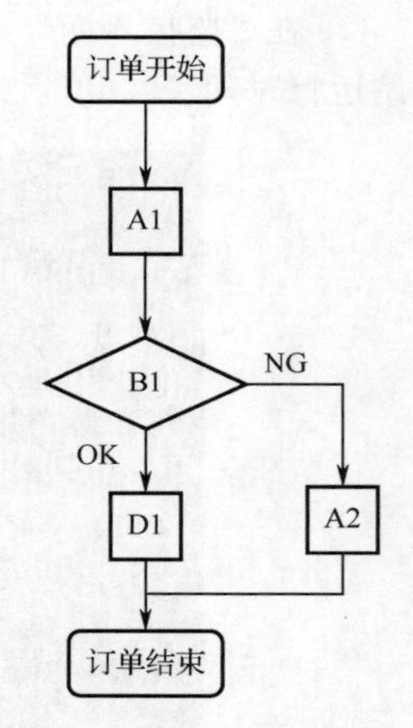

图 5-7　订单检测任务流程

在整个任务流程中需确定机器人本体的安全姿态，此姿态下机器人本体不会与周边设备发生碰撞。当执行单元平移滑台运行时，机器人本体必须保持此姿态，不得同时动作。机器人安全姿态各轴设定参数要求如表 5-1 所示。

表 5-1　机器人安全姿态各轴设定参数要求

轴	1 轴	2 轴	3 轴	4 轴	5 轴	6 轴
角度	0°	−30°	30°	0°	90°	0°

任务 4：轮毂定制加工订单任务的编程与调试

本任务是以轮毂的订单检测任务的单元模块工艺流程为基础，对柔性化的加工流程提出要求的。

仿真工作站工艺流程模拟仿真：将快换工具单元、仓储单元、打磨单元、分拣单元、执行单元与总控单元，在仿真软件中根据实际情况完成三维环境搭建，要求机器人实现单元模块工艺流程中所涉及的工具的拆装，以及 A、B、C、D 流程要求。

定制加工订单任务要求：在 MES 应用平台“订单管理”中增加“加工订单”模式的选项。

定制加工订单任务要求根据不同客户需求完成对应流程的加工，如图 5-8 所示，基于仿真工作站的搭建完成布局。

要求设备开始时处于初始化状态，初始化状态下要求机器人处于安全姿态，机器人工具已全部拆卸放于工具单元、伺服回到工作原点、各单元模块气缸均处于缩回状态。在“订单管理”中选择“加工订单”模式并按下“开始订单”按钮后，机器人移动至快换工具单元对工具进行安装，完成后移动至仓储单元工位，通过仓储单元 A1 功能抓取轮毂。轮毂抓取完成后移动至视觉检测单元工位进行识别，通过视觉检测单元 B2 功能获得轮毂的系列信息。如果检测结果为 01 系列件，则机器人移动至打磨单元执行 C1 吹屑功能，吹屑完成后将机器人移动至分拣单元并执行 D2 功能，分拣完成后机器人回到工作原点。如果 B2 检测结果为 02 系列件，则机器人移动至打磨单元执行 C2 打磨功能，打磨完成后将机器人再次移动至检测单元并执行 B1 功能。若检测结果为合格件，机器人移动至分拣单元执行 D3 功能，分拣完成后机器人回到工作原点；若检测结果为残缺件，机器人移动至仓储单元执行 A2 功能，将轮毂放回仓储单元相应位置，轮毂放置完成后机器人回到工作原点，该流程执行完毕。在整个流程中需确定机器人本体的安全姿态。当执行单元平移滑台运行时，机器人本体必须保持此姿态，不得同时动作。

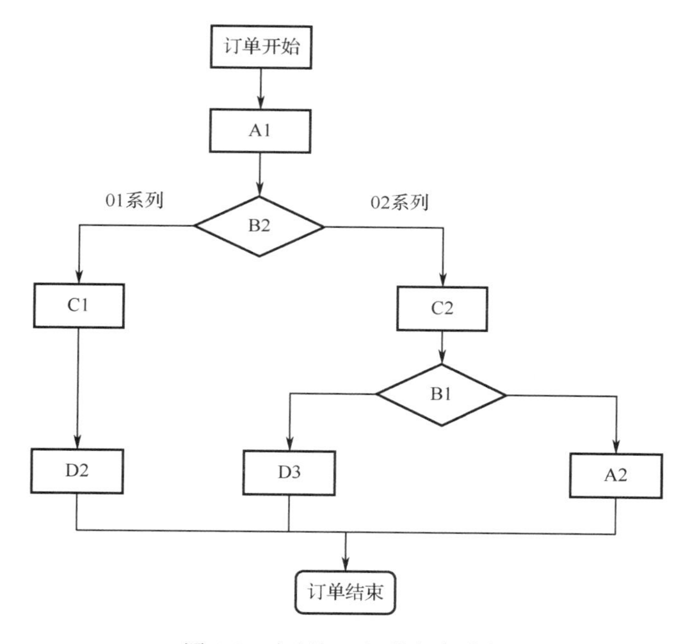

图 5-8　定制加工订单任务流程

5.2 汽车轮毂项目工作过程实践

5.2.1 任务 1：分拣单元任务的编程与调试

1. 信息收集

（1）对分拣单元的任务要求进行分析，绘制较为详细的工艺流程图。

（2）分拣单元上的升降气缸与推送气缸有什么区别？产生这些区别的原因是什么？

（3）分拣单元的传送带是否采用了机械张紧结构？如何调整传送带的张紧度？

2. 方案制定

（1）设备网络组态

对分拣单元的远程I/O模块在设备网络中的IP地址、名称、I/O首地址等进行合理定义。

（2）PLC 程序方案制定

按照分拣任务要求，制定程序框架搭建方案，在 PLC 中合理创建程序 FB 块、I/O 信号表及 DB 数据块。基于分拣工艺流程制定程序方案。

3. 方案决策

（1）各小组派代表对本小组制定的组态方案和 PLC 程序编写方案进行展示。

（2）各小组对其他小组的设计方案提出自己不同的看法，将本小组方案中存在的问题或有待完善的地方记录下来，在教师点评及小组讨论后对方案复盘与优化，确定本小组的最佳方案。

（3）本项目可考虑任务的并行实施，如可把任务分为机电结构安装与测试、PLC 程序编写与调试、功能测试与修改 3 个部分，合理分配人员，尽可能实现多任务并行以加快项目进度。根据选出的最佳方案，以小组为单位填写下面表格。

步骤	工作内容	时间	负责人
1			
2			
3			
4			
5			
6			

（4）在接下来的工作站调试过程中，可能存在哪些风险点、难点或问题？请对其进行预测并列出。

4. 方案实施

（1）设备机电结构安装、网络组态与基本电气调试

根据图纸，完成分拣单元的机械、电气、网络安装与连接，对各路气缸和传感器进行手动检测，将调试情况填入下面表中。

组成单元	调试情况	问题	解决方案
分拣单元			

（2）远程模块组态与调试

为远程 I/O 模块在博途软件中合理分配 IP 地址、名称、I/O 首地址，完成其与主控 PLC 的网络组态。在监控表中对远程 I/O 模块输入/输出信号进行监控，完成各电气元件的基本功能检测并填写下面表格。

组成单元	调试情况	问题	解决方案
分拣单元 远程 I/O 模块			

（3）PLC 程序调试

针对分拣单元的任务要求对 PLC 程序进行单独调试，将调试过程中遇到的问题及解决方案记录下来。

功能	调试情况	问题	解决方案
分拣单元 初始化复位			
1 号轮毂 分拣入位			
2 号轮毂 分拣入位			
3 号轮毂 分拣入位			

5. 验收与评价

（1）验收与考核评分表

<table>
<tr><th>任务</th><th colspan="2">项目要求</th><th>配分</th><th>学生自评</th><th>学生互评</th><th>教师评分</th></tr>
<tr><td rowspan="3">机器人工作站分拣单元任务验收（60分）</td><td>分拣单元机械、电气、网络安装与调试（15分）</td><td>机械安装位置符合图纸要求，且连接稳定。电气、网络连接符合图纸要求，无带电/带气插拔电线、气管的现象。能够手动控制换向阀，展示分拣机构的动作</td><td>15</td><td></td><td></td><td></td></tr>
<tr><td>远程I/O模块的组态与信号配置（20分）</td><td>在博途软件中完成远程I/O模块的地址、名称、I/O首地址分配与组态。能够通过监控表，对远程I/O模块的输入/输出信号进行监控</td><td>20</td><td></td><td></td><td></td></tr>
<tr><td>分拣功能展示（25分）</td><td>展示轮毂分拣全流程。分拣单元无法完成初始化要求扣5分，每个轮毂无法到达分拣单元工位扣6分</td><td>25</td><td></td><td></td><td></td></tr>
<tr><td rowspan="2">展示与汇报（10分）</td><td>方案制作展示（5分）</td><td>能将方案进行有效、清晰的展示</td><td>5</td><td></td><td></td><td></td></tr>
<tr><td>小组汇报（5分）</td><td>积极参加汇报，能做好在小组汇报中分配的工作，汇报质量较好</td><td>5</td><td></td><td></td><td></td></tr>
<tr><td rowspan="2">职业素养（20分）</td><td>安全与文明生产（10分）</td><td>1. 未遵守教学场所规章制度扣3分
2. 出现人为设备损坏扣5分
3. 未遵守实训室5S管理规定扣3分</td><td>10</td><td></td><td></td><td></td></tr>
<tr><td>综合素质（10分）</td><td>1. 沟通、表达能力较强，能与组员有效交流
2. 有较强学习能力与解决问题的能力
3. 有较强的责任心</td><td>10</td><td></td><td></td><td></td></tr>
<tr><td rowspan="2">附加（10分）</td><td>创新能力（5分）</td><td>程序编写有独创性且逻辑正确</td><td>5</td><td></td><td></td><td></td></tr>
<tr><td>其他加分（5分）</td><td>在教学中由教师自定，如学生课堂表现情况、进步情况等</td><td>5</td><td></td><td></td><td></td></tr>
<tr><td colspan="3">总分</td><td>100</td><td></td><td></td><td></td></tr>
<tr><td colspan="3">综合得分
分数加权建议：
自评分数×10%+互评分数×10%+教师评分×80%</td><td colspan="4"></td></tr>
</table>

（2）验收情况记录

验收问题记录	原因分析	整改措施

6. 复盘与思考

本任务中有效的经验与做法	
总结反思	

5.2.2 任务 2：打磨单元任务的编程与调试

1. 信息收集

（1）任务分析

对打磨任务进行分析，绘制较为详细的工艺流程图。

（2）该打磨单元应用了哪些类型的气缸、电磁换向阀及传感器？

（3）该打磨单元的远程 I/O 模块分别由多少个输入/输出模块组成？

（4）在本任务的打磨工艺流程中，至少涉及哪几种机器人工具的使用？

（5）在打磨工艺流程中涉及多处PLC与机器人之间的信号交互，请基于工艺流程对交互信号的应用及其类型、数量进行分析。

2. 方案制定

（1）打磨单元仿真工作站搭建

工作站机械模型已由甲方单位给出，请根据任务要求在工艺流程仿真软件（如PQART、PDPS等）中设计工作站布局，完成工作站模型搭建，确保机器人在第七轴的配合下能够以合理的运动轨迹到达各单元工作点位，满足本次任务的要求。请在A4纸上画出设备布局图。

（2）设备网络组态

对打磨单元的远程I/O模块在设备网络中的IP地址、名称、I/O首地址等进行合理定义。

（3）PLC程序方案制定

按照打磨任务要求，制定程序框架搭建方案，在PLC中合理创建程序块、I/O信号表及DB数据块。基于打磨工艺流程制定程序方案。

（4）自动化程序方案

结合收集信息中对交互信号的分析，对PLC与机器人之间的交互信号进行合理规划。

机器人 FR8030 I/O地址	信号名称	功能	PLC下 FR8210 I/O地址	PLC I/O点	功能

续表

机器人 FR8030 I/O 地址	信号名称	功能	PLC 下 FR8210 I/O 地址	PLC I/O 点	功能

（5）机器人程序方案制定

结合 PLC 与机器人之间的 I/O 交互信号及 PLC 自动化程序方案，对机器人程序模块进行搭建并制定程序编写方案。

3. 方案决策

（1）各小组派代表对 PLC 程序框架、机器人程序搭建、PLC 与机器人联动的程序编写方案等进行展示。

（2）各小组对其他小组的设计方案提出自己不同的看法，将本小组方案中存在的问题或有待完善的地方记录下来，在教师点评及小组讨论后对方案复盘与优化，确定本小组的最佳方案。

（3）本项目可考虑任务的并行实施，如可把任务分为 PLC 程序编写与调试、机器人程序编写与调试、自动化联调 3 个部分，合理分配人员，尽可能实现多任务并行以加快项目进度。根据选出的最佳方案，以小组为单位填写下面表格。

步骤	工作内容	时间	负责人
1			
2			
3			

续表

步骤	工作内容	时间	负责人
4			
5			
6			

（4）请与组员讨论后列出本任务的程序编写与调试步骤。

功能	编写与调试步骤
PLC 控制下打磨单元基本功能	
机器人抓取、放置、打磨等功能	
PLC 与机器人联动功能	

（5）在接下来的工作站调试中会存在哪些风险点、难点或问题？请对其进行预测并列出。

____

____

____

____

____

____

4. 方案实施

（1）设备网络组态与基本电气调试

为打磨单元远程 I/O 模块在博途软件中合理分配 IP 地址、名称、I/O 首地址等，完成其与主控 PLC 的网络组态。在监控表中对远程 I/O 模块输入/输出信号进行监控，完成各电气元件的基本调试并填写下面表格。

组成单元	调试情况	问题	解决方案
定位模组			

续表

组成单元	调试情况	问题	解决方案
翻转模组			

（2）打磨单元功能调试

如果出现机器人交互信号对 PLC 程序产生影响的情况，建议增加手动控制条件代替交互信号，以实现 PLC 单机的程序调试。在完成 PLC 程序后对各模组的功能进行调试并填写下面表格。

功能	调试情况	问题	解决方案
定位模组与清理模组的功能			
翻转模组完整的翻转功能			

（3）机器人程序调试

针对机器人需要实现的功能对其程序进行单独调试，将调试过程中遇到的问题及解决方案记录下来。

功能	调试情况	问题	解决方案
轮毂取、放及“吹屑”的合理运行轨迹			
轮毂的打磨功能			

（4）全流程调试

首先对交互信号进行调试，在 PLC 与机器人单独调试完成的情况下，开展机器人与 PLC 的全流程联调。将调试过程中遇到的问题及解决方案记录下来。

功能	调试情况	问题	解决方案
完整工艺流程调试			

续表

功能	调试情况	问题	解决方案
MES 的管理与下单等功能			

5. 验收与评价

（1）验收与考核评分表

<table>
<tr><th>任务</th><th colspan="2">项目要求</th><th>配分</th><th>学生自评</th><th>学生互评</th><th>教师评分</th></tr>
<tr><td rowspan="5">机器人工作站打磨单元任务验收（60 分）</td><td>打磨单元基本功能展示（15 分）</td><td>远程 I/O 模块通信正常，能通过 MES“手动管理”对单元模块的基础手动功能进行展示</td><td>15</td><td></td><td></td><td></td></tr>
<tr><td rowspan="2">机器人功能展示（20 分）</td><td>机器人能正确实现轮毂在旋转、打磨工位的放置与抓取，能够按照要求将轮毂移动至清理模组内</td><td>10</td><td></td><td></td><td></td></tr>
<tr><td>机器人能够按照要求完成打磨轮毂正面与反面的工艺流程</td><td>10</td><td></td><td></td><td></td></tr>
<tr><td rowspan="2">全流程展示（25 分）</td><td>PLC 与工业机器人通信正常，能实现多数据的信号交互</td><td>5</td><td></td><td></td><td></td></tr>
<tr><td>展示打磨全流程，在展示过程中有 2 次调整的机会，每调整 1 次扣 3 分，超过 3 次则联调失败</td><td>20</td><td></td><td></td><td></td></tr>
<tr><td rowspan="2">展示与汇报（10 分）</td><td>方案制作展示（5 分）</td><td>能将方案进行有效、清晰的展示</td><td>5</td><td></td><td></td><td></td></tr>
<tr><td>小组汇报（5 分）</td><td>积极参加汇报，能做好在小组汇报中分配的工作，汇报质量较好</td><td>5</td><td></td><td></td><td></td></tr>
<tr><td rowspan="2">职业素养（20 分）</td><td>安全与文明生产（10 分）</td><td>1．未遵守教学场所规章制度扣 3 分
2．出现人为设备损坏扣 5 分
3．未遵守实训室 5S 管理规定扣 3 分</td><td>10</td><td></td><td></td><td></td></tr>
<tr><td>综合素质（10 分）</td><td>1．沟通、表达能力较强，能与组员有效交流
2．有较强学习能力与解决问题的能力
3．有较强的责任心</td><td>10</td><td></td><td></td><td></td></tr>
<tr><td rowspan="2">附加（10 分）</td><td>创新能力（5 分）</td><td>程序编写有独创性且逻辑正确</td><td>5</td><td></td><td></td><td></td></tr>
<tr><td>其他加分（5 分）</td><td>在教学中由教师自定，如学生课堂表现情况、进步情况等</td><td>5</td><td></td><td></td><td></td></tr>
<tr><td colspan="3">总分</td><td>100</td><td></td><td></td><td></td></tr>
<tr><td colspan="3">综合得分
分数加权建议：
自评分数×10%+互评分数×10%+教师评分×80%</td><td colspan="4"></td></tr>
</table>

（2）验收情况记录

验收问题记录	原因分析	整改措施

续表

验收问题记录	原因分析	整改措施

6. 复盘与思考

（1）经验反思。

本任务中有效的经验与做法	
总结反思	

（2）本任务中未涉及人机界面的应用，基于本任务要求，在人机界面中通过创建哪些信号或状态的监控功能，可以为用户提供便利的同时提高调试效率？

（3）若在初始情况下轮毂处于正面向上的状态，在本任务中对打磨工艺流程会有哪些影响？程序需要做出哪些更改？

5.2.3 任务3：轮毂订单检测任务的编程与调试

本任务是在各单元模块电气安装与调试已完成的情况下开展的综合性任务。

1. 信息收集

（1）任务分析

对订单检测任务工作流程进行分析，绘制较为详细的工艺流程图。

（2）绘制主控单元 PLC、执行单元 PLC、仓储单元 I/O 模块、分拣单元 I/O 模块等的网络拓扑图并标明设备名称及 IP 地址。

（3）结合前面任务，在本次订单检测任务中针对机器人、视觉检测单元需要增加哪些功能？

（4）基于项目三，在已搭建的 PLC 框架的基础上完成任务流程与 MES 功能开发，需要增加哪些功能？创建哪些信号？

（5）随着工作流程复杂性的提升，PLC 与机器人间的交互信号需要如何定义及管理？

2. 方案制定

（1）仓储仿真工作站搭建

工作站机械模型已由甲方单位给出，请根据任务要求在工艺流程仿真软件（如 PQART、PDPS 等）中设计工作站布局，完成工作站模型搭建，确保机器人在第七轴的配合下能够以合理的运动轨迹到达各单元工作点位，满足任务要求。请在 A4 纸上画出设备布局图。

（2）订单检测任务 PLC 程序初步方案制定

按照任务要求，制定程序框架搭建方案，在 PLC 中合理创建程序块、I/O 信号表及 DB 数据块。基于单元模块的工艺流程，对单元模块功能制定程序方案，在此基础上考虑 MES 界面开发中相关功能的实现，如手动控制电磁阀、伺服电机、传感器、运行状态的监控。在此过程中可参考前面项目中的程序编写方案。

（3）自动化程序方案

订单检测任务需通过 PLC 与机器人的配合实现各单元模块的工艺流程，分析订单检测任务的流程图，制定相应的自动化程序方案，对 PLC 与机器人间的交互信号进行合理规划。

机器人 FR8030 I/O 地址	信号名称	功能	PLC 下 FR8210 I/O 地址	PLC I/O 点	功能

（4）机器人程序方案

结合 PLC 与机器人间的 I/O 交互信号及 PLC 自动化程序方案，对机器人程序模块进行搭建并制定程序编写方案。

3. 方案决策

（1）各小组派代表对 PLC 程序框架、PLC 与机器人联动的程序编写方案等进行展示。

（2）各小组对其他小组的设计方案提出自己不同的看法，将本小组方案中存在的问题或有待完善的地方记录下来，在教师点评及小组讨论后对方案复盘与优化，确定本小组的最佳方案。

（3）本项目可考虑任务的并行实施，如可把任务分为 PLC 程序编写与调试、机器人程序编写与调试、自动化联调 3 个部分，合理分配人员，尽可能实现多任务并行以加快项目进度。根据选出的最佳方案，以小组为单位填写表格。

步骤	工作内容	时间	负责人
1			
2			
3			
4			
5			
6			

（4）请与组员讨论后列出本项目的程序编写与调试步骤。

功能	编写与调试步骤
单元模块功能	
PLC 与机器人联动功能	
MES 功能	

（5）在接下来的工作站调试中会存在哪些风险点、难点或问题？请对其进行预测并列出。

______

______

______

______

______

4．方案实施

（1）单元模块功能调试

按照信号分配方案，在 WinCC 界面中搭建拓展功能监控界面并正确关联 PLC 数据，在确定相关信号的正确性后，按照任务要求完成单元模块功能调试并填写表格。

组成单元	调试情况	问题	解决方案
仓储单元			
分拣单元			
视觉检测单元			

（2）机器人系统与PLC联动的单元模块功能调试

基于对订单检测任务的分析，在PLC控制的单元模块功能正确运行的情况下，对机器人交互信号进行调试，随后开展机器人与PLC的基础联调。将调试过程中遇到的问题及解决方案记录下来。

功能	调试情况	问题	解决方案
机器人与PLC信号的交互			
单元模块的联动功能			

（3）MES功能与全流程调试

对订单检测任务的完整工艺流程与MES系统的下单与管理功能进行调试，调试过程中需注意MES系统管理功能的实时性，对重点过程数据进行监控以排查程序中的问题。将调试过程中遇到的问题及解决方案记录下来。

功能	调试情况	问题	解决方案
完整工艺流程调试			
MES系统的下单与管理功能			

5. 验收与评价

（1）验收与考核评分表

任务	项目要求		配分	学生自评	学生互评	教师评分
机器人工作站订单检测任务验收（60分）	手动与基本功能展示（15分）	远程I/O模块通信正常，能通过MES“手动管理”对单元模块的基础手动功能进行展示	15			
	单元模块自动功能展示（20分）	PLC与机器人通信正常，能实现多数据的信号交互	5			
		与机器人系统实现联动，分别展示单元模块动作，每展示一次不成功扣3分	15			
	MES功能与全流程展示（25分）	通过MES界面下单实现自动化流程演示，在展示过程中有3次调整的机会，每调整1次扣3分，超过3次则联调失败	15			
		MES系统能够正确展示当前运行状态，实现数据的管理功能	10			

续表

任务	项目要求		配分	学生自评	学生互评	教师评分
展示与汇报（10分）	方案制作展示（5分）	能将方案进行有效、清晰的展示	5			
	小组汇报（5分）	积极参加汇报，能做好在小组汇报中分配的工作，汇报质量较好	5			
职业素养（20分）	安全与文明生产（10分）	1. 未遵守教学场所规章制度扣3分 2. 出现人为设备损坏扣5分 3. 未遵守实训室5S管理规定扣3分	10			
	综合素质（10分）	1. 沟通、表达能力较强，能与组员有效交流 2. 有较强学习能力与解决问题的能力 3. 有较强的责任心	10			
附加（10分）	创新能力（5分）	程序编写有独创性且逻辑正确	5			
	其他加分（5分）	在教学中由教师自定，如学生课堂表现情况、进步情况等	5			
总分			100			
综合得分 分数加权建议： 自评分数×10%+互评分数×10%+教师评分×80%						

（2）验收情况记录

验收问题记录	原因分析	整改措施

6. 复盘与思考

（1）经验反思。

本任务中有效的经验与做法	
总结反思	

（2）在PLC与机器人的联调中，信号的传输与程序编写有哪些方面可以优化？

5.2.4　任务 4：轮毂定制加工订单任务的编程与调试

本任务是在各单元模块电气安装与调试已完成的情况下开展的综合性任务。

1. 信息收集

（1）拓展任务分析

对定制加工订单任务工作流程进行分析，绘制较为详细的工艺流程图。

（2）绘制主控单元 PLC、执行单元 PLC、仓储单元 I/O 模块、分拣单元 I/O 模块、打磨单元等的网络拓扑图并标明设备名称及 IP 地址。

（3）结合前面项目与本项目任务 1，在定制加工订单任务中的机器人、视觉检测单元基础上，需要增加哪些功能？

（4）在基于任务 3 已搭建完成的 PLC 框架的基础上，针对任务 4 的流程与 MES 功能开发要求，需要增加哪些功能？创建哪些信号？

（5）随着工作流程复杂性的提升，在任务 1 的基础上，PLC 与机器人间的交互信号需要如何定义及管理？

2. 方案制定

（1）仓储仿真工作站搭建

工作站机械模型已由甲方单位给出，请根据任务要求在工艺流程仿真软件（如 PQART、PDPS 等）中设计工作站布局，完成工作站模型搭建，确保机器人在第七轴的配合下能够以合理的运动轨迹到达各单元工作点位，满足本次任务的要求。请在 A4 纸上画出设备布局图。

（2）定制加工订单任务 PLC 程序初步方案制定

按照任务要求制定程序框架搭建方案，在 PLC 中合理创建程序块、I/O 信号表及 DB 数据块。基于单元模块的工艺流程，针对单元模块功能制定程序方案，在此基础上考虑 MES 界面开发中相关功能的实现，如手动控制电磁阀、伺服电机、传感器、运行状态的监控。在此过程中可参考前面项目中的程序编写方案。

（3）自动化程序方案

定制加工订单任务需通过 PLC 与机器人的配合实现各单元模块的工艺流程，分析该任务的流程图，制定相应的自动化程序方案，对 PLC 与机器人间的交互信号进行合理规划。

机器人 FR8030 I/O 地址	信号名称	功能	PLC 下 FR8210 I/O 地址	PLC I/O 点	功能

（4）机器人程序方案制定

结合 PLC 与机器人间的交互信号及 PLC 自动化程序方案，对机器人程序模块进行规划，并制定程序编写方案。

3. 方案决策

（1）各小组派代表对 PLC 程序框架、PLC 与机器人联动的程序编写方案等进行展示。

（2）各小组对其他小组的设计方案提出自己不同的看法，将本小组方案中存在的问题或有待完善的地方记录下来，在教师点评及小组讨论后对方案复盘与优化，确定本小组的最佳方案。

（3）本项目可考虑任务的并行实施，如可把任务分为 PLC 程序编写与调试、机器人程序编写与调试、自动化联调 3 个部分，合理分配人员，尽可能实现多任务并行以加快项目进度。根据选出的最佳方案，以小组为单位填写表格。

步骤	工作内容	时间	负责人
1			
2			
3			
4			
5			
6			

（4）请与组员讨论后列出本任务的程序编写与调试步骤。

功能	编写与调试步骤
单元模块功能	
PLC 与机器人联动功能	
MES 功能	

（5）在接下来的工作站调试中会存在哪些风险点、难点或问题？请对其进行预测并列出。

4．方案实施

（1）单元模块功能调试

按照信号分配方案，在 WinCC 界面中搭建拓展功能监控界面并正确关联 PLC 数据，在确定相关信号的正确性后，按照任务要求完成单元模块功能调试并填写表格。

组成单元	调试情况	问题	解决方案
仓储单元			
分拣单元			
打磨单元			
视觉检测单元			

（2）机器人系统与 PLC 联动的单元模块功能调试

基于定制加工订单任务的分析，在 PLC 控制的单元模块功能正确运行的情况下，对机器人交互信号进行调试，随后开展机器人与 PLC 的基础联调。将调试过程中遇到的问题及解决方案记录下来。

功能	调试情况	问题	解决方案
机器人与 PLC 信号的交互			
单元模块的联动功能			

（3）MES 功能与全流程调试

对定制加工订单的完整工艺流程与 MES 系统的下单与管理功能进行调试，调试过程中需注意 MES 系统管理功能的实时性，对重点过程数据进行监控以排查程序中的问题。将调试过程中遇到的问题及解决方案记录下来。

功能	调试情况	问题	解决方案
完整工艺流程调试			
MES 系统的下单与管理等功能			

5. 验收与评价

（1）验收与考核评分表

<table>
<tr><th>任务</th><th colspan="2">项目要求</th><th>配分</th><th>学生自评</th><th>学生互评</th><th>教师评分</th></tr>
<tr><td rowspan="5">机器人工作站定制加工订单任务验收（60 分）</td><td>手动与基本功能展示（15 分）</td><td>远程 I/O 模块通信正常，能通过 MES“手动管理”对单元模块的基础手动功能进行展示</td><td>15</td><td></td><td></td><td></td></tr>
<tr><td rowspan="2">单元模块自动功能展示（20 分）</td><td>PLC 与工业机器人通信正常，能实现多数据的信号交互</td><td>5</td><td></td><td></td><td></td></tr>
<tr><td>与机器人系统实现联动，分别展示单元模块动作，每展示一次不成功扣 3 分</td><td>15</td><td></td><td></td><td></td></tr>
<tr><td rowspan="2">MES 功能与全流程展示（25 分）</td><td>通过 MES 界面下单实现自动化流程演示，在展示过程中有 3 次调整的机会，每调整 1 次扣 3 分，超过 3 次则联调失败</td><td>15</td><td></td><td></td><td></td></tr>
<tr><td>MES 系统能够正确展示当前运行状态，实现数据的管理功能</td><td>10</td><td></td><td></td><td></td></tr>
<tr><td rowspan="2">展示与汇报（10 分）</td><td>方案制作展示（5 分）</td><td>能将方案进行有效、清晰的展示</td><td>5</td><td></td><td></td><td></td></tr>
<tr><td>小组汇报（5 分）</td><td>积极参加汇报，能做好在小组汇报中分配的工作，汇报质量较好</td><td>5</td><td></td><td></td><td></td></tr>
<tr><td rowspan="2">职业素养（20 分）</td><td>安全与文明生产（10 分）</td><td>1．未遵守教学场所规章制度扣 3 分
2．出现人为设备损坏扣 5 分
3．未遵守实训室 5S 管理规定扣 3 分</td><td>10</td><td></td><td></td><td></td></tr>
<tr><td>综合素质（10 分）</td><td>1．沟通、表达能力较强，能与组员有效交流
2．有较强学习能力与解决问题的能力
3．有较强的责任心</td><td>10</td><td></td><td></td><td></td></tr>
<tr><td rowspan="2">附加（10 分）</td><td>创新能力（5 分）</td><td>程序编写有独创性且逻辑正确</td><td>5</td><td></td><td></td><td></td></tr>
<tr><td>其他加分（5 分）</td><td>在教学中由教师自定，如学生课堂表现情况、进步情况等</td><td>5</td><td></td><td></td><td></td></tr>
<tr><td colspan="3">总分</td><td>100</td><td></td><td></td><td></td></tr>
<tr><td colspan="3">综合得分
分数加权建议：
自评分数×10%+互评分数×10%+教师评分×80%</td><td colspan="4"></td></tr>
</table>

（2）验收情况记录

验收问题记录	原因分析	整改措施

6. 复盘与思考

（1）经验反思。

本任务中有效的经验与做法	
总结反思	

（2）本次机器人集成工作站的布局是否为最优布局？若任务中需要将轮毂由分拣道口取放，应该如何调整工作站布局？

____

____

____

____

____

5.3 项目总结

1. 项目得分汇总

任务 1	任务 2	任务 3	任务 4	平均分

2. 关键技术技能学习认知与反思

本项目学习重点为分拣单元、打磨单元、PLC 与机器人的全流程程序编写与调试等，通过本项目的学习，你在技能知识方面有哪些收获与不足？请在下方列出。

____

____

____

____

____

5.4 学习情境相关知识点

5.4.1 分拣单元调试

分拣单元调试

1. 分拣单元机械、电气结构分析

在汽车轮毂项目中，根据工艺流程的要求，对于不同工艺状态的轮毂需要进行分拣处理，该功能由分拣单元完成。

分拣单元由传送带和三个结构相同的分拣机构组成。机器人将轮毂放置于分拣单元的传送带起始位，起始位传感器检测到零件后，传送带电机启动，从右向左运送轮毂。1、2、3号道口的分拣传感器负责检测轮毂到达信号，各道口的分拣机构在程序的控制下，由升降气缸将对应道口的升降挡板降下，拦截传送带上的零件；推出气缸带动推送挡板，将轮毂推离传送带；轮毂在自身重力作用下，滑入对应的分拣工位并由定位挡板进行准确定位，分拣工位中的轮毂到位传感器检测到轮毂信号并反馈给上位 PLC，整个分拣流程完成。分拣单元的机械结构如图 5-9 所示。

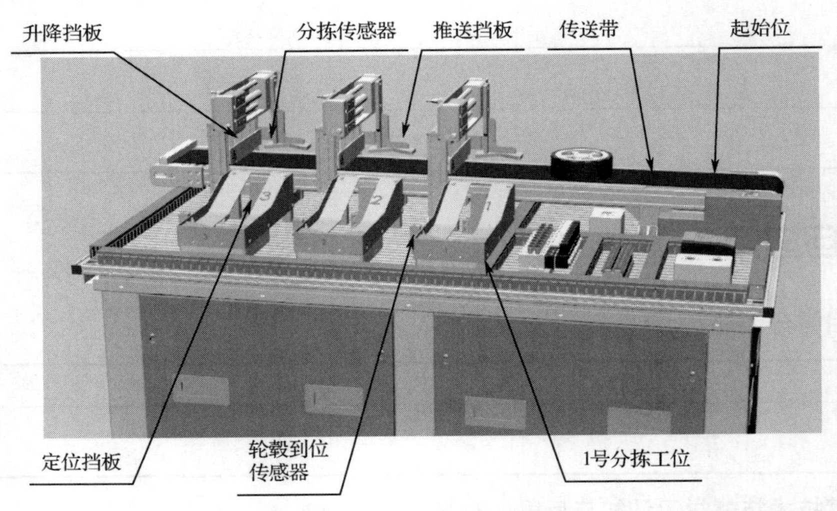

图 5-9　分拣单元的机械结构

分拣单元的电机由一台三菱 FR-D720S 变频器驱动，变频器的控制参数为：端子启动+内部参数频率控制模式。上位 PLC 通过中间继电器 KA1 的触点，对变频器 STF 端子（启动/停止端子）进行通断控制，从而控制传送带的启动和停止。在出厂状态下，PLC 与变频器之间没有设置用于频率控制的电气连接或通信连接，因此无法通过 PLC 程序或机器人程序来调整传送带的运行速度。在当前设备状态下，对传送带运行速度的调整，只能通过操作变频器控制面板，修改变频器输出频率参数才能实现。

每个分拣机构的拦截、推离、定位 3 个动作都是由电磁换向阀控制气缸实现的，3 个分拣结构共配置 9 个换向阀，分拣单元的气路如图 5-10 所示。

与执行单元、仓储单元的电气架构类似，分拣单元的各种电磁阀、传感器也是通过独立的 PROFINET 远程 I/O 模块与上位 PLC 连接的，I/O 信号的分配方案如表 5-2 所示。

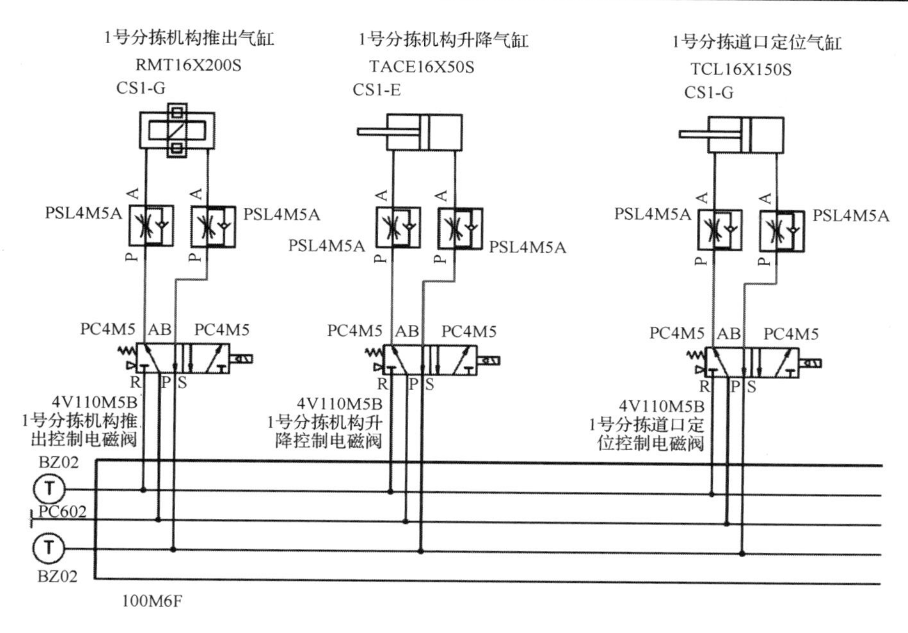

图 5-10　分拣单元的气路

表 5-2　I/O 信号的分配方案

分拣单元	输入模块					
	FR1108-1		FR1108-2		FR1108-3	
	I10.0	传送带起始端轮毂检知	I11.0	1 号分拣结构升降到位	I12.0	传感器故障
	I10.1	1 号道口轮毂检知	I11.1	2 号分拣结构推出到位	I11.1	
	I10.2	2 号道口轮毂检知	I11.2	2 号分拣结构升降到位	I11.2	
	I10.3	3 号道口轮毂检知	I11.3	3 号分拣结构推出到位	I11.3	
	I10.4	1 号工位轮毂检知	I11.4	3 号分拣结构升降到位	I11.4	
	I10.5	2 号工位轮毂检知	I11.5	1 号工位定位气缸到位	I11.5	
	I10.6	3 号工位轮毂检知	I11.6	2 号工位定位气缸到位	I11.6	
	I10.7	1 号分拣结构推出到位	I11.7	3 号工位定位气缸到位	I11.7	
	输出模块					
	FR2108-1		FR2108-2			
	Q10.0	1 号分拣结构推出气缸	Q11.0	3 号工位定位气缸		
	Q10.1	1 号分拣结构升降气缸	Q11.1	中间继电器 KA1（传送带启动）		
	Q10.2	2 号分拣结构推出气缸				
	Q10.3	2 号分拣结构升降气缸				
	Q10.4	3 号分拣结构推出气缸				
	Q10.5	3 号分拣结构升降气缸				
	Q10.6	1 号工位定位气缸				
	Q10.7	2 号工位定位气缸				

2. 分拣单元工艺流程分析

在分拣轮毂时，首先需要由 PLC 对各分拣机构进行复位，并对机器人当前夹持的轮毂状态进行判断，得出轮毂应该分拣到哪一个工位，将对应工位的升降气缸降下。机器人将轮毂放置于分拣单元传送带上后，PLC 给出传送带启动信号，轮毂向左运行。道口的分拣传感器检测到轮毂后，PLC 停止传送带的运行，并启动推出气缸将轮毂推离传送带。推出气缸传感器给出推出到位信号，定位气缸进行轮毂定位，直到对应工位的轮毂到位传感器检测到轮毂信号，流程结束。

5.4.2 打磨单元调试

打磨单元调试

1. 打磨单元电气、机械架构分析

打磨单元的主要作用是为轮毂的打磨工艺流程提供定位、翻转和清理三项功能，如表 5-3 所示。定位模组由旋转工位和打磨工位组成，配有多个工位夹具气缸（或称手指气缸）和一个旋转气缸，工位夹具气缸在加工中起到固定作用，而旋转气缸是为了保证不同的加工需求而设置的，工位下方还配有光电传感器用来检测工位占用状态，其中，打磨工位仅支持轮毂正面向上放置；翻转模组由多个不同的气缸组成，通过合理的分配可以起到代替人工翻转加工工件的作用；清理模组由一个封闭的容器和清理枪组成，完成工件碎屑的清理工作。除此之外，在每个气缸两端均安装有磁性传感器，用来检测活塞杆的到位情况。

表 5-3 打磨单元的机械架构

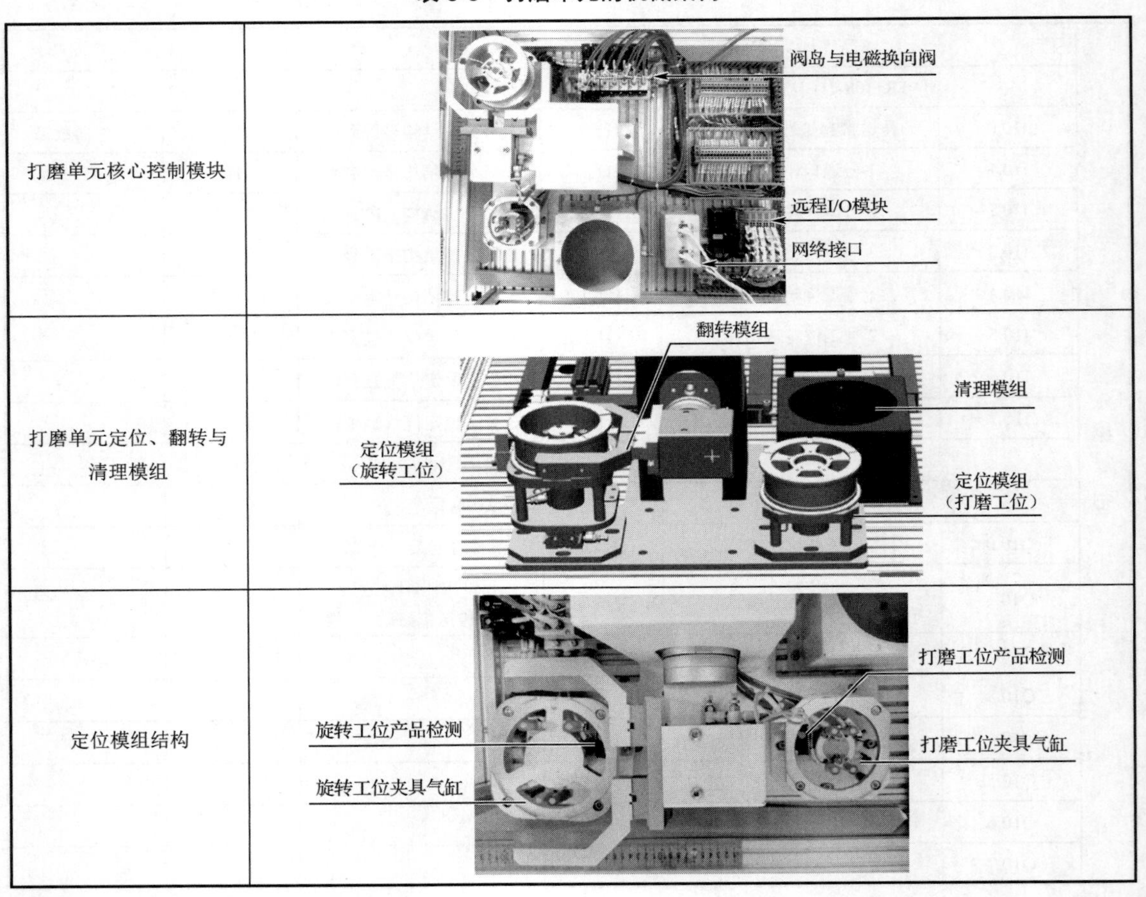

打磨单元核心控制模块	阀岛与电磁换向阀 远程I/O模块 网络接口
打磨单元定位、翻转与清理模组	翻转模组 清理模组 定位模组（旋转工位） 定位模组（打磨工位）
定位模组结构	打磨工位产品检测 旋转工位产品检测 打磨工位夹具气缸 旋转工位夹具气缸

续表

翻转模组结构	

打磨单元定位、翻转和清理三个模组的功能主要由气动控制实现，整个单元一共配有 7 个换向阀，以满足 6 个气缸及 1 个吹气工位的气动控制，气路图如 5-11 所示。值得注意的是，在这 7 个换向阀中，翻转工装夹具的翻转动作与升降动作应用到 2 个三位五通电磁换向阀上，而该换向阀需由两个输出信号分别对应它的左位与右位，实现气动换向功能。该打磨单元与仓储、分拣等单元模块一样，配有独立的远程 I/O 模块，其信号分配方案如表 5-4 所示。

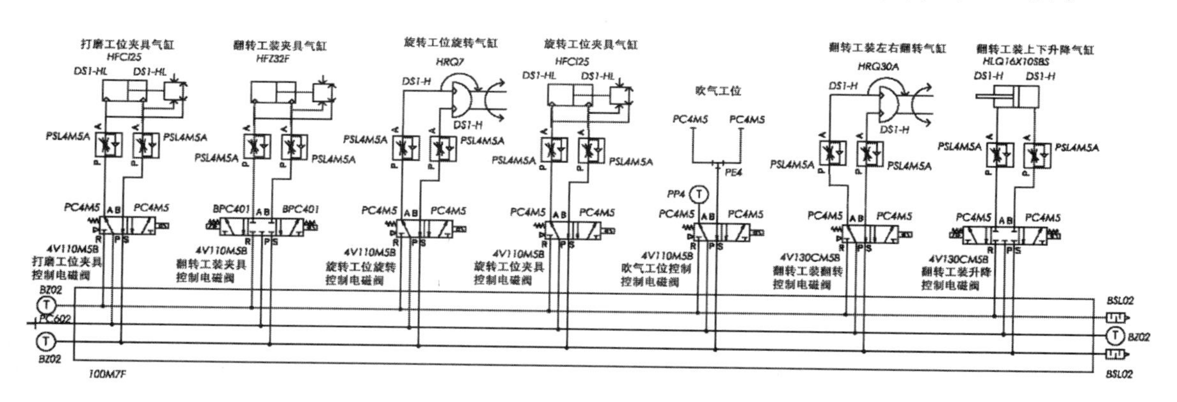

图 5-11　打磨单元气路图

表 5-4　打磨单元远程 I/O 模块信号分配方案

	输入模块				输出模块			
	FR1108-1		FR1108-2		FR2108-1		FR2108-2	
打磨单元	1	放料位检知	1	搬运旋转气缸原点	1	打磨工位夹紧气缸	1	吹气
	2	打磨位检知	2	搬运旋转气缸动点	2	夹爪翻转向左	2	备用
	3	放料位夹紧气缸原点	3	打磨位气缸原点	3	夹爪翻转向右	3	备用
	4	放料位夹紧气缸动点	4	打磨位气缸动点	4	夹爪上位	4	备用
	5	搬运夹爪气缸原点	5	打磨旋转气缸原点	5	夹爪下位	5	备用
	6	搬运夹爪气缸动点	6	打磨旋转气缸动点	6	搬运夹爪气缸	6	备用
	7	搬运上下气缸原点	7	备用	7	旋转工位旋转气缸	7	备用
	8	搬运上下气缸动点	8	备用	8	旋转工位夹紧气缸	8	备用

2. 打磨单元工艺流程分析

在涉及轮毂双面的打磨工艺时，通常由机器人将轮毂反面向上放置在定位模组中的旋转工位上定位，进行轮毂反面打磨加工处理，处理完成后由翻转模组翻转并放置在定位模组中的打磨工位上定位，继续进行轮毂正面打磨加工处理，处理完成后，由机器人搬运至清理模组中进行碎屑清理。该流程涉及的主要工艺流程如图 5-12 所示，而由打磨工位翻转至旋转工位的流程也基本一致。实际上，在完整的柔性生产工艺中，翻转模组需要根据打磨要求与当前轮毂正反面的实际状态，灵活地对轮毂实施翻面。

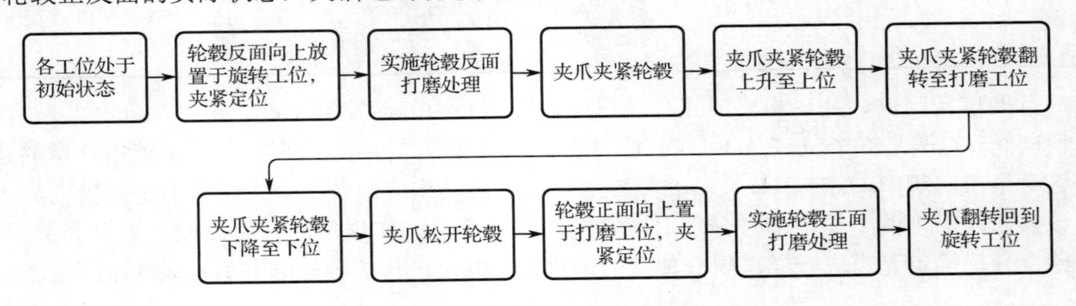

图 5-12　轮毂打磨的主要工艺流程

5.4.3　主控单元补充功能

主控单元是整个工作站的核心，在台面下的控制柜中接通总电源，多个空气漏电保护开关依次控制不同模块的电源，担负着工作站各个模块的动力供给，在工作台桌面上安装了两台西门子 S7-1200 PLC 和工业级网络交换机，实现各个模块间的通信，保证各个模块的正常运行。除此之外，在工作台桌面上还配置了一个控制面板，分配了 4 个自定义按钮和一个急停按钮，另有一个电源总开关，其中 4 个自定义按钮可以控制整个工作站的自动运行也可以自定义编程。机器人集成工作站网络拓扑图示例如图 5-13 所示。

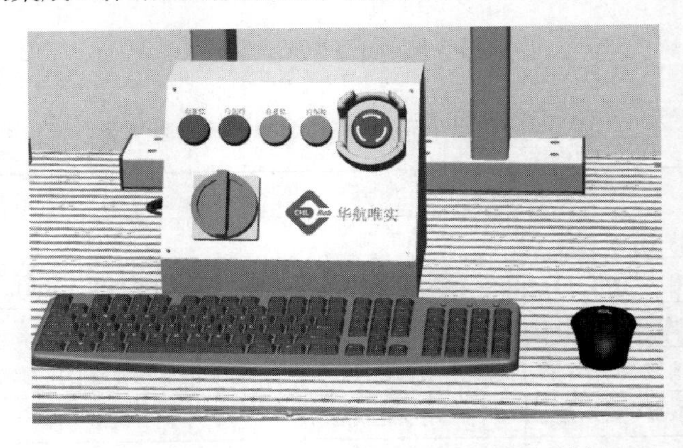

图 5-13　机器人集成工作站网络拓扑图示例

5.4.4　设备网络组态

本项目中，主控 PLC 需要对各单元模块实现控制功能，故在项目初期需为每个单元模块

合理分配IP地址并将其与PLC创建在同一个子网内，绘制出网络拓扑图。在项目实施中按照拟定的网络拓扑图在博途软件中完成设备的组态，如图5-14所示。

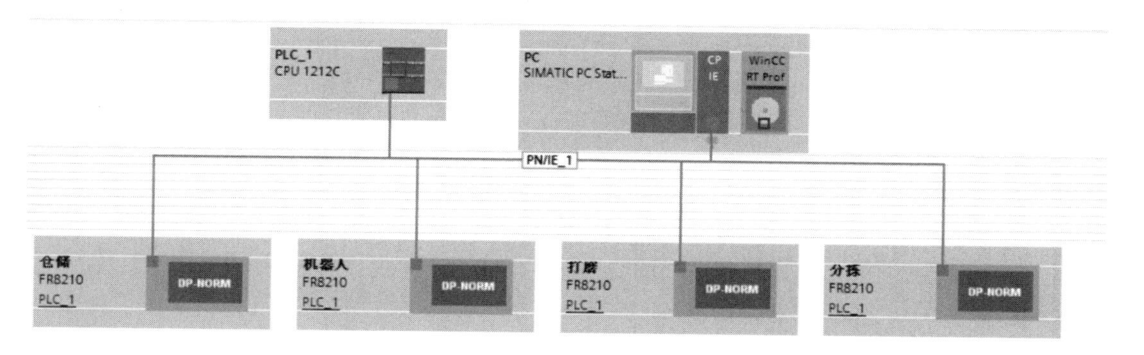

图5-14　机器人工作站网络拓扑图示例

5.4.5　PLC程序的编写思路

PLC程序的编写思路

1. PLC程序框架搭建

本项目首先需要依据单元模块功能创建相应的程序块，在各程序块中针对单元模块的基本功能完成程序编写，便于在自动流程中调用。除此之外，还需创建自动流程、I/O映射、MES数据管理、报警功能等功能块，以实现MES平台的搭建要求，PLC程序框架搭建示意图如图5-15。

2. PLC与机器人联动的编程思路

本项目中带有伺服轴的机器人能够配合各单元模块功能实现轮毂的加工工艺，而在这个过程中PLC与机器人需进行多种信息的交互，通常将交互的数据分为程序号、选择号、握手号三种功能号码。程序号对应各单元功能编号，机器人在接收到程序号后，会自动调用对应功能的子程序；选择号对应某一单元功能中具体事件的号码；握手号则为PLC与机器人联动过程中机器人发送至PLC的请求号。结合项目中交互数据长度的实际情况，表5-5中对三种数据交互的功能进行了举例，通过这几类号码的交互（见图5-16）配合机器人启动、停止等信号，实现PLC与机器人的联动。

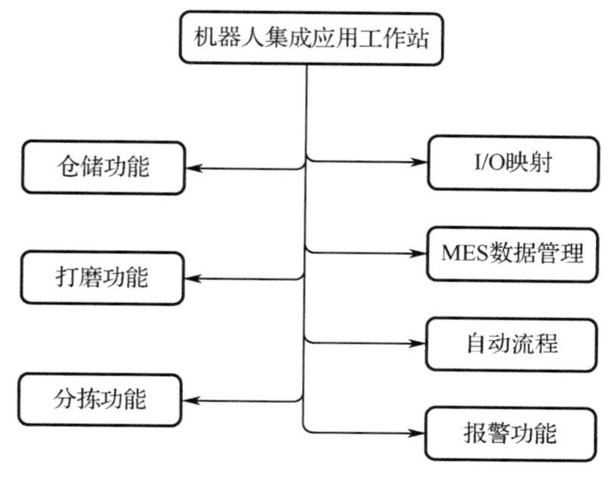

图5-15　PLC程序框架搭建示意图

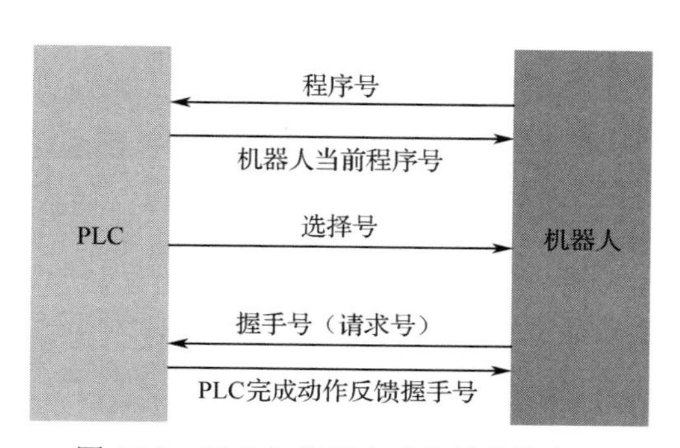

图5-16　PLC与机器人功能号码的交互

表 5-5　PLC 与机器人数据交互功能与分配举例

PLC 与机器人交互数据功能	机器人拓展 I/O 输出信号地址	对应数据长度	PLC 与机器人交互数据分配举例
程序号	19～23	0～31	5～9：快换工具单元抓放流程 10～14：仓储单元出、入库流程 15～19：分拣单元流程 20～24：打磨单元流程 25～29：视觉检测单元流程
选择号（仓位号/工具号等）	13～15	0～7	仓储单元中仓位的号码 1～6 快换工具单元快换工具的号码 1～7
握手号（请求号）	16～18	0～7	执行仓储单元出、入库流程，请求仓位推出与缩回，对应号码 1、2

5.4.6　以仓储单元模块为例的程序编写

1. 以仓储单元为例的 PLC 控制程序编写

（1）数据存储的优化

在项目三的 PLC 程序基础上，首先对料仓状态及存储交互信号的 DB 数据块进行优化，如表 5-6 所示。

表 5-6　DB 数据块中数据的定义

存储料仓状态的 DB 数据块			优化分析
料仓状态	Array[0..6] of Struct		将料仓状态存储在 Struct 类型的一维数组中，按照使用习惯，应用索引号 1～6 分别对应仓储的 6 个仓位。应用数组后可通过索引号进行寻址，将极大地减少程序的编写量，优化程序逻辑
料仓状态[0]	Struct		
料仓状态[1]	Struct		
气缸推出	Bool	false	
产品检知	Bool	false	
气缸推出到位	Bool	false	
红灯	Bool	false	
绿灯	Bool	false	
料仓状态[2]	Struct		
料仓状态[3]	Struct		
料仓状态[4]	Struct		
料仓状态[5]	Struct		
料仓状态[6]	Struct		
仓储单元信号交互的 DB 数据块			
PLCtoROB	Struct		PLC 与机器人信号的交互将在各功能子程序中被不断使用，利用 Struct 类型数据进行存储，方便调用与管理。
RobStop	Bool	false	
RobMotorsOn	Bool	false	
RobMotorsOff	Bool	false	
RobStart	Bool	false	
程序号	Int	0	
仓位号	Int	0	
请求号	Int	0	

（2）“仓储动作”子程序的优化

仓储动作在手动、自动流程中都有应用，故可将其独立出来，创建一个 FC 程序块对其

基本动作功能进行编写，如表 5-7 所示。

表 5-7　仓储单元功能程序举例

<table>
<tr><th>“仓储动作” FC 子程序编写</th><th>程序与数据分析</th></tr>
<tr><td>
仓储动作
<table>
<tr><th>名称</th><th>数据类型</th><th>默认值</th><th>注释</th></tr>
<tr><td>Input</td><td></td><td></td><td></td></tr>
<tr><td>手动推出</td><td>Bool</td><td></td><td></td></tr>
<tr><td>自动推出</td><td>Bool</td><td></td><td></td></tr>
<tr><td>手/自动运行</td><td>Bool</td><td></td><td>0为手动</td></tr>
<tr><td>停止</td><td>Bool</td><td></td><td></td></tr>
<tr><td>复位</td><td>Bool</td><td></td><td></td></tr>
<tr><td>Output</td><td></td><td></td><td></td></tr>
<tr><td>料仓推出到位</td><td>Bool</td><td></td><td></td></tr>
<tr><td>料仓产品检知</td><td>Bool</td><td></td><td></td></tr>
<tr><td>InOut</td><td></td><td></td><td></td></tr>
<tr><td>出入库仓号</td><td>Int</td><td></td><td></td></tr>
<tr><td>料仓状态</td><td>Array[0..6] of Struct</td><td></td><td></td></tr>
<tr><td>Temp</td><td></td><td></td><td></td></tr>
<tr><td>推出</td><td>Bool</td><td></td><td></td></tr>
</table>
</td><td>对 FC 中的输入、输出数据进行定义，其中“InOut”下定义的“料仓状态”与料仓状态 DB 数据块定义完全相同的数据，在调用时能够直接赋值。
该程序不涉及静态变量的应用，故在该子程序的编写中将仅用到该表中的输入/输出数据，这样做可以方便子程序的调用</td></tr>
<tr><td>#料仓状态[1].产品检知
#料仓状态[1].绿灯
NOT
#料仓状态[1].红灯
#料仓状态[2].产品检知
#料仓状态[2].绿灯
NOT
#料仓状态[2].红灯</td><td>基本功能也可在该子程序中完成</td></tr>
<tr><td>#"手/自动运行"
#自动推出
#停止
#复位
#出入库仓号
>
Int
0
#出入库仓号
<=
Int
6
#推出
#"手/自动运行"
#手动推出

#推出
#料仓状态[#出入库仓号].气缸推出

#料仓状态[#出入库仓号].气缸推出到位
#料仓推出到位

#料仓状态[#出入库仓号].产品检知
#料仓产品检知</td><td>对仓位推出的条件进行编写，使用“出入库仓号”作为索引号，读、写对应的料仓状态</td></tr>
</table>

续表

“仓储动作”FC 子程序编写	程序与数据分析
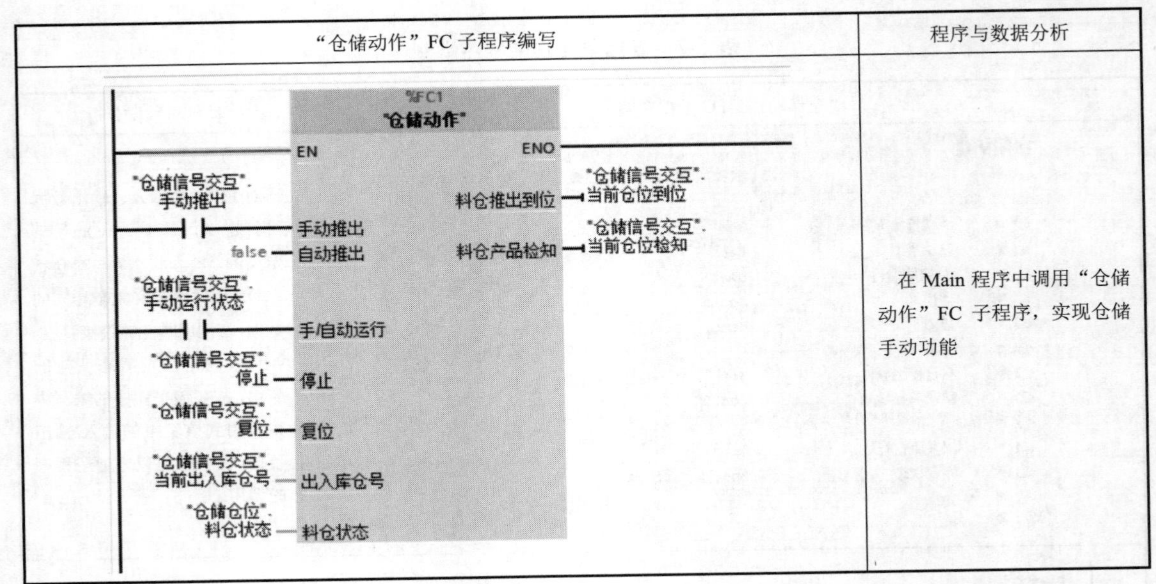	在 Main 程序中调用“仓储动作”FC 子程序，实现仓储手动功能

（3）仓储“自动流程”子程序的优化

在本项目中，可创建 FB 程序块用作仓储“自动流程”的编写，相对于项目三的拓展任务，本次针对 PLC 与机器人间的信号交互做了一定优化，如表 5-6 所示。为了满足 PLC 与机器人工作流程中需要的所有信息交互，本次拟定义程序号、仓位号、请求号三个整型数据。

程序号用来要求机器人执行对应的子程序，如规定编号 10 代表机器人入库工作流程，当 PLC 发送给机器人程序号后，运行指针跳转条件中 GI 信号等于 10 的子程序执行入库程序，一旦机器人开始执行相应的子程序即将相同的程序号反馈给 PLC，以表示当前机器人在运行的子程序号码，PLC 在收到该号码后会将当前发送的程序号清零以防止重复触发机器人程序。入库号即发送给机器人的仓位号，而在执行过程中需要 PLC 配合推出或缩回料仓时则利用机器人请求号。请求号由机器人发送至 PLC，在此过程中机器人处于等待状态，PLC 在判断满足条件的情况下完成相应动作并将同样的号码返回给机器人，机器人继续执行后续程序。这种交互数据的定义方式能够同时满足本项目中打磨、分拣、视觉检测单元的不同要求。另外，机器人启动、停止、上电等系统信号也将由 PLC 控制，具体如表 5-8、表 5-9 所示。

表 5-8　PLC 远程 I/O 模块输出地址对应说明

FR8210 I/O 地址	功能
FR2108 NO.1 第 1～5 个输出信号	发送程序号至机器人，本例中规定发送 10 至机器人执行出库，发送 11 机器人执行入库
FR2108 NO.1 第 6～8 个输出信号	发送仓位号至机器人
FR2108 NO.2 第 1～3 个输出信号	当 PLC 完成机器人请求号对应的事件后，反馈给机器人相同的号码
FR2108 NO.2 第 4 个输出信号	与 ABB 机器人系统输入信号的 STOP 相关联，被触发时机器人停止运行
FR2108 NO.2 第 5 个输出信号	与 ABB 机器人系统输入信号的 START 相关联，被触发时机器人开始运行
FR2108 NO.2 第 6 个输出信号	与 ABB 机器人系统输入信号的 Motors On 相关联，被触发时伺服使能 On
FR2108 NO.2 第 7 个输出信号	与 ABB 机器人系统输入信号的 Motors Off 相关联，被触发时伺服使能 Off

表 5-9　PLC 远程 I/O 模块输入地址对应说明

FR8210 I/O 地址	功能
FR1108 NO.2 第 1～5 个输入信号	接收机器人发送过来的程序号
FR2108 NO.1 第 6～8 个输入信号	接收机器人发送过来的请求号，规定：1 为请求料仓伸出；2 为请求料仓缩回
FR2108 NO.2 第 1 个输入信号	当机器人到达 Home 点时 PLC 接收信号
FR2108 NO.2 第 2 个输入信号	与 ABB 机器人系统输出信号的 CycleOn 相关联，执行机器人程序时 PLC 将接收信号
FR2108 NO.2 第 3 个输入信号	与 ABB 机器人系统输出信号的 MotorOn 相关联，机器人电机使能为 On 时 PLC 将接收信号

表 5-10　仓储“自动流程”FB 程序块的程序编写举例

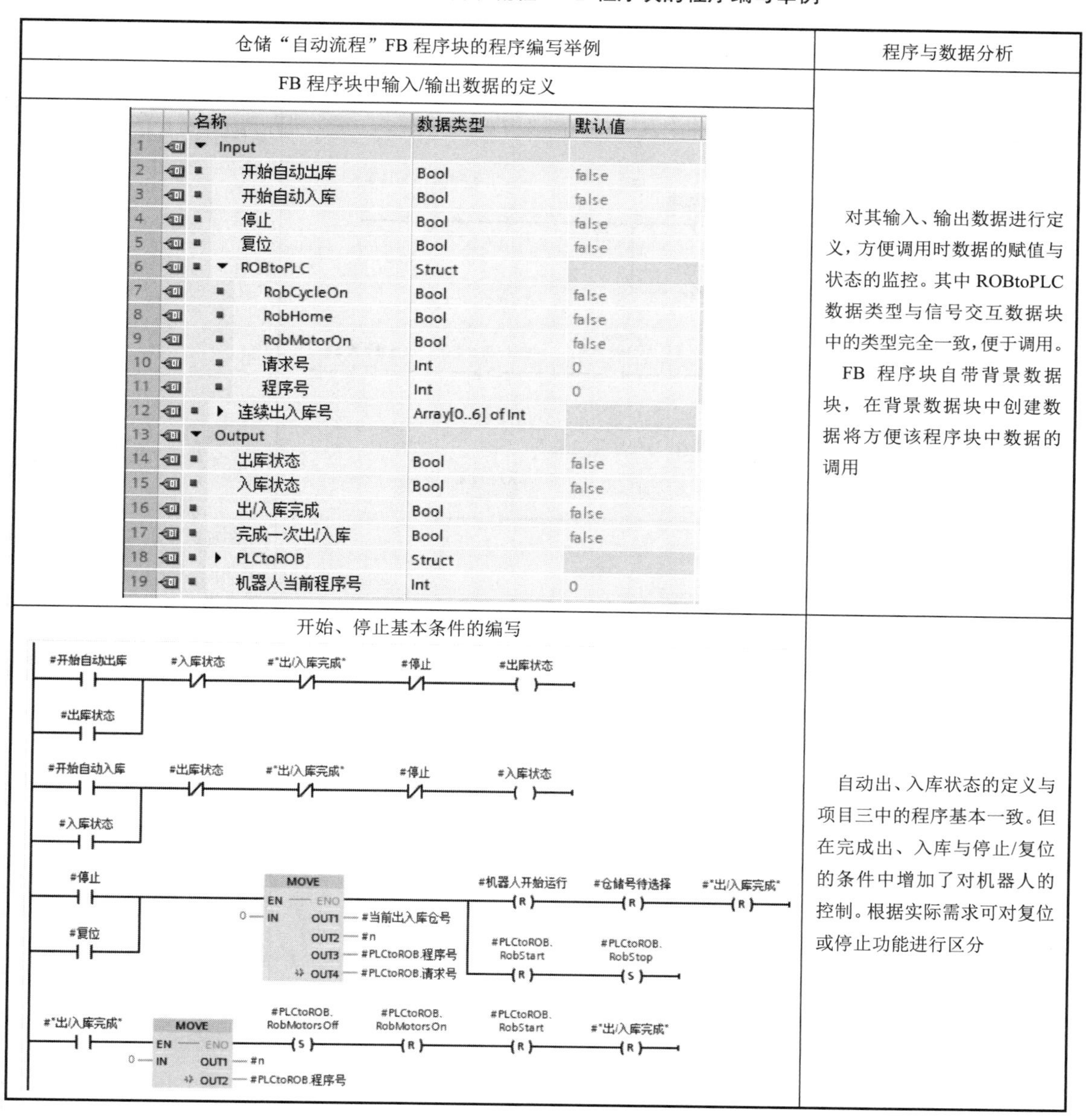

仓储“自动流程”FB 程序块的程序编写举例	程序与数据分析
FB 程序块中输入/输出数据的定义	对其输入、输出数据进行定义，方便调用时数据的赋值与状态的监控。其中 ROBtoPLC 数据类型与信号交互数据块中的类型完全一致，便于调用。 FB 程序块自带背景数据块，在背景数据块中创建数据将方便该程序块中数据的调用
开始、停止基本条件的编写	自动出、入库状态的定义与项目三中的程序基本一致。但在完成出、入库与停止/复位的条件中增加了对机器人的控制。根据实际需求可对复位或停止功能进行区分

	名称	数据类型	默认值
1	Input		
2	开始自动出库	Bool	false
3	开始自动入库	Bool	false
4	停止	Bool	false
5	复位	Bool	false
6	ROBtoPLC	Struct	
7	RobCycleOn	Bool	false
8	RobHome	Bool	false
9	RobMotorOn	Bool	false
10	请求号	Int	0
11	程序号	Int	0
12	连续出入库号	Array[0..6] of Int	
13	Output		
14	出库状态	Bool	false
15	入库状态	Bool	false
16	出/入库完成	Bool	false
17	完成一次出/入库	Bool	false
18	PLCtoROB	Struct	
19	机器人当前程序号	Int	0

续表

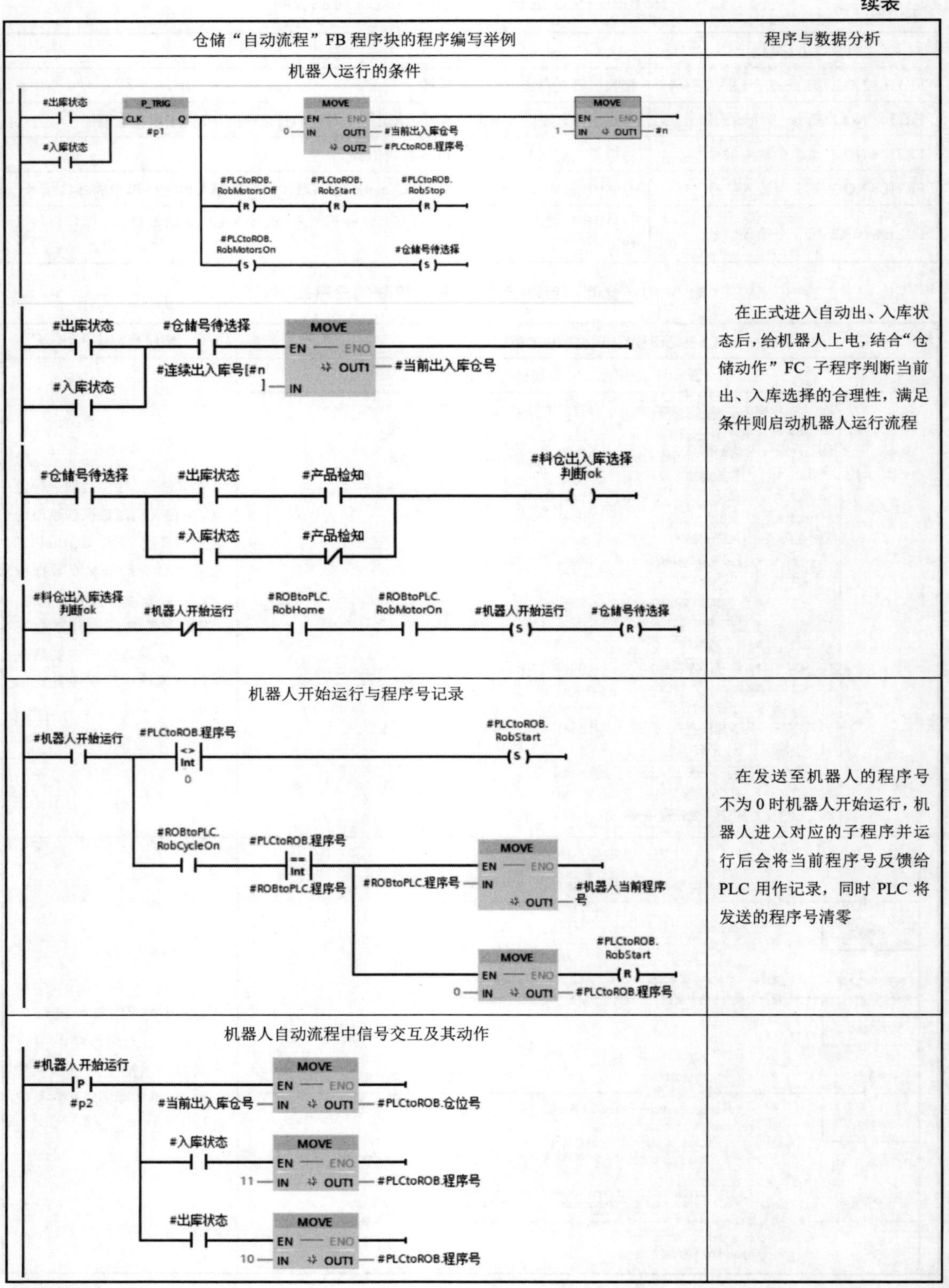

仓储“自动流程”FB 程序块的程序编写举例	程序与数据分析
机器人运行的条件	在正式进入自动出、入库状态后，给机器人上电，结合“仓储动作”FC 子程序判断当前出、入库选择的合理性，满足条件则启动机器人运行流程
机器人开始运行与程序号记录	在发送至机器人的程序号不为 0 时机器人开始运行，机器人进入对应的子程序并运行后会将当前程序号反馈给 PLC 用作记录，同时 PLC 将发送的程序号清零
机器人自动流程中信号交互及其动作	

续表

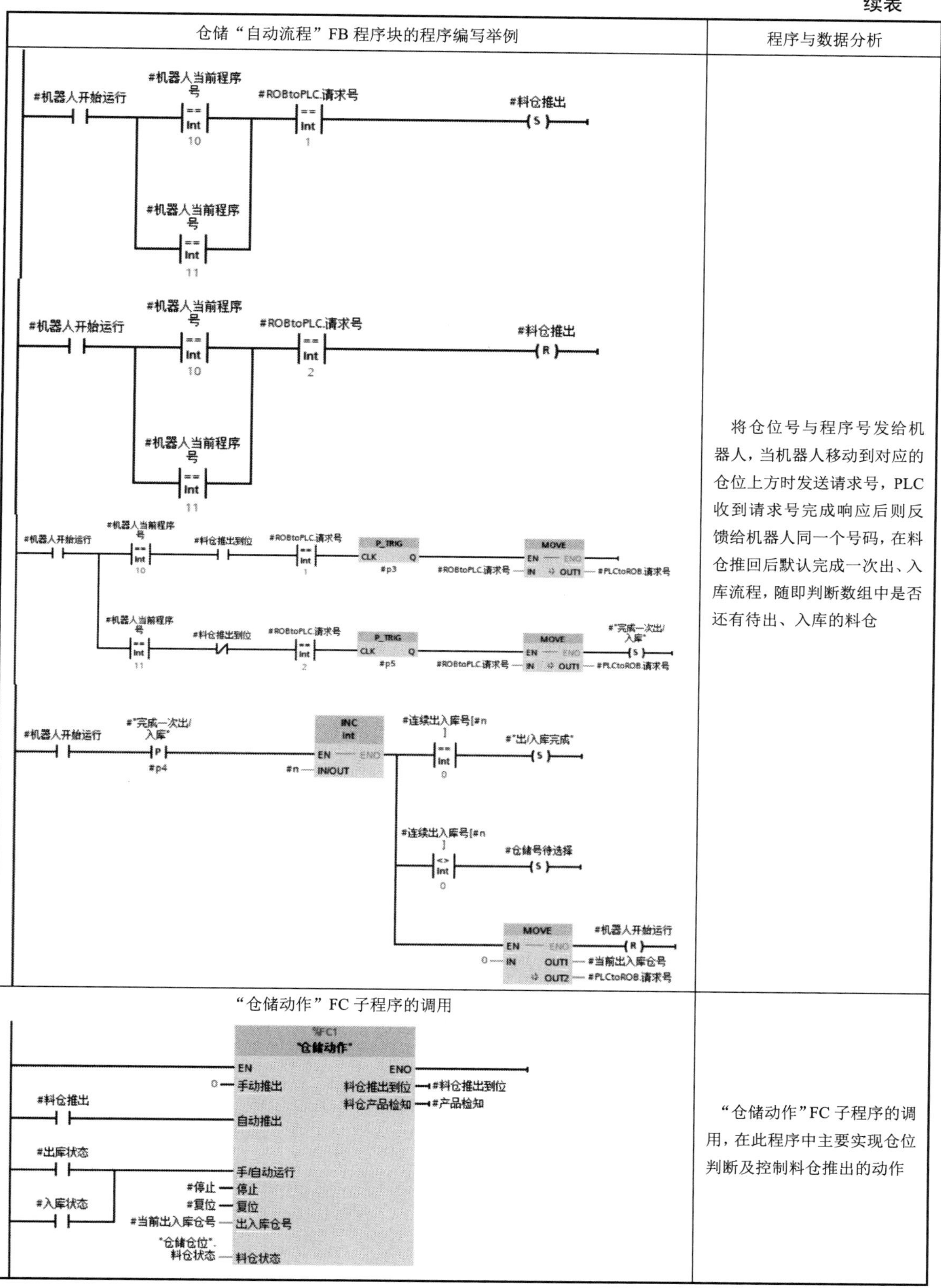

仓储“自动流程”FB 程序块的程序编写举例	程序与数据分析
（梯形图见上图）	将仓位号与程序号发给机器人，当机器人移动到对应的仓位上方时发送请求号，PLC收到请求号完成响应后则反馈给机器人同一个号码，在料仓推回后默认完成一次出、入库流程，随即判断数组中是否还有待出、入库的料仓
“仓储动作”FC 子程序的调用	“仓储动作”FC 子程序的调用，在此程序中主要实现仓位判断及控制料仓推出的动作

续表

仓储“自动流程”FB 程序块的程序编写举例	程序与数据分析
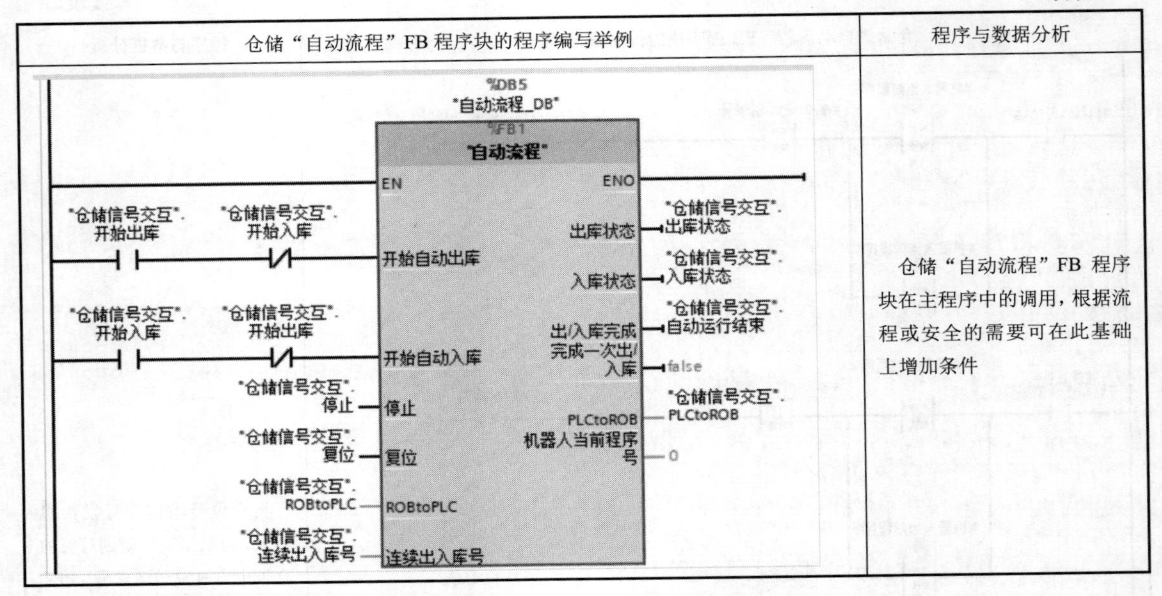	仓储“自动流程”FB 程序块在主程序中的调用，根据流程或安全的需要可在此基础上增加条件

2. 以仓储单元为例的机器人程序编写

机器人程序部分展示如下。

PROC main()	
rHubnum;	
IF Nprocess=10 THEN	
rStorePick;	!轮毂出库
ELSEIF Nprocess=11 THEN	
rStorePlace;	!轮毂入库
ENDIF	
ENDPROC	
PROC rStorePick()	
SetGO go1_nprocess,10;	!回复 PLC 当前的程序号
MoveJ pHome,v200,z50,tool0;	
MoveJ Offs(pStore{ Numstore },120,0,40),v200,fine,tool0;	
MoveL Offs(pStore{ Numstore },0,0,40),v50,fine,tool0;	
SetGO go2_require,1;	!发送至 PLC 请求取料信号
WaitUntil gi2_back=1;	!等待 PLC 料仓推出信号
MoveL pStore{ Numstore },v20,fine,tool0;	
Set do_vaccumn;	
WaitTime 1.5;	
MoveL Offs(pStore{ Numstore },0,0,30),v20,fine,tool0;	
SetGO go_require,2;	!发送至 PLC 料仓缩回信号
MoveJ Offs(pStore{Numstore},120,0,30),v200,fine,tool0;	
MoveJ phome, v200, z50, tool0;	
ENDPROC	

PROC rHubnum() Numstore:= gi1_Nstore; Nprocess:= go1_nprocess; ENDPROC	!将要抓取的轮毂号通过 PLC 传送给机器人 GI 信号后赋值给 Numstore

5.4.7　机器人编程知识拓展

1. 中断程序的应用

在机器人正常运行时，程序指针默认从上往下依次执行程序语句，但在一些特殊的情况下，比如紧急停止需要立即被执行，调用中断指令可以实现运行指针立即跳转至相应中断程序功能，在执行完成后重新跳转回被中断的正常运行程序中断处，继续往下执行。创建中断指令主要涉及三个步骤。

（1）创建中断数据（中断符）。

```
VAR intnum intno1;
```

（2）初始化中断符。

```
IDelete intno1;
!删除中断的定义（可以理解为初始化）
CONNECT intno1 WITH testTRAP;
!将已创建的中断符 intno1 与中断程序 testTRAP 相关联，当 intno1 被触发时运行指针跳转至 testTRAP
ISignalDI di1, 1, intno1;
!将输入信号 di1 与中断符 intno1 相关联，当 di1 信号置为 1 时中断符 intno1 被触发
```

（3）定义中断子程序。

```
TRAP testTRAP
reg1:=reg1+1;
ENDTRAP
```

中断程序运行过程：di1 被触发→中断符 intno1 被触发→跳转至中断子程序 testTRAP 并执行→完成后指针跳转回正常程序中断处继续往下执行。

例 5-1　在搬运项目（见图 5-17）中，需要对料盒进行更换，当满载信号置为 1 时需等待当前料盒被取走后对该满载信号复位，新料盒到位后可继续动作。下面以方形料盒信号控制为例对中断信号进行定义。

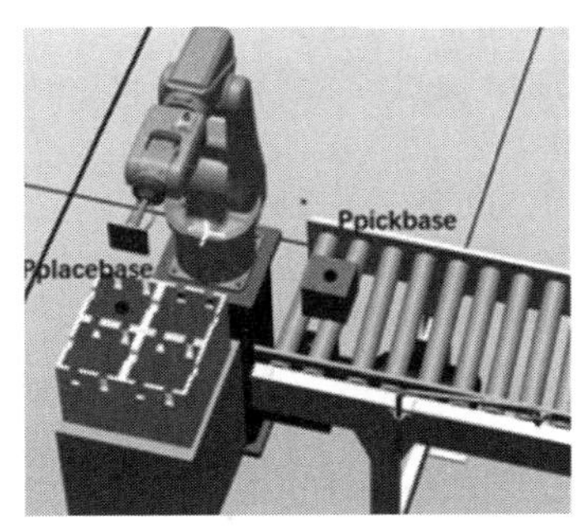

图 5-17　搬运项目

```
VAR intnum intno1;
PROC rInit()
    !在初始化子程序中添加中断符的初始化
    …
    IDelete intno1;
    CONNECT intno1 WITH ResetFull;
    ISignalDI di_BoxRecReady,0,intno1;
    !将 di_BoxRecReady 信号与已创建好的中断符 intno1 相关联
    !当 di_BoxRecReady 置为 0，也就是料盒被取走时，触发中断符 intno1
    …
ENDPROC
TRAP ResetFull
    !定义中断子程序
    RESET do_BoxRecFull;
ENDTRAP
```

2. 相机检测的应用

在生产过程中，为了检测轮毂的质量好坏，机器人将轮毂送往视觉检测单元，如图 5-18 所示，需要分别对视觉检测区域 1 与视觉检测区域 2 进行拍照检测，若其中任何一个区域检测结果不通过，则判断该轮毂为不合格产品。

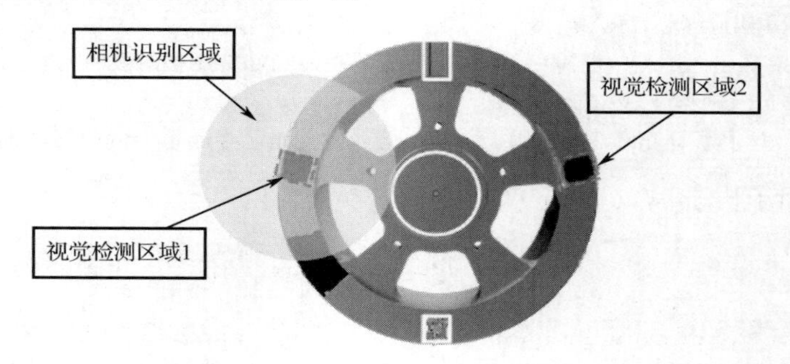

图 5-18　轮毂检测区域示意图

机器人运动部分程序如下。

```
CONST robtarget pCam;
PROC main()
    MoveJ RelTool(pCam,0,0,-500),v1000,z50,tool0;
    !沿工具坐标 tool0 的 z 轴负方向，将机械臂移动至距 pCam 点 500mm 的位置，即到达拍照等待点
    MoveL pCam, v1000,fine,tool0;
    !运动至相机拍照点，对视觉检测区域 1 进行识别
    Set DoCam;
    !置位外部信号，让相机触发拍照进行识别
    WaitTime 2s;
    !等待相机识别完成
    Reset DoCam;
    !复位外部信号，以便下次触发拍照识别
```

```
        MoveJ RelTool(pCam,0,0,0\Rz:=165),v1000,z50,tool0;
        !将视觉检测区域 2 旋转至相机识别区域，需要注意其旋转方向
        Set DoCam;
        WaitTime 2s;
        Reset DoCam;
        MoveL RelTool(pCam,0,0,-500),v1000,z50,tool0;
        !回到拍照等待点
    ENDPROC
```

本例中使用的工具，其坐标与法兰盘上坐标方向一致，这种情况下旋转功能也可使用单转第 6 轴来实现，但这种方法在编写程序时会较为烦琐。

3. 机器人计时功能的应用

机器人在执行生产任务时需要记录运行时间以便控制生产节奏，在机器人控制指令中设有以 Clk 开头的计时专用指令 ClkStart、ClkStop、ClkRead 等。

在使用计时功能前必须创建一个时钟类型的变量，用于存储计时时间，在计时结束后需要使 ClkRead 指令读取计时数据并存入 num 变量，具体步骤如下。

① 创建时钟类型变量；

② 复位后开始计时；

③ 开始运行需要计时的程序；

④ 停止计时后读取计时数据。

程序如下所示。

```
VAR num nCycleTime;
    !创建一个 num 类型的变量用以存入计时数据
VAR clock TimerCycle;
    !声明一个时钟类型的变量
    ClkReset TimerCycle;
        !计时复位
    ClkStart TimerCycle;
        !开始计时
        …
        !需要计时的机器人运行程序
    ClkStop TimerCycle;
        !计时停止
    nCycleTime:=ClkRead(TimerCycle);
        !读取以秒为单位的计时数据，并将其存入 num 类型变量中
```

5.5　思政养成：智能制造领域的工匠精神

在汽车轮毂项目中，各位技术人员完整地体验了一件产品是如何通过各种工艺装备的不断加入，一步一步完成生产制造全过程的。大家对于工匠精神，有了自己的理解和认识。工匠精神是仔细安装的一颗螺钉，是认真连接的一根电缆，是反复核对的图纸清单，也是一行又一行的程序指令。智能制造，在传统制造的基础上，更加自动化、数字化、智能化，更强

调系统性和准确性，这对本领域从业人员提出了更高的知识技能要求及职业素质要求。在知识技能方面，其技术体系涉及机械、电气、控制、驱动、机器人、传感、视觉、网络等方面，需要更加综合化的复合型人才不断地学习和提升自己的知识技能水平。同时，由于智能制造本身的复杂性和系统性，其每个子系统都必须处于正确的工作状态，整个系统才能够连续地正常运行。这对于从业人员的规范意识、质量意识、责任意识、安全意识等，也提出了更高的要求。

越是复杂庞大的系统，越有可能因为一个小零件或小细节的问题而导致整体的失效。智能制造系统正是如此，只有解决每一个安全隐患，才能保证智能制造系统的安全性；只有遵守每一个规范要求，才能保证智能制造系统的长期稳定性；只有认真落实每一条质量要求，才能生产出合格的产品。而每一件产品质量的提升，也正是工匠精神的体现。

附录A　气路连接图

标记 | 数量 | 文件号 | 签字 | 日期
设计
校对
标准化
工艺审核
审核
批准

气路连接图-稿纸
项目编号
气路图

图号
所属图号
单台件数 | 图样代号 | 重量 | 比例
1 | | | 1:1
共 1 页 | 第 1 页

附录B 电气原理图

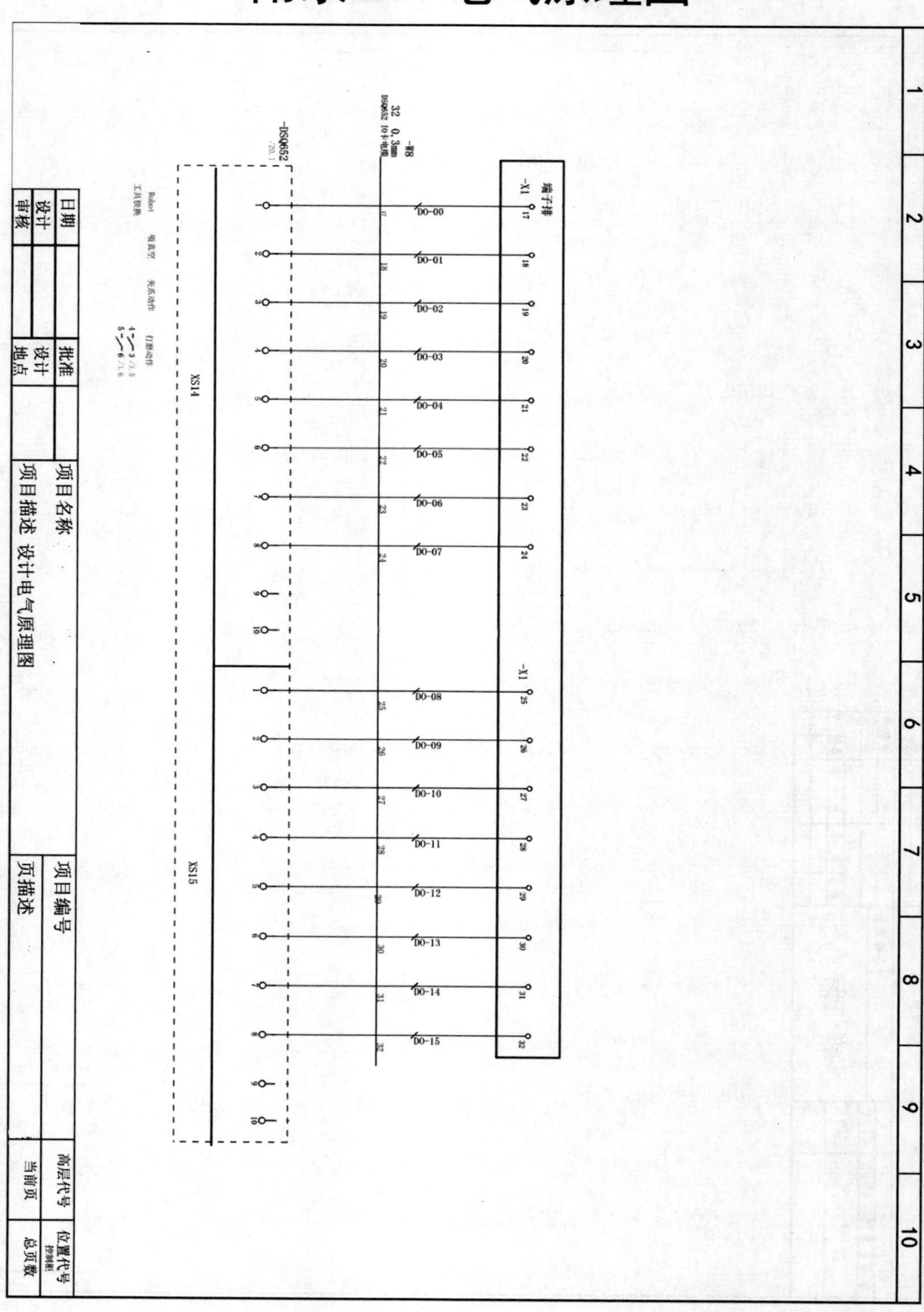

端子排
-X1
-W8
32 0.3mm
-DSQ652
XS14
XS15
DO-00
DO-01
DO-02
DO-03
DO-04
DO-05
DO-06
DO-07
DO-08
DO-09
DO-10
DO-11
DO-12
DO-13
DO-14
DO-15
日期
设计
审核
批准
设计
地点
项目名称
项目描述 设计电气原理图
项目编号
页描述
高层代号
当前页
位置代号
总页数
1
2
3
4
5
6
7
8
9
10

附录C 机器人集成应用工作站I/O分配表

	输入		输出	
PLC1	0	E-STOP	0	绿色指示灯 1
	1	绿色按钮	1	绿色指示灯 2
	2	绿色自锁按钮	2	红色指示灯 1
	3	红色按钮	3	红色指示灯 2
	4	红色自锁按钮	4	备用
	5	备用	5	备用
	6	备用		
	7	备用		
	输入		输出	
PLC2	0	E-STOP	0	三色灯黄灯
	1	备用	1	三色灯蜂鸣器
	2	备用	2	三色灯绿灯
	3	备用	3	三色灯红灯
	4	备用	4	备用
	5	备用	5	备用
	6	备用		
	7	备用		
	输入		输出	
PLC3	0	limit+	0	Pulse
	1	dog	1	DIR
	2	limit-	2	RES
	3	servo inp	3	SON
	4	servo ready	4	伺服到位
	5	servo ALM	5	备用
	6	备用		
	7	备用		
	输入		输入	
1221（16 位的输入模块）	0	机器人伺服位置控制 10 位组合信号	8	
	1		9	
	2		10	机器人伺服速度等级 2 位组合信号
	3		11	
	4		12	伺服回零

续表

1221（16位的输入模块）	输入		输入	
	5		13	备用
	6		14	备用
	7		15	备用
机器人DSQC652板	输入		输入	
	0	真空检知	8	
	1		9	
	2		10	
	3		11	
	4		12	
	5		13	
	6		14	
	7		15	
	输出		输出	
	0	快换	8	
	1	吸真空	9	
	2	夹爪	10	
	3	打磨电机启动	11	
	4		12	
	5		13	
	6		14	
	7		15	

	FR1108-1		FR1108-2		FR2108-1		FR2108-2		FR2108-3	
仓储单元	1	上层1号原料检知	1	上层1号气缸动点	1	上层1号红灯	1	下层1号红灯	1	上层1号气缸
	2	上层2号原料检知	2	上层2号气缸动点	2	上层1号绿灯	2	下层1号绿灯	2	上层2号气缸
	3	上层3号原料检知	3	上层3号气缸动点	3	上层2号红灯	3	下层2号红灯	3	上层3号气缸
	4	下层1号原料检知	4	下层1号气缸动点	4	上层2号绿灯	4	下层2号绿灯	4	下层1号气缸
	5	下层2号原料检知	5	下层2号气缸动点	5	上层3号红灯	5	下层3号红灯	5	下层2号气缸
	6	下层3号原料检知	6	下层3号气缸动点	6	上层3号绿灯	6	下层3号绿灯	6	下层3号气缸
	7	备用	7	备用	7	备用	7	备用	7	备用
	8	备用	8	备用	8	备用	8	备用	8	备用
分拣单元	FR1108-1		FR1108-2		FR1108-3		FR2108-1		FR2108-2	
	1	传送带起始端轮毂检知	1	1号分拣结构升降到位	1	传感器故障	1	1号分拣结构推出气缸	1	3号工位定位气缸
	2	1号道口轮毂检知	2	2号分拣结构推出到位	2		2	1号分拣结构升降气缸	2	中间继电器KA1（传送带启动）

续表

分拣单元	FR1108-1		FR1108-2		FR1108-3		FR2108-1		FR2108-2	
	3	2 号道口轮毂检知	3	2 号分拣结构升降到位	3		3	2 号分拣结构推出气缸	3	
	4	3 号道口轮毂检知	4	3 号分拣结构推出到位	4		4	2 号分拣结构升降气缸	4	
	5	1 号工位轮毂检知	5	3 号分拣结构升降到位	5		5	3 号分拣结构推出气缸	5	
	6	2 号工位轮毂检知	6	1 号工位定位气缸到位	6		6	3 号分拣结构升降气缸	6	
	7	3 号工位轮毂检知	7	2 号工位定位气缸到位	7		7	1 号工位定位气缸	7	
	8	1 号分拣结构推出到位	8	3 号工位定位气缸到位	8		8	2 号工位定位气缸	8	

打磨单元	FR1108-1		FR1108-2		FR2108-1		FR2108-2	
	1	放料位检知	1	搬运旋转气缸原点	1	打磨工位夹紧气缸	1	吹气
	2	打磨位检知	2	搬运旋转气缸动点	2	夹爪翻转向左	2	备用
	3	放料位夹紧气缸原点	3	打磨位气缸原点	3	夹爪翻转向右	3	备用
	4	放料位夹紧气缸动点	4	打磨位气缸动点	4	夹爪上位	4	备用
	5	搬运夹爪气缸原点	5	打磨旋转气缸原点	5	夹爪下位	5	备用
	6	搬运夹爪气缸动点	6	打磨旋转气缸动点	6	搬运夹爪气缸	6	备用
	7	搬运上下气缸原点	7	备用	7	旋转工位旋转气缸	7	备用
	8	搬运上下气缸动点	8	备用	8	旋转工位夹紧气缸	8	备用